职业技术·职业资格培训教材

中式烹调师

四级

第2版

编审委员会（以姓氏笔画为序）

孔坤寿　阮汝玮　吴万良　邵建华　钱雅蓉　黄行毅　蔡　敏

舒华德　廉海明　薛计勇

主　编　邵建华

副主编　孔坤寿

主　审　吴万良

配套光盘菜肴制作　夏庆荣　郝秉钊　黄才根　邵昌年　顾明钟

翁建和　沈　巍　唐仁必

中国劳动社会保障出版社

图书在版编目(CIP)数据

中式烹调师：四级/人力资源和社会保障部教材办公室等组织编写. —2 版. —北京：中国劳动社会保障出版社，2014

1+X 职业技术 · 职业资格培训教材

ISBN 978-7-5167-1188-0

Ⅰ.①中…　Ⅱ.①人…　Ⅲ.①烹饪-方法-中国-职业培训-教材　Ⅳ.①TS972.117

中国版本图书馆 CIP 数据核字(2014)第 217600 号

中国劳动社会保障出版社出版发行

（北京市惠新东街 1 号　邮政编码：100029）

*

三河市华骏印务包装有限公司印刷装订　新华书店经销

787 毫米×1092 毫米　16 开本　15.5 印张　294 千字

2014 年 9 月第 2 版　　2022 年 1 月第 8 次印刷

定价：42.00 元

读者服务部电话：（010）64929211/84209101/64921644

营销中心电话：（010）64962347

出版社网址：http: // www.class.com.cn

内容简介

本教材由人力资源和社会保障部教材办公室、中国就业培训技术指导中心上海分中心、上海市职业技能鉴定中心依据上海1+X中式烹调师（四级）职业技能鉴定细目组织编写。教材从强化培养操作技能、掌握实用技术的角度出发，较好地体现了当前最新的实用知识与操作技术，对于提高从业人员基本素质、掌握中式烹调师的核心知识与技能有直接的帮助和指导作用。

本教材在编写中根据本职业的工作特点，以能力培养为根本出发点，采用模块化的编写方式。全书共分为10章，内容包括：中国菜概述、烹饪原料、原料的特殊加工、调味技术、烹调前的准备、热菜烹调方法、凉菜制作、烹饪营养、菜肴成本核算、烹调操作实例。

本教材可作为中式烹调师（四级）职业技能培训与鉴定考核教材，也可供全国中、高等职业院校相关专业师生参考使用，以及本职业从业人员培训使用。

改版说明

《1+X职业技术·职业资格培训教材——中式烹调师（中级）》自2005年出版以来，受到广大学员和从业者的欢迎，在中式烹调师职业技能培训和资格鉴定考试过程中发挥了巨大作用。然而，随着行业的迅速发展，中式烹调从业人员需要掌握的职业技能有了新的要求，原有中式烹调师职业技能培训和资格鉴定考试的理论及技能操作题库也进行了相应提升。为此，人力资源和社会保障部教材办公室与上海市职业技能鉴定中心组织相关方面的专家和技术人员，依据新版中式烹调师职业技能鉴定细目对教材进行了改版，使之更好地适应社会的发展和行业的需要，更好地为从业人员和广大读者服务。

第2版教材以模块化方式编写，从易到难，循序渐进，科学合理。第2版教材增加了菜肴制作的光盘，操作步骤和技术要点用实际操作的方式呈现，学员更易掌握。本书技能操作的章节附有选料、刀工处理、烹制过程、质量标准以及要点分析，使读者能更快掌握操作技能。另外，增加了原料冻结和解冻、刺身的制作等内容，使全书的内容更加丰富、完善。本书最后附有两套模拟试卷及答案，供学员检测和巩固所学的知识与技能。

第2版教材在编写过程中，得到了雀巢（中国）有限公司专业餐饮的大力支持，也得到了以下人员的大力帮助：周存良、贺友蔚、张江、史锦耀、张民伟、蔡圣明、金国平、罗芳宇、丁辉华、金斌、吴旭峰、崔知宇、郭天旻、沈孝忠、叶维火，在此一并致谢。

由于编者水平有限，教材中难免存在不足之处，欢迎广大读者及业内同人批评指正。

前　言

职业培训制度的积极推进，尤其是职业资格证书制度的推行，为广大劳动者系统地学习相关职业的知识和技能，提高就业能力、工作能力和职业转换能力提供了保障，同时也为企业选择适应生产需要的合格劳动者提供了依据。

随着我国科学技术的飞速发展和产业结构的不断调整，各种新兴职业应运而生，传统职业中也越来越多、越来越快地融进了各种新知识、新技术和新工艺。因此，加快培养合格的、适应现代化建设要求的高技能人才就显得尤为迫切。近年来，上海市在加快高技能人才建设方面进行了有益的探索，积累了丰富而宝贵的经验。为优化人力资源结构，加快高技能人才队伍建设，上海市人力资源和社会保障局在提升职业标准、完善技能鉴定方面做了积极的探索和尝试，推出了1+X培训与鉴定模式。1+X中的1代表国家职业标准，X是为适应经济发展的需要，对职业的部分知识和技能要求进行的扩充与更新。随着经济发展和技术进步，X将不断被赋予新的内涵，不断得到深化和提升。

上海市1+X培训与鉴定模式，得到了国家人力资源和社会保障部的支持和肯定。为配合上海市开展的1+X培训与鉴定的需要，人力资源和社会保障部教材办公室、中国就业培训技术指导中心上海分中心、上海市职业技能鉴定中心联合组织有关方面的专家、技术人员，共同编写了职业技术·职业资格培训系列教材。

职业技术·职业资格培训教材严格按照1+X鉴定考核细目进行编写，教材内容充分反映了当前从事职业活动所需要的核心知识与技能，较好地体现了适用性、先进性与前瞻性。聘请编写1+X鉴定考核细目的专家，以及相关行业的专家参与教材的编审工作，保证了教材内容的科学性及与鉴定考核细目和题库的紧密衔接。

职业技术·职业资格培训教材突出了适应职业技能培训的特色，使读者通过学习与培训，不仅有助于通过鉴定考核，而且能够有针对性地进行系统学习，真正掌握本职业的核心技术与操作技能，从而实现从懂得了什么到会做什么的飞跃。

职业技术·职业资格培训教材立足于国家职业标准，也可为全国其他省市开展新职业、新技术职业培训和鉴定考核，以及高技能人才培养提供借鉴或参考。

新教材的编写是一项探索性工作，由于时间紧迫，教材中存在不足之处在所难免，欢迎各使用单位及个人对教材提出宝贵意见和建议，以便教材修订时补充更正。

人力资源和社会保障部教材办公室
中国就业培训技术指导中心上海分中心
上海市职业技能鉴定中心

目　录

1

第1章

中国菜概述

第1节　中国菜的起源和传承

一、烹调的起源和发展

1. 烹调起源于火和盐的发现及利用

距今约170万年以前的原始人茹毛饮血的生活根本谈不上烹调技艺。后来考古学家发现，距今20万～70万年前的北京人的遗址中有炭火的遗迹，那不是天然火灾后的遗存，而是先人自觉用火的记录。约2万年前，山顶洞人可能学会了摩擦取火。可以设想，古人的熟食也是出于一种本能。当他们在捡食了被森林火灾焚烧而死的野兽后，觉得熟肉较生肉更香、更易咀嚼，于是追求熟食而保留火种，开始由生食逐渐过渡到熟食。熟食的结果使营养成分更易为人吸收，有效地防止了多种疾病的侵害，促进大脑的进化，进一步增强了人征服自然的能力。另外，大海退潮后，经阳光照射水分蒸发，海滩上留下的白色晶粒，也就是天然盐被古人发现、利用，使得食物的味道起了质的变化。火和盐，是烹调之源。

从现存有限的文字记载来看，古代的神话和传说中有关饮食的内容还是不少的。《周礼·含文嘉》中有："燧人氏始钻木取火，炮生为熟，令人无腹疾，有异于禽兽。"《古史考》载："神农时，民食谷，释米加烧石上而食之，""黄帝作釜甑，""黄帝始蒸谷为饭，烹谷为粥。"《世本·作篇》云："宿沙作煮盐。"晋人江统《酒诰》中说："酒之所兴，肇自上皇。成自仪狄，一曰杜康。"《战国策》云："帝女令仪狄始作酒而美。"上皇即黄帝，帝女指大禹之女。酒既是饮品，又是调味品。文中出现的燧人氏、黄帝、宿沙氏、帝女等都是传说中的人物，可能是原始氏族部落的首领。可见在原始社会，烹调所必需的主要条件已经具备了。

2. 陶器、青铜器推进烹调的发展

约1.1万年前，人类发明了陶器，烹调技术又有了飞跃。这是因为随着陶器的发展，煮、熬、蒸等烹调法得以产生，加上最原始的烘烤，菜肴品种大大丰富了。进入夏朝以后，人类文明进入了青铜器时代，铜鼎、铜刀、铜俎的应用大大优越于陶器，它传热快，坚固耐用，铜刀的利刃又可随意切割原料，加上这时期动物油脂开始用于烹调，炸、煎、烙等烹调方法产生了，菜肴的形式逐渐多样化起来。著名的司母戊大方鼎，除了象征着权力之外，它本身的作用就是用来煮食物的。

周代，对前一时期的美食进行了归纳，最有名气的菜是“八珍”。《礼记·内则》所载八珍为“淳熬、淳母、炮豚和炮牂、捣珍、渍、熬、糁、肝”。淳熬是将肉酱煎熬之后，放在旱稻做成的饭上，然后再浇上油脂；淳母是将熬肉汤浇在用黍子做成的饭食上，再浇上油脂；炮豚、炮牂是在乳猪和羊羔肚中塞进红枣，外表用芦草裹起来，再涂满黏土，放在火上烤，随后除去泥，再裹上米粉糊放油中炸，然后取出切片，配上香料，装小鼎，隔水炖三天三夜，最后用酱醋调味食用；捣珍是用牛、羊、麋、鹿、麇的脊肉，反复拍打，烧熟后把肉揉软；渍是将新鲜牛肉按肌理切成薄片，用香酒渍一夜，第二天取出食用，以酱、醋调味；熬是将鲜牛羊肉捶打后撒上剁碎的桂皮、生姜末和盐，烘熟备用，要吃带汁的可加肉酱再煎，要吃干肉，经捶打就可食用；糁是取等量牛、羊、猪肉，切碎，调味，与两倍的稻米混合烙熟；肝是用狗网油包狗肝，放火上烤至焦而食。这些做法的描述和解释虽有想象的成分，但“八珍”如此复杂的制法，说明当时的烹饪技术已发展到一定水平。

当时用来烹调的原料已相当丰富。据对文献的粗略统计，计有六畜（马、牛、羊、鸡、犬、豕）、六兽（麋、鹿、麇、熊、兔、野豕）、六禽（雁、鹑、宴鸟、雉、鸠、鸽）及水产鲂、鲤、鲲、鳜、鲔、鳟、鲙、鲨、嘉鱼、河蚌；蔬菜有水芹、水藻、菠菜、瓠菜、韭菜、荠菜、野豌豆苗、葵菜、萝卜、竹笋、蒲笋、藕、芋头、木耳等；果实有桃、李、杏、樱桃、橘、柚、榛、栗、木瓜、杞子、枣、菱等；调味品有盐、梅、酒、酱、醋、饴、蜜、柘浆、姜、葱、桂、椒、菜黄、甘草、苦菜、蓼等；谷物则有稻、菽、麦、黍、粱、稷等。

3. **铁器和油对烹调的贡献**

秦统一中国以后，封建社会要素渐趋完备，统一的国家给生产力的发展起了很大的推动作用，人们的饮食生活日益丰富起来，烹调技术又有了进一步的发展。最明显的标志是铁制炊具和植物油应用于烹调。铁器较之铜器更耐高温，传热更快。青铜器大多比较粗笨，如鼎，外壁很厚，相对传热就慢；而铁器则轻巧多了，加上冶铁的原料取之较易，铁器很快就普及开来，并且用铁做的刀、铲更薄、更锋利，大大方便了原料的切割等。植物油来源更有保证，菜肴也因油脂的加入变得更加美味可口。同时，油使许多原先单一的烹调方法派生出了分支，丰富了烹调技法。西晋时期的潘岳在《西征赋》里描摹了一幅厨师缕切图：“饔人缕切，鸾刀若飞，应刃落俎，霍霍霏霏，红鲜纷其初载，宾旅竦而迟御。”精湛的刀工令观看的旅客钦佩得驻足不前。

据统计，在这个时期的典籍中出现的烹调方法有脯腊法、素食法、菹藏生菜法等。调味品除了盐、酱、醋外，还有清酱、豆豉等。烹调工具的改革、烹调方法的增加，加上通过汉代的“丝绸之路”，又引进了一批带“胡”字头的原料和种子，如胡瓜、胡豆、胡葱、胡椒等，使得菜肴品种大为增加。

隋唐时期炭被作为烹调的主要燃料。在这之前，烹调所用燃料一直是以柴、枯叶为主。炭优越于柴火，主要表现在容易掌握火候，火旺时，炭能提供持久的热量。这使一些抢火候的烹调方法（如爆、涮等）形成了菜肴脆嫩的特色。同时，炭之余烬又可以提供持久而恒定的热量，使一些运用慢火的炖、焖、熬之类的烹调方法形成菜肴酥烂软嫩的质感，而且炭火清洁卫生，一些烘烤的菜放炭火上加热，还可避免烟火气。这时期，烹调的原料更加丰富了，而且推崇珍奇。隋唐以后，水陆交通日趋发达。“一骑红尘妃子笑，无人知是荔枝来”，是说杨贵妃为吃荔枝，直接派人从岭南运到长安。而在一些名家的诗中，也常能见到熊掌、驼蹄、驼峰、蜂房、象鼻、发菜等珍奇原料。同时，为便于运输，干制品、腌制品也日渐增多。除此之外，常出现在文字资料中的海产品还有鱼肚、海蟹、比目鱼、海镜、鲎鱼、海蜇、玳瑁、乌贼、鱼唇等。

铁制工具还使食品雕刻逐渐兴盛起来，被用作提高饮宴档次的手段，如《韦巨源食单》中有“御黄王母饭”，特别注明是“遍镂卵脂，盖饭表面，杂味”。这是在鸡蛋和脂油上雕刻。由此推测，我国最早的食品雕刻是从雕鸡蛋、酥油、蜜饯等开始的。

二、古代菜肴的构成

1. 宫廷菜

我国历代封建王朝都设有御膳机构，专门管理帝王和后妃的膳食。以清王朝为例，它的光禄寺实际上是个“国家大厨房”。御膳房内还设荤局、素局、点心局、饭局、包哈局（专做烤猪、烤鸭和咸菜）等。封建王朝垮台之后，一些宫廷菜的烹调方法便流传到民间，现在有许多饭店以仿制宫廷御膳为特色。宫廷菜选料高档严格，制作精细，形、色美观，气势宏大，讲究排场，口味以清、鲜、酥、嫩见长，著名品种有熘鸡脯、宫门献鱼、荷包里脊等。

起始于清代中叶的满汉全席，可以说是清代的国宴，其铺张的程度，足以说明封建统治者的奢靡，其肴馔之繁多，技艺之高超，器皿之精致，场面之豪华，礼仪之讲究，在世界上也是首屈一指的。满汉全席集满汉两民族的烹饪精华于一席，体现了劳动人民的智慧。满汉全席菜肴点心共达100多道，一般要分两天才能吃完。全席取料广而精，燕窝、鱼翅、鲍鱼、熊掌、飞龙、驼峰、猴脑、竹荪、螃蟹、鸡、鸭、蔬菜、瓜果等名贵原料无所不包，而且各地的满汉全席都有各自的特点。从各地提供的满汉全席的菜单来看，用到的烹调方法有蒸、熏、炸、烧、冻、烩、腌、腊、硝腌、酱、卤、拌、炝、醉腌、酿、叉烤、糟熘、蜜汁、爆、氽、炒等20多种，其中不乏花色菜，所用原料近百种，一席之内包容如此多的菜肴点心无重复，堪称举世无双。满汉全席是古代烹饪技术发展到巅峰的标

志。

2. 官府菜

官府菜是文武官员家厨所做的特色系列菜肴，最常见的是以个别菜流传于世；也有形成一整套菜肴具有独特风格的，如北京的谭家菜、山东的孔府菜，还有近年来人们正在研制的红楼菜、随园菜等。官府菜的特点是追求滋味，选料精细，烹调考究，特别注重用汤，做菜则更长于慢火，菜品精致、口味醇厚，著名菜肴如宫保鸡丁、黄焖鱼翅、桃花泛、香菇肉饼、带子上朝、老蚌怀珠等。

3. 寺院菜

佛道两教都曾经在我国的历史上盛极一时，特别是佛教，自西汉末传入我国后，经历代统治阶级的大力提倡，流传极广，寺院遍布全国各地。院中僧民戒荤腥，一些信佛教者，为表诚意，亦戒荤茹素，遂使素菜即寺院菜得以发展。寺院菜的特点是：以三菇六耳、时鲜蔬菜、豆制品为主要原料，而且常以素料仿制成荤菜，并且做得神形毕肖，甚至口味也接近。寺院菜总体上看比较清淡爽鲜，烹调方法炸、熘、炒、烧、烩齐备，名菜有炒蟹粉、炒鳝丝、罗汉斋、炒双冬、炒山鸡片等。

4. 市肆菜

市肆菜就是现在人们常说的餐馆菜，是城镇饮食市场里的菜肴。市肆菜是随贸易的兴起而发展起来的，高档的酒店、餐馆，中低档的大众菜馆、饭铺，乃至街边的大排档、食摊出售的菜点，都有各自的食客。

先秦时期，已有制作食品为业的经营者。孔子“沽酒市脯不食”，处士薛公藏于“卖浆”家，说明市肆已有专卖酒、饮料、熟食品的店铺。《盐铁论·散不足》所述秦汉都城长安“熟食遍列，肴施成市”的状况，说明当时饮食已成专业的“市”。当时京都有专业的饮食市场，而在全国商贾云集的临淄、邯郸、洛阳、开封、成都等地也有这样的饮食市场，四川广汉、成都出土的汉代画砖已证实了这一点。

秦汉以后逐渐发展起来的饮食业，历经了 2 000 多年的演变搭建了中国烹饪技艺的框架。其主要原因在于饮食业的专业烹饪，要满足社会各阶层、各种经济生活水平和各种口味的人们的需要，因此，必然要不断提高烹饪水平，不断创新肴馔。

饮食业的专业烹饪，是由大小餐馆乃至食摊组成的，每一种不同规模、不同设备、不同技术水平的饮食店铺，为了各自的生存，一直没有停止过竞争。在竞争中，新的肴馔不断涌现，客观上推动了烹饪技术的发展。纵观史料记载，历代饮食市场几乎囊括了每个时期存在于社会各个方面的肴馔品种。宫廷内有的，或官府、寺院和民间有的，饮食市场上多数都有。即便是皇宫、官府里带有私密性的菜肴，随着时间的推移，也会慢慢走向市肆。作为政治、经济和文化的中心，京都、都府、商埠是市肆菜相对集中的地方。

市肆菜的主要特色是，技法多样，品种繁多，应变力强，适应面广。以技法品种而论，由于生存竞争的需要，历代的市肆菜吸取了宫廷、官府、寺院、民间乃至于民族菜的烹饪技法和肴馔品种，并加以变化发展。

5. **民间菜**

民间菜指城镇、乡村居民家庭日常烹饪的肴馔。在一定意义上说，民间菜是中国菜的根，奠定了中国烹饪的基础。

亿万黎庶为了生存，总是在可能的情况下，要吃得饱一点，并争取吃得好一点。这样，城乡民间的家庭炉灶，就不断地创制出经济实惠的肴馔来。普通城乡居民的烹饪饮食生活，一般不可能见之于经典，多在历代文人诗词、散文、笔记中反映出来。苏轼《狄韶州煮蔓菁芦菔羹》中的“我昔在田间，寒庖有珍烹。常支折脚鼎，自煮花蔓菁”描写的就是他幼年时在家乡的烹调情况，后来被称作“东坡羹”的名菜即来源于此。

另外，中国民间的节日食俗繁多，如正月十五的元宵、端午的粽子、立春的春饼、夏至的狗肉、春节年饭桌上必有的鱼菜等，造就了许多名菜名点。市肆菜馆，乃至于官府宫廷，其名肴品种，许多是由民间菜演变而来的。

民间菜遍及城乡千家万户，其烹饪特色是：取材方便，操作易行，调味适口，朴实无华。家庭炉灶，通常是有什么，烹什么。种植业发达的地方，常取粮食、蔬菜为料烹饪；养殖禽畜之地，又常以牛、羊、猪、鸡、鸭、鹅为料入烹；水产资源丰富之处，则以水鳞介族为家常菜。这就是所谓“靠山吃山，靠水吃水”。民间菜在造型上、色泽上不一定胜过市肆菜，但其朴实无华的乡土气息，却是其他种类的菜无法相比的。家庭炉灶的烹饪水平和某些绝妙的方法，连餐馆的专业厨师也不能不佩服。

第 2 节　各具特色的地方菜

一、上海菜

上海菜自清朝末期鸦片战争后才繁荣起来。上海人口五方杂处，各地风味菜连同上海本地菜一起组成了上海菜的群体，又称海派菜。各地风味菜到上海后，为求生存，进行大胆改良，又相互吸收优点，以适合当地人的口味。不拘泥于传统，善于吸收新事物，不断改良创新是海派菜的最大特点。海派菜选料广而精，口味适应性强，烹调考究，刀工细腻。烹调方法长于滑炒、炸、熘、爆、红烧、糟、煸、蒸。名菜有虾子大乌参、扣三丝、水晶虾仁、糟鸡、生煸草头、香酥鸭、干烧明虾等。

二、北京菜

北京是著名的古都，很早就是全国政治、经济、文化的中心。北京这一特殊地位，使北京菜具有综合汉、蒙、满、回等民族的烹调技艺，吸取全国主要地方风味，尤其是山东风味的优点，并继承明清两代宫廷菜肴的精华。烹调方法擅长爆、烹、烤、涮、熘、扒等，烹制羊肉、鸭子有独到之处。代表名菜有北京烤鸭、涮羊肉、糟熘鱼片、醋椒鱼、烤肉等。

三、四川菜

四川菜以成都、重庆两地为代表，还包括乐山、自贡、合川等地方菜。川菜历史悠久，风味独特，以“百菜百味”著称。调料多用胡椒、花椒、辣椒、豆瓣酱、香醋，烹调方法长于小煎小炒、干烧干煸。川菜多味重、芡少、麻辣酸香，代表名菜有樟茶鸭子、鱼香肉丝、宫保鸡丁、怪味鸡、干煸牛肉丝、麻婆豆腐等。

四、广东菜

广东菜由广州、潮州、东江等地方菜组成。广东地处热带和亚热带，四季常青，物产丰富。广东与香港相邻，较早吸收西餐烹调精华。广东菜的主要特色是选料强调鲜活，烹调方法长于炸、灼、油浸、炖、烩、焖、烤，菜肴突出清淡生爽、轻芡轻油，许多菜还带着西餐的某些特点，代表菜品有竹丝鸡烩五蛇、烤乳猪、烧鹅、东江盐焗鸡、大良炒鲜奶、潮州冻花蟹等。

五、浙江菜

浙江菜由杭州、宁波、绍兴等地方菜组成。三地风味不尽相同。宁波菜擅海鲜，口味以鲜咸为主，强调入味；杭、绍菜擅取用河鲜及鸡、肉为料，以“霉、臭”菜最具特色。烹调方法以炒、烧、蒸、烩、焖、煮为主，代表菜肴有西湖醋鱼、老鸭汤、咸菜大汤黄鱼、龙井虾仁、生爆鳝片、东坡肉、干炸响铃、梅菜扣肉等。

六、江苏菜

江苏菜由扬州、南京、镇江、苏州、徐州等地方菜组成，擅长取用河鲜，对烹制鱼、虾、蟹、鳝等有其独到之处。总体上注重火候，讲究刀工，口味平和，淡而不薄，酥烂脱骨，强调原汁原味。苏州菜与附近的常州菜、无锡菜口味偏甜。江苏菜烹调长于炖、焖、煨、烧、煮、酿，代表名菜有母油船鸭、肴肉、蟹粉狮子头、炝虎尾、拆烩大鱼头等。

七、山东菜

山东菜由济南和胶东两地菜组成。济南菜指济南、德州、泰安一带的地方菜；胶东菜起源于福山，包括青岛、烟台一带。山东菜有“北方代表菜”之称，山东菜馆遍布华北和东北。山东菜最擅长烹制海鲜，强调制汤，调味多用葱、蒜，扒、爆、炸、氽等烹调方法最常使用；菜肴注重清、脆、鲜、嫩，代表名菜有汤爆双脆、油爆海螺、炸蛎蝗、干蒸加吉鱼、扒原壳鲍鱼等。

八、湖南菜

湖南菜包括长沙、衡阳、湘潭等地方菜，以长沙菜为代表。湖南菜地方色彩浓，烹调讲究入味，口味注重酸辣，熏腊品颇具特色。烹调方法长于煨、炖、腊、蒸、炒，名菜有东安子鸡、腊肉焖鳝片、冰糖湘莲等。

九、湖北菜

湖北菜包括武汉、荆州、黄州等地的菜肴，以武汉为代表。湖北古属楚地，湖河密布，故湖北菜擅长烹制河鲜，最为出名的是陶罐煨汤，还多用蒸、炸、烧、炒等烹调方法，名菜有清蒸武昌鱼、八卦汤、峡口明珠汤、板栗烧子鸡、鸡蓉笔架鱼肚等。

十、河南菜

河南菜包括洛阳、开封、长垣等地的菜肴，以洛阳为代表。河南菜用料以黄河鲤鱼及猴头等出名，菜肴较朴实，口味偏向咸鲜。烹调方法长于扒、炝、熘、炸、爆，代表名菜有糖醋熘黄河鲤鱼、牡丹燕菜、桂花皮丝、清汤芙蓉猴头等。

十一、河北菜

河北菜由三大派组成，即以保定为代表的冀中南派、以承德为代表的宫廷塞外派和以唐山为代表的京东派。冀中南菜选料以山货和白洋淀水产为主，色重、味香、重套汤，强调明油亮芡，烹调方法长炒、熘、爆、烹、煨，名菜有一品寿桃、烧南北等。宫廷塞外派的宫廷菜与北京的宫廷菜既有相通处，又有自己的特色，善用鸡、鸭、野味而禁忌牛、兔，以山珍海味为主，刀工精细，注重火功；讲究造型和器皿，口味香酥鲜咸；烹调方法以炸、烤、炒、熘见长，名菜有烤全鹿、香酥野鸡、扒熊掌、八仙过海等。京东菜以烹制鲜活海产见长，烹调方法擅长炸、熘、爆、扒，成菜口味偏于清淡，体现原料本味，菜肴配以精美的唐山瓷器，别具风格，代表名菜有酱汁瓦块鱼、熘腰花、白玉鸡脯等。

十二、福建菜

福建菜包括福州、泉州、厦门等地方菜，其中以福州和厦门形成两大流派。福建菜最长烹制海鲜，口味异常清淡，原料本味毕现。琅岐岛的鲟、河鳗，长乐的竹蛏，闽江上游的石鳞、香菇等都是当地的特产。烹调方法擅长炒、熘、蒸、煨、煮，调料常用红糟，代表名菜有佛跳墙、上汤海蚌、煎糟鳗鱼、白炒鲜竹蛏、菊花鲈球鱼等。

十三、安徽菜

安徽菜由沿江、沿淮、徽州三地菜组成。沿江菜指芜湖、安庆一带的菜肴；沿淮菜指蚌埠、宿县、阜阳一带菜肴；徽州菜指皖南一带菜品，是安徽菜的代表。安徽菜最擅长烹制野味和河鲜，马蹄鳖、斑鸠、山鸡、野鸡、鳜鱼等都是当地的特色原料。烹调比较朴实，重油、重酱色，强调菜肴入味，口味较重。烹调方法擅长烧、炖、烟熏等，名菜有葡萄鱼、红烧果子狸、火腿炖甲鱼、无为熏鸭、符离集烧鸡等。

十四、云南菜

云南菜以昆明地区为中心。云南地处西南边疆，多山多水，气候四季如春。云南菜选料以淡水鱼、菌类、蔬菜、鲜花最具特色。烹调方法擅长蒸、炒、炖、卤、烩。云南居住着汉、回、彝、白、苗等 23 个民族，各民族的菜肴烹调技术相融合，大大丰富了云南菜。最有代表的菜肴有鸡蓉金雀花、生煎鸡枞、酿宝珠梨、汽锅鸡、竹荪烩乳饼等。

十五、辽宁菜

辽宁菜是在满族菜肴、东北菜肴的基础上，吸收全国各地方菜，特别是鲁菜之精华，而自成一种独具风格的地方菜。其特点是一菜多味，咸甜分明，酥烂香脆，色鲜味浓，明油亮芡，讲究造型。烹调方法长于扒、炸、蒸、氽，代表菜肴有白肉血肠、扒熊掌、金鱼卧莲、八大锤、大虾、铁板烤肉、豆花熊掌、游龙戏凤等。

十六、香港菜

香港地处祖国的南部，气候温和，是世界著名的繁华都市。香港较高的消费层次促使饮食业异常发达。香港菜以广东菜为根底，兼有上海、江苏、北京、山东等地菜肴，还有不少西菜。香港菜没有框框，顺应市场需求，发展迅速。从某种意义上说，香港菜在引导着国内菜的新潮流。香港菜多用海鲜、蔬菜、野味，讲究鲜活而名贵，不惜工本，对菜肴的点缀装饰，借鉴了许多西菜常用的手法，非常注重实效。制法简单，器皿精致，色彩鲜艳，不刻意求工。菜肴大都有一个好听的名字，诸如发财好市（发菜蚝豉）、香妃宝盒（酿香菇）等。烹调方法与广东菜相差不多，但对西菜烹调方法的引进更多，如焗、烤等。口味偏于轻淡，以体现原料的本味。

第3节　丰富多彩的少数民族菜

我国是个多民族国家，除汉族外，还有50多个少数民族，分布在我国50%～60%的土地上。少数民族的饮食习俗、口味爱好与汉族有较大的不同，许多菜肴在烹调上别具特色。这里挑选清真菜、朝鲜族菜、维吾尔族菜、蒙古菜等作一简介。

一、清真菜

清真菜也称回民菜。清真菜馆遍布我国大中城市。清真菜馆有南北之分，选料除鸡鸭外，北方以羊肉为主，南方以牛肉为主。清真忌外荤（不吃猪肉）、忌血生，即宰杀时要放尽余血，野禽多为枪击而毙，血污未出，故亦忌野鸭、山鸡等。水产品忌无鳞或无鳃的鱼和带壳的软体动物及蟹等。烹调以爆、熘见长，口味清鲜脆嫩。著名菜肴有涮羊肉、炸羊尾、水爆羊肚仁等。

二、朝鲜族菜

米饭是朝鲜族人民的主食，荤菜喜欢牛肉、狗肉、精猪肉、鸡肉，以及各种海味；素菜喜欢吃黄豆芽、卷心菜、粉丝、萝卜、菠菜和洋葱等，特别是泡菜，一直在朝鲜族饮食中占有主要地位；另外，汤也是不可缺少的，一日三餐几乎离不开汤和泡菜。不喜欢吃鸭肉、羊肉、肥猪肉和河鱼，不喜欢在热菜里放醋。在调味上喜加辣椒、芝麻油、胡椒粉、葱、姜、蒜等，口味喜辣，喜有香、辣、蒜味道的菜肴。朝鲜族菜原料以牛肉、鸡肉、鱼肉、蛋、狗肉为主，常以辣椒烹调，口味辛辣鲜香，脆嫩爽口，烹调方法以炒、拌、烤、煎为主，泡菜、烤牛肉、凉拌狗肉、煎肉饼等是著名的菜肴。

三、维吾尔族菜

维吾尔族主要分布在新疆维吾尔自治区，信奉伊斯兰教。饮食特点是以面食和纯肉类小吃为主，擅长烤、煮、蒸、焖等烹调方法。他们的主食有馕（用玉米粉或面粉制成的圆形烤饼，有时还要加上肉、蛋和奶油）、帕罗（用羊肉、青油、胡萝卜、葡萄干、葱和大米做成的食品，即手抓饭）、包子、馄饨、面条和玉米粥等，副食有羊肉、牛肉、鸡肉以及各种蔬菜。炒菜必须加肉，有“无肉不算菜”的习惯。羊肉的烹调尤具特色，有烤全羊、烤疙瘩羊肉、烤羊肉串、羊肉丸子等。维吾尔族人民忌食严格，禁吃猪肉、狗肉、驴肉、骡肉、骆驼肉和鸽肉，在南疆还禁食马肉，炒菜时忌用酱油。

四、蒙古族菜

蒙古族人民性格豪放，能歌善舞，讲究礼节。蒙古族菜，牧区以肉食为主，其中主要是牛肉、羊肉，也吃猪肉、鹿肉和黄羊肉等，一般不用各种鱼类、鸡鸭、虾蟹和内脏做菜；农业区则以粮食为主，有米饭、馒头、面条、饺子、炒面等，也常用一些肉类制品以及各种蔬菜。烹调方法擅长烤、煮、焖，名菜有烤骆驼肉、煮羊肉等。

五、藏族菜

藏族人民的主食是糌粑，即用炒熟的青稞或豌豆磨成的炒面。每日 3～4 餐。牧民一般以牛肉、羊肉和奶制品为主，农业区也吃大米、藏菜和面食；早点一般是酥油茶、点心、糌粑；午饭喜欢肉包子、馅饼；晚饭爱吃手抓羊肉、肉面条、猫耳朵、片儿汤等。另外，就餐时餐具很简单，平时仅一把小刀、一个木碗，吃糌粑和肉制食品时，习惯用手抓着吃。藏族人民一般不吃鱼、虾、蟹等水产品和海味，忌食驴、骡、狗等肉类，部分地区的人（如昌都、甘肃南部、青海部分地区）不吃鸡蛋和鸭蛋。

六、满族菜

满族有自己的语言、文字，“腊八节”是满族民间一个较大的节日。满族人以大米、小米、黄米、江米、高粱米、小麦和各种豆类为主食来源。传统食物有饽饽和粥（分咸、甜两种），粥的品种繁多。满族人喜食各种动物肉及野味，各种蔬菜及东北野菜均食。烹调方法有烧、烤、煮、蒸、炖、炒、爆、煨、炸、熬、涮、拌等。“蘸酱菜”是满族民间一年四季的美食，从各种蔬菜到野菜，都可以蘸酱吃。传统风味有蒸面灯、腌酸菜、小肉饭、秫米水饭、酸汤子、黏灼、黏豆包、炒面等。满族人忌食狗肉。

七、其他少数民族菜

哈萨克、乌孜别克、塔吉克等民族主要居住在新疆地区，信奉伊斯兰教。饮食习惯大致与维吾尔族相同。傣、彝、苗、独龙等民族，主食一般为米饭，副食为各种蔬菜与肉类、鱼类，口味喜辣、酸、咸，一般不喜欢吃稀饭。傣族、彝族不吃蒜。苗族不吃羊肉和面条。壮族是我国除汉族外人口最多的一个民族，因长期与汉族居住在一起，一般生活习惯与居地汉族相似，并爱吃狗肉、猫肉。高山族主要居住在台湾省，以大米为主食，副食有猪肉、鱼类、禽类和各种蔬菜，并爱喝茶，不习惯吃羊肉、马肉。

思考题

1. 简述烹调的起源与发展概况。
2. 古代“八珍”指什么？
3. 为什么说铁器和油沟通了现代烹饪？
4. 古代菜肴主要由哪些类别构成？
5. 什么是满汉全席？
6. 各地方菜的风味与特点是什么？
7. 少数民族菜的风味与特点是什么？

第 2 章

烹饪原料

第1节　烹饪原料的分类、品质鉴定及保藏

一、烹饪原料的分类

我国烹饪原料品种繁多，包括飞禽、走兽、家禽、家畜、蔬菜、水果、粮食、水产品、调味品等。据不完全统计，其总数约在万种以上，其中常用的3 000种左右。随着科学技术的发展，许多养殖的烹饪原料源源不断地出现在市场上，更丰富了原料的品种。对如此众多的原料按一定的标准和依据进行科学的分类，便于全面地反映我国烹饪原料的面貌，系统地分析认识烹饪原料的各种属性、特点，以及烹饪原料与烹调技术的内在联系，也便于进一步开发和充分利用烹饪原料。

烹饪原料的分类有好几种方法。从便于学习认识的角度来看，按原料的性质分大类，再以其商品学特点分小类较合理，属性明确，简单明了，容易理解和记忆。按此方法，将原料分为动物原料，如家畜、家禽、鱼类、虾蟹类等；植物原料，如粮食、蔬菜、果品等；矿物性原料，如盐、碱、矾等；人工合成原料，如香料、色素等。

二、烹饪原料的品质鉴定

烹饪原料的品质鉴定就是从原料的用途和使用条件出发，对原料的食用价值进行判定。检验原料的质量，主要是从原料的新鲜度、成熟度和纯度等方面去观察。原料品质鉴定的方法很多，主要可分为两种，即感官鉴定法和理化鉴定法。凡凭借感觉器官来鉴定原料品质的方法称为感官鉴定法；必须借助于各种试剂和仪器进行鉴定的方法，则统称为理化鉴定法。

1. 感官鉴定法

感官鉴定法就是用视觉、嗅觉、味觉、听觉、触觉等来鉴定原料品质的方法。该法主要用于鉴定原料的外形结构、形态、色泽、气味、滋味、硬度、弹性、质量、声音以及包装等方面的情况。

（1）视觉鉴定。就是用肉眼对原料的外部特征进行检查，以确定品质的好坏。通过了解原料形态、结构的变化程度，就能判断其新鲜程度。例如，新鲜的蔬菜大都挺立、肥嫩、饱满，表皮光滑，形状整齐，不糠心。原料品质的变化还能通过色泽的不同反映出来。例如，新鲜质佳的对虾，外壳光亮，半透明，壳呈淡青色；质劣的对虾，外壳混浊，

失去光泽，从头至尾渐次变红，甚至变黑或者头尾分家。

（2）嗅觉鉴定。就是用鼻子鉴定原料的气味，以确定原料品质的好坏。许多原料都有特殊的气味，如各种新鲜的肉类气味各不相同；优质花椒、大料、丁香等调料香味浓郁而纯正。凡是不能保证其特有气味或正常气味淡薄，甚至出现一些异味、怪味、不正常的酸味和甜味等，都说明其品质已发生变化。

（3）味觉鉴定。就是用嘴辨别原料的咸、甜、苦、酸等滋味及原料的口感，以确定原料品质的好坏。当然这主要针对可以生食的原料，比如半制成品、水果等。

（4）听觉鉴定。就是用耳朵听声音来鉴定原料品质的好坏。例如，西瓜就可以用手拍击，然后听其发出的声音来判断是否成熟；敲击萝卜听其声响也可判断是否糠心；摇晃鸡蛋，有声则蛋不新鲜。

（5）触觉鉴定。就是用手指接触原料，检验原料的重量、弹性、硬度等，以此鉴定原料品质的好坏。例如，新鲜的鱼肉富有弹性，用手指压凹很快复平；不新鲜的鱼肉指压后复平较慢（1 min 之内），触之黏手。鉴定原料的重量也能确定品质好坏，如鲜货原料，在同体积的前提下，重的就是新鲜的，轻的就是不新鲜的，重量越轻，新鲜度也就越低；干货原料则相反，重量增加，表明已吸湿受潮，质量下降。

感官鉴定几乎对所有的原料都是必要的。单独使用一种方法，往往不能断定某种原料的好坏，因此，需要同时应用多种方法鉴定。如鉴定对虾，首先观察其肉体颜色是否正常，肢体是否完整；然后触摸其肉质是否有弹性；最后闻其气味是否正常，根据这些感觉综合判断其品质好坏。然而，感官鉴定法有它的局限性，各人的感官敏锐程度不同，知识、经验也有差别，所以带有一定的主观性。另外，对于原料内部品质变化的鉴定，也不如理化鉴定法精确。

2. 理化鉴定法

理化鉴定法是采用各种试剂、仪器和器械来鉴定原料品质的方法。理化鉴定法的结果较感官鉴定法的结果准确，可用具体数值表示。

理化鉴定分为物理鉴定和化学鉴定两种。例如，用比重计测定食品的密度，用比色计测定液体食品的浓度，用旋光计测定糖量，用显微镜测定食品的细微结构及纤维粗细、微粒直径、杂质含量等方法都是物理鉴定法。化学鉴定法主要是用各种化学试剂鉴定原料中的含水量、含灰量、含糖量、含酸量，以及淀粉、脂肪、维生素含量等，从而可以确定食品的质量。国家设有专门的理化鉴定机构，某些原料必须经鉴定合格后才能供应市场。在厨房则很少使用理化鉴定法。

三、烹饪原料的保藏

1. 烹饪原料变质的原因

（1）温度的原因。温度过高、过低都会给原料带来不良影响。例如，温度过高可以加速植物原料的呼吸作用，使一些植物原料发生后熟、萌发和抽薹等生化变化，还可以促进微生物的繁殖；温度过高还会加剧原料的水分蒸发，使蔬菜、水果干枯变质，品质发生改变。反之，温度过低，会使新鲜水果、蔬菜等原料被冻伤。

（2）湿度的原因。湿度是影响原料品质的重要因素。环境湿度过低可使含水分大的原料发生水分蒸发，重量降低，干枯蔫萎，品质下降，尤其对鲜活原料影响更大。湿度过高，不仅会增加原料水分，而且会随着水汽的凝集将空气中的大量微生物带入原料，使原料变质；空气湿度过高还可使原料发生受潮、溶化与收缩结块等变化，如木耳、香菇等干货原料受潮会变质。

（3）空气的原因。空气中的腐败微生物会随着空气的流动污染原料，使原料的品质下降。一般含有脂肪成分的原料，如果储藏不当会产生一种难闻的“哈喇味（酸败味）”，这是由脂肪氧化酸败造成的。促使脂肪氧化酸败的原因很多，但氧气的存在是重要原因之一。脂肪酸败后不仅食味变劣，营养价值降低，而且会产生有害人体的物质，严重影响原料品质。

（4）微生物作用。烹饪原料中含有丰富的营养物质，具备微生物繁殖的良好条件，在储藏中，往往会由于微生物的污染而发生腐败、霉变和发酵等微生物方面的变化，从而影响原料品质。

1）腐败。引起原料腐败的主要微生物是细菌，特别是那些能分泌体外蛋白质分解酶的腐败细菌，例如黄色杆菌属、假单细胞菌属等。受微生物污染而腐败的原料，品质严重降低，以致失去食用价值。肉类腐败后，会出现发黏、变色、气味改变等变化。

2）霉变。霉变是霉菌在原料中繁殖的结果。霉菌能分泌大量的糖酶，因此，富含糖类的粮食、淀粉制品、蔬菜、水果、干菜、调味品等，最容易发生霉变。

3）发酵。发酵是在微生物酶的作用下，原料中的单糖发生不完全氧化的过程。例如，水果、蔬菜、果汁、果酱发酵后产生不正常的酒味；鲜奶、奶酪等发酵则会凝固，产生令人讨厌的气味等。

2. 烹饪原料的保藏方法

（1）低温保藏法。低温保藏法是通过降低烹饪原料温度，并保持低温或冷冻状态，来有效地抑制微生物和酶的活动，延缓原料腐败变质的一种方法。特别是对于那些易腐的新鲜原料，低温保藏法应用最广泛。微生物中的细菌、酵母菌和霉菌的生长繁殖及原料内固有酶的活动是导致原料腐败变质的主要原因。酶的活性与温度有密切关系，大多数酶的适宜活动温度为30～40℃；温度不适宜时，酶的活性就会受到抑制或破坏。据测定，温度每下降10℃，酶的活性就会减弱1/3～1/2，所以，低温冷冻只能使酶的活动受到抑制，并不能完全停止。如果环境适宜，酶的活力将重新恢复，使原料质量受到影响。任何微生物也都有一定的生长繁殖的温度范围，温度越低，它们的活动能力也越弱。低温保藏按冷藏温度的不同可分为冷藏、冷冻两种。

1）冷藏。它是将原料置于略高于冰点温度（0℃）环境中储藏，冷藏温度一般为－2～15℃，而4～8℃则为最常见的冷藏温度。原料因种类及状态的不同，储藏期一般从几天到数周不同。易腐败食品如成熟的番茄储藏期为7～10天，而耐储原料的储藏期长达6～8个月。冷藏保管适于储存较新鲜的原料，如新鲜的蔬菜、水果、鲜蛋、鲜奶和奶制品（奶粉、奶油、奶酪）、鲜肉。如果冷藏妥当，对原料风味、质地、色泽和营养价值等的不良影响很小。

2）冷冻。冷冻保管就是利用低温将原料冻结并保持原料冻结状态的温度下储藏的保藏方法。常用的冷冻储藏温度为－23～－12℃，而以－18℃最适宜。冷冻保藏由于原料中大部分水分冻结成冰，减少了游离水，降低了原料的水分活性，比冷藏保藏更有效力，因而冷冻原料可以较长期地保藏。

（2）高温保藏法。高温保藏法就是利用高温杀灭原料中的绝大部分微生物和破坏原料中酶的活性的保藏方法。经过高温灭菌处理的原料，必须同时采取密闭和真空包装，才能长期保藏。否则，由于微生物的二次污染或者保藏温度过高还会造成原料变质。

（3）干燥保藏法。干燥保藏法就是采取各种措施降低原料含水量，使其呈干燥状态的一种保藏法。由于水分含量降低，微生物的活动和酶的活性受到控制，原料成分的化学变化也趋于缓慢，因而能较长期地保藏原料。厨房中使用干燥保藏法的干制品多是水果、蔬菜、海味、山珍等，如葡萄干、红枣、笋干、海参、鱿鱼、香蕈、金针菜等。干制品保藏时应注意空气湿度不可过高，防止原料回潮变质生霉。水分较低的干制品要注意轻拿轻放，以免碎裂影响品质。

（4）腌渍和烟熏保藏法

1）盐腌、糖渍。盐腌和糖渍保藏法就是利用食盐和食糖渗入原料组织内，使原料的水分析出，微生物停止活动或死亡，从而长期保藏原料的方法。盐腌保藏法应用于猪肉、板鸭、咸蛋、咸鱼、腌酱菜等；糖渍保藏法应用于蜜饯、果脯和果酱等。盐腌和糖渍的原料，一般吸湿性强，在保藏中应注意防潮，否则原料受潮后，含水量增加，盐、糖浓度下降，微生物繁殖仍可导致原料变质。另外，含脂肪较多的肉类原料，应减少与空气的接触，以防脂肪酸败使原料产生“哈喇味”，影响品质。

2）烟熏。烟熏是利用木材（锯末）不完全燃烧所产生的烟气熏蒸原料的一种方法。烟中的化学成分具有灭菌防腐败的作用，同时烟熏还可以减少原料的一部分水分，因而利于保藏。烟熏保藏主要用于肉类、鱼类、禽类和豆制品等。经烟熏的原料，一般颜色呈深褐色，带有熏烟的特殊香味。烟熏保藏的原料，虽然其表面水分降低，并吸附有烟气成分，但原料内部仍会发生变质，因此，烟熏原料不宜长期保藏。

第2节　家畜类原料的组织结构及检验、保藏

一、家畜肉的组织结构

家畜肉一般是指屠宰后去血、毛、皮、内脏、头、蹄后的部分，也称胴体。猪肉占全猪的60％～70％，牛肉占全牛的45％～50％。胴体从形态学结构上可分为结缔组织、肌肉组织、脂肪组织、骨骼组织。其组成比例因动物的种类、品种、年龄、肥度、营养状况及饲养情况的不同而不同。

1. 结缔组织

结缔组织主要是由无定形的基质与纤维构成，占胴体的15％～20％。其纤维是胶原纤维、弹性纤维和网状纤维，它们都属于不完全蛋白质。结缔组织具有坚硬、难溶和不易消化的特点，营养价值较低。胶原纤维在70～100℃时可以溶解成明胶，冷却后成胶冻，可被人体消化吸收。皮、肌腱等含胶原纤维较多，在烹调中可制成皮冻，用于凉菜或馅心等。弹性纤维和网状纤维富有弹性，在130℃时才能水解，难消化，营养价值极低，主要分布于血管、韧带等结缔组织中。结缔组织在畜体中分布极广，如皮、腱、肌鞘、韧带、膜、血管、淋巴管、神经等。结缔组织在畜体中的分布是前多后少，下多上少，如前腿、颈部、肩胛处结缔组织较多；一般老龄的、役用的、瘦的畜体含结缔组织多；牛、羊的结缔组织比猪的多。结缔组织含量多的肉质较粗，但如果采用适当的烹调方法，仍能制出很多味美适口的菜肴，如虾子蹄筋、三鲜蹄筋等。

2. 肌肉组织

肌肉组织是构成肉的主要组成部分，在胴体中占50％～60％。肌肉组织是衡量肉的质量的重要因素。优质蛋白质主要存在于肌肉中。肌肉是最有食用价值的部分，也是烹调中应用最广泛的原料之一。肌肉组织由肌纤维构成，可分为横纹肌、平滑肌、心肌。

（1）横纹肌。横纹肌分布于皮肤下层和躯干部位的一定位置，附着于骨骼上，受运动

神经支配，又称骨骼肌或随意肌，动物体所有瘦肉都是横纹肌。横纹肌由许多肌原纤维集合构成肌纤维，肌纤维具有细胞的结构，这些细胞也称肌纤维细胞。每个肌纤维细胞外都包着一层透明而有弹性的肌膜，其中有细胞原生质，也称肌浆，又称“肉汁”。肉汁呈半流体状，为红色的低黏度溶胶，内含水溶性蛋白质和糖原、脂肪滴、维生素、无机盐、酶类，营养极为丰富，所以在制作菜点中应尽量防止肉汁流失。

（2）肌束。许多肌纤维集合形成肌纤维束，简称肌束。肌束周围被结缔组织的膜包围，这种膜称为内肌鞘。许多肌束集合起来形成肌肉，肌肉的周围被强韧的结缔组织的膜包围起来，这种膜称为外肌鞘。内外肌鞘结集与腱相连接。在内、外肌鞘中分布有血管、淋巴、神经、脂肪等。在动物营养状况良好时，肌肉组织中有较多的脂肪蓄积。肌肉组织在家畜各部分分布不均匀，各部分肌肉组织的品质也不同。例如，往往背部、臀部处肌肉较多且品质也较好，腹部肌肉较少且品质较差。

（3）平滑肌和心肌。平滑肌也称内脏肌，属不随意肌，主要构成消化道、血管、淋巴等内脏器官的管壁，平滑肌肌纤维间有结缔组织。平滑肌由于有结缔组织的伸入而不能形成大块肌肉。但平滑肌有韧性，特别是肠、膀胱等处的平滑肌的韧性较强，坚实度较高，这是肠、膀胱成为灌制品的重要原料的原因。心肌是构成心脏组织的肌肉，也属不随意肌。平滑肌与心肌又合称为脏肌。

3. 脂肪组织

脂肪组织是由退化了的疏松结缔组织和大量脂肪细胞积聚而成，占胴体的20%～40%。脂肪组织由脂肪细胞构成，而每个脂肪细胞外层有一层脂肪细胞膜，膜里有凝胶状的原生质细胞核位于其中，中间为脂肪滴。在脂肪细胞之间有网状的结缔组织相连，提取油脂时要通过加热等手段破坏结缔组织才能获得。

脂肪组织的含量因家畜的种类、品种、年龄、肥度、部位不同而差异很大。脂肪的颜色、气味随家畜的种类、饲料而异。猪、山羊的脂肪为白色，其他畜类的脂肪带有不同程度的黄色，牛、羊的脂肪还有膻味。

脂肪组织一部分蓄积在皮下、肾脏周围和腹腔内，称为储备脂肪；另一部分蓄积在肌肉的内、外肌鞘之间，称为肌间脂肪，如肉的断面呈淡红色并带有淡而白的大理石样花纹，这说明肌肉间脂肪多，肉质柔滑鲜嫩，食用价值高。

4. 骨骼组织

骨骼组织是动物机体的支持组织，它包括硬骨和软骨。硬骨又分为管状骨、板状骨，其中管状骨内有骨髓。骨骼组织占胴体的15%～25%。骨骼的构造一般包括骨密质表面层、海绵状的骨松质内层和充满骨松质及骨腔的髓，其中红骨髓是造血组织，黄骨髓是脂肪组织。

骨骼在胴体中占比例越大，肌肉的比例就越小。含骨骼组织多的肉，质量等级低。骨骼是烹调中制汤的重要原料，骨髓中含有一定数量的钙、磷、钠等矿物质以及脂肪、生胶蛋白，煮出的汤味鲜、有营养，冷却后能凝结成冻。由于骨髓有一定的营养价值，所以用管状骨煮汤时要用刀背将其敲裂，便于骨髓溢出。

二、家畜类原料的检验与保藏

1. 家畜肉的感官检验

家畜肉的品质好坏，主要以新鲜度来确定。按其新鲜度一般分为新鲜肉、不新鲜肉、腐败肉三种，常用感官检验方法来鉴定。家畜肉的感官检验主要是从色泽、黏度、弹性、气味、骨髓状况、煮沸后的肉汤等几方面来确定肉的新鲜程度。

（1）色泽。新鲜肉中肌肉有光泽，色淡红均匀，一般脂肪洁白（新鲜牛肉脂肪呈淡黄色或黄色）。而不新鲜肉中肌肉色较暗，脂肪呈灰色光泽。腐败肉中肌肉变黑或淡绿色，脂肪表面有污秽、霉菌或出现淡绿色。

（2）黏度。新鲜肉外表微干或有风干膜，微湿润，不黏手，肉液汁透明。不新鲜肉外表有一层风干的暗灰色或表面潮湿，肉液汁混浊，并有黏液。腐败的肉表面干燥并变黑，或者很湿、发黏，切断面呈暗灰色，新切断面很黏。

（3）弹性。新鲜肉截面肉质紧密，富有弹性，指压后的凹陷能立即恢复。不新鲜肉截面比新鲜肉柔软，弹性小，指压后的凹陷恢复慢，且不能完全恢复。腐败的肉质松软而无弹性，指压后凹陷不能复原。

（4）气味。新鲜肉具有每种家畜肉正常的特有气味，刚宰杀后不久的有内脏气味，冷却后略带腥味。不新鲜的肉有酸的气味或氨味、霉臭气，有时在肉的表层稍有腐败味。

（5）骨髓状况。新鲜肉的骨腔内充满骨髓，呈长条状，稍有弹性，较硬，色黄，在骨头折断处可见骨髓的光泽。不新鲜肉的骨髓与骨腔间有小的空隙，较软，颜色较暗，变灰色或白色，在骨头折断处无光泽。腐败肉的骨髓与骨腔有较大的空隙，骨髓变形软烂，有的被细菌破坏，有黏液且色暗，并有腥臭味。

（6）煮沸后的肉汤。新鲜肉的汤透明澄清，脂肪团聚于表面，具有香味。不新鲜肉的肉汤混浊，脂肪成小滴浮于表面，无鲜味，往往有不正常的气味。变质肉的汤污秽带有絮片，有霉变腐臭味，表面几乎不见油滴。

2. 家畜内脏的感官检验

（1）肝。新鲜肝呈褐色或紫红色，有光泽，有弹性。不新鲜的肝颜色暗淡或发黑，无光泽，表面萎缩有皱纹，无弹性，很松软。

（2）肾（腰子）。新鲜肾（腰子）呈浅红色，表面有一层薄膜，有光泽，柔润富有弹性。不新鲜的肾（腰子），外表颜色发暗，组织松软，有异味。

（3）胃（肚）。新鲜胃（肚）有弹性，有光泽，颜色一面浅黄色，一面白色，黏液多，质地韧而紧实。不新鲜的胃（肚）白中带青，无弹性，无光泽，黏液少，质地软烂。

（4）肠。新鲜肠色泽发白，黏液多，稍软。不新鲜的肠其颜色有淡绿色或有青有白，黏液少，发黏软，腐臭味重。

（5）肺。新鲜肺色泽呈淡粉红色，光洁，富有弹性，外表有光泽，有血腥味。不新鲜的肺呈白色或绿褐色，无光泽，无弹性，质地松软。

3. 家畜肉的保藏

（1）鲜肉的保藏。采购进的鲜肉一般先应洗涤，然后进行分档取料，再按照不同的用途分别放置冰箱内进行冷冻保藏，最好不要堆压在一起，以便取用。

（2）冻肉的保藏。购进冻肉后，应迅速放入冷冻箱内保藏，以防化冻。最好在每块冻肉之间留有适当的空隙。冻肉与冷冻箱壁也应留有适当空隙，以增强冷冻效果，同时也便于取用。

第3节　家禽与蛋品的结构与特点及检验、保藏

一、常用家禽肉的特点

1. 家禽肉的组织

家禽肉的组织结构与家畜肉的组织结构基本相同，但是家禽的结缔组织较少，肌肉组织纤维较细，脂肪比畜类脂肪溶点低、易消化，并且较均匀地分布在全身组织中。家禽肉含水量较高，因此，家禽肉较家畜肉细嫩，滋味鲜美。

2. 家禽肉的营养

家禽肉的蛋白质含量因种类不同而异，一般平均为20%左右。幼禽的含氮浸出物比较少，老禽则较多，因此，老母鸡适合煮汤。禽肉及内脏含有一定量的维生素B、维生素A、维生素D、维生素E等，特别是肝脏中含维生素A最丰富，如鸡肝中维生素A的含量是羊肝的1倍，是猪肝的6倍。禽内脏中还含有较多的铁、磷等无机盐，其含量高于肌肉。

二、家禽的品质检验及保藏

1. 活禽的检验

左手提握两翅，看头部、鼻孔、口腔、冠等部位有无异物或变色，眼睛是否明亮有神，口腔、鼻孔有无分泌物流出。右手触摸嗉囊判断有无积食、气体或积水。倒提时看口腔有无液体流出；看腹部皮肤有无伤痕，是否发红、僵硬；同时触摸胸骨两边，鉴别其肥瘦程度。检查肛门看有无绿白稀薄粪便黏液，有则为病鸡。

2. 家禽肉的检验

家禽肉的品质检验主要以禽肉的新鲜度来确定。采用感官检验的方法从其嘴部、眼部、皮肤、脂肪、肌肉、肉汤等几个方面检验其是否新鲜。

（1）新鲜家禽肉。新鲜家禽肉嘴部有光泽，干燥有弹性，无异味。眼球充满整个眼窝，角膜有光泽。皮肤呈淡白色，表面干燥，有该家禽特有的新鲜气味。脂肪白色略带淡黄，有光泽，无异味。肌肉结实而有弹性，其中鸡肉呈玫瑰色，有光泽，胸肌为白色或淡玫瑰色；鸭、鹅的肉为红色。幼禽有光亮的玫瑰色，稍湿不黏，有特殊的香味。肉汤透明、芳香，表面有大的脂肪滴。

（2）不新鲜家禽肉。不新鲜家禽肉嘴部无光泽，部分失去弹性，稍有异味。眼球部分下陷，角膜无光。皮肤呈淡灰色或淡黄色，表面发潮，有轻度腐败气味。脂肪色泽稍淡，或有轻度异味。肌肉弹性小，指压时留有明显的指痕，带有轻度酸味及腐败气味。肉汤不太透明，脂肪滴小，有特殊气味。

3. 家禽肉的保藏

饮食行业中家禽肉一般是采用低温保藏方法。电冰箱内冷冻保存，一般可在－8℃左右保存，但进货不宜太多、长时间保藏。这有两个原因，一是长时间保藏会使原料长期积压，影响资金周转和经济效益；二是存放时间过长会影响禽肉的质量。

三、蛋的结构、品质检验及保藏

1. 蛋的结构

蛋由蛋壳、蛋白和蛋黄三部分组成，蛋壳占蛋的重量的 10%，蛋白占 60%，蛋黄占 30%。

（1）蛋壳。蛋壳主要由外蛋壳膜、石灰质蛋壳、内蛋壳膜和蛋白膜构成。其中，外蛋壳膜覆盖在蛋的最外层，是一种透明的水溶性黏蛋白，能防止微生物的侵入和蛋内水分的蒸发，如遇水、摩擦、潮湿等均可使其脱落，失去保护作用。因此，常以外蛋壳膜的有无判断蛋的新鲜程度。

（2）蛋白。蛋白也叫蛋清，位于蛋壳与蛋黄之间，是一种无色、透明、黏稠的半流动体。在蛋白的两端分别有一条粗浓的带状物，称为“系带”，起牵拉固定蛋黄的作用。

（3）蛋黄。通常位于蛋的中心，呈球形。其外周由一层结构致密的蛋黄膜包裹，以保护蛋黄液不向蛋白中扩散。新鲜蛋的蛋黄膜具有弹性，随着时间的延长，这种弹性逐渐消失，最后形成散黄。

2. 蛋的品质检验和保藏

（1）蛋的品质检验。蛋的品质检验对烹调和蛋品加工的质量起着重要作用。鉴定蛋的质量常用感官检验法和灯光透视检验法，必要时可进一步进行理化检验和微生物检验。

1）检验方法

①感官检验。感官检验主要凭人的感觉器官（视、听、触、嗅等）来鉴别蛋的质量。新鲜蛋的蛋壳洁净，无裂纹，有鲜亮光泽。蛋壳表面有一层胶质薄膜并附着白色或粉红色霜状石灰质粉粒，用手触摸有粗糙感。手掂有沉甸甸的感觉。打开后，蛋黄呈隆起状，无异味。

②灯光透视检验。将蛋对着灯照看蛋壳内部蛋黄和蛋清边际是否清楚。边界不清则质量下降。灯光透视检验是一种既准确又行之有效的简便方法。

2）检验标准

①鲜蛋。蛋壳无斑点或斑块；气室固定，不移动；蛋白浓厚透明，蛋黄位居中心或略偏，系带粗浓；无胚胎发育迹象。

②破损蛋。灯光透视下见到蛋壳上有很细的裂纹，将蛋于手中磕碰时有破碎声或哑声则是破损蛋。

③陈次蛋。陈蛋透视时气室较大，蛋黄阴影明显，不在蛋的中央；次蛋的蛋黄离开中心，靠近蛋壳，气室大，蛋白稀薄，系带变稀变细，能明显看到蛋黄红色的影子，将蛋转动，蛋黄暗影始终浮在蛋的上侧。

（2）蛋的储藏保管。蛋的储藏保鲜方法很多，常用的有冷藏法、石灰水浸泡法、水玻璃浸泡法及涂布法等。

1）冷藏法。冷藏法广泛应用于大规模储藏鲜蛋，是国内外普遍采用的先进方法。当温度控制在－1.5～0℃，相对湿度为80％～85％时，冷藏期为4～6个月；温度在－2.0～－1.5℃，相对湿度为85％～90％时，冷藏期为6～8个月。

2）石灰水浸泡法。石灰水浸泡法是利用石灰水澄清液保存鲜蛋的方法。蛋浸泡在石灰水中，其呼出的二氧化碳同石灰水中的氢氧化钙作用形成碳酸钙微粒沉淀在蛋壳表面，从而闭塞鲜蛋蛋壳上的气孔，达到保鲜目的。

3）水玻璃浸泡法。水玻璃浸泡法是采用水玻璃（又称泡花碱，化学名称硅酸钠）溶液保存鲜蛋的一种方法。水玻璃在水中生成偏硅酸或多聚硅酸的胶体溶液附在蛋壳表面，闭塞气孔，起着同石灰水同样的保鲜作用。

4）涂布法。涂布法采用各种被覆剂涂布在蛋壳表面，堵塞气孔，以防蛋内二氧化碳逸散和水分蒸发，并阻止外界微生物的侵入，借以达到保鲜的目的。常用的被覆剂有液体石腊、聚乙烯醇、矿物油、凡士林等。

5）民间储蛋法。民间储藏鲜蛋的方法还有豆类储蛋法、植物灰储蛋法等。这些方法一般是用干燥的小缸作容器，以干燥的豆类或草木灰作填充物。在缸内每铺一层填充物，就摆放一层蛋，再铺一层填充物，再摆放一层蛋，直至装满，最后还要再覆盖一层填充物，放在室温下储藏。这种方法保鲜期一般为1～3个月。

第4节　水产原料的结构与品质检验及保藏

我国有着广阔的海洋渔场，从南到北横跨多种气候带，适合多种鱼类生长。从目前资料来看，我国海产鱼类有1 600多种，已捕捞的有200多种，属于渔业生产主要对象的约50种，其中产量大的有10多种。按纬度和水温，鱼类可分为热带性鱼类、温水性鱼类、冷水性鱼类。

水产品按生物学分类可分为七大类分别是：鱼类、甲壳动物类、软体动物类、爬行动物类、腔肠动物类、棘皮动物类、海藻类。

一、鱼类的体形及结构

1. 鱼类的体形

鱼的种类繁多，由于其生活环境、生活习性各不同，其外表形状也不相同。烹饪中较常用的鱼，其体形大致归纳为以下四种：

（1）梭形。梭形又称纺锤形，因其形似梭子，鱼体呈流线形。多数鱼属于这一类型，如鲤鱼、草鱼、黄花鱼等。

（2）扁形。其形扁平如片状。海洋鱼类中栖息于海底的鱼，多属于这一类型，如比目鱼等。

（3）圆筒形。其形如细长的圆筒状，体长较细，如黄鳝、鳗鱼等。

（4）侧扁形。其形侧扁，如鲂鱼、鳓鱼、鳊鱼、鲥鱼、鲳鱼等。

另外，还有如带形的带鱼等。

2. 鱼类的结构

（1）鳞。鱼鳞是保护鱼体、减少水中阻力的器官。绝大多数鱼有鳞，少数鱼已退化为无鳞。鱼鳞在鱼体表面呈覆瓦状排列。鱼鳞可分为圆鳞和栉鳞，圆鳞呈正圆形，栉鳞呈针形且较小。由于鱼鳞片大小不同、排列位置不同、形状不同，可用此来鉴别鱼的种类。

（2）鳍。鱼鳍俗称"划水"，是鱼类运动和保持平衡的器官。根据鳍的生长部位可分为背鳍、胸鳍、腹鳍、臀鳍、尾鳍。按照鳍的构造，鳍可分为软条和硬棘两种，绝大多数的鱼鳍是软条，硬棘的鱼类较少（如鳜鱼、刀鲚、黄颡鱼等）。有的鱼的硬棘带有毒腺，人被刺后，其被刺部位肿痛难忍。从鳍的情况还可以判断鱼肉中小刺（肌间骨）的多少。低等鱼类一般仅有一个背鳍，是由分节可屈曲的鳍条组成，胸鳍腹位，这类鱼的小刺多，如鲢鱼。较高等的鱼类一般由两个或两个以上的背鳍构成（有的连在一起）。其第一背鳍由鳍棘（硬棘）组成，第二背鳍由软条组成，腹鳍胸位或喉位，或者没有腹鳍，这类鱼的刺少或者没有小刺，如鳜鱼。

（3）侧线。侧线是鱼体两侧面的两条直线，它是由许多特殊凸棱的鳞片连接在一起形成的。侧线是鱼类用来测水流、水温、水压的器官。不同的鱼类其侧线的形状不同。有的鱼类没有侧线。

（4）鳃。鱼鳃是鱼的呼吸器官，主要部分是鳃丝，上面密布细微的血管，呈鲜红色。大多数鱼的鳃位于头后部的两侧，外有鳃盖。从鱼鳃的颜色变化可以判断出鱼的新鲜程度。鱼的鼻孔无呼吸作用，主要是发挥嗅觉功能。

（5）眼。鱼眼大多数没有眼睑，不能闭合。从鱼死后其眼睛的变化上可以判断其新鲜程度。不同品种的鱼，其眼睛的大小、位置是有差别的。

（6）口。口是鱼的摄食器官。不同的鱼类其口的部位不同，口形也各异，有的上翘，有的居中，有的偏下等。口的大小与鱼的食性有关，一般凶猛鱼类及以浮游生物为食的鱼类口都大，如鳜鱼、带鱼、鲶鱼、黄颡鱼等。

（7）触须。鱼类的触须是一种感觉器官，生长在口旁或口的周围，分为颌须和颚须，多数为一对，有的有多对（如胡子鲶）。触须上有发达的神经和味蕾，有触觉和味觉的功能。

（8）肉。鱼肉是鱼的肌肉组织，近皮处色深，称红肌；白色肉则称白肌。鱼肉的纤维组织结构决定了鱼的肉质，黄鱼呈大蒜瓣状，其他鱼的肉纤维大多平直。纤维粗糙者，肉质相对较老。鱼肉中大都有刺，有的细密，有的粗疏，也有的为较粗的软骨。刺越密，味越鲜。

（9）鳔。鳔是鱼的囊状器官，也是鱼的沉浮器。有些鱼鳔壁很厚，干制即为鱼肚，如毛鲿鱼、黄鱼、鮰鱼等。

二、水产品的品质检验

1. 鱼类品质检验

鱼类品质检验应根据鱼鳞、鱼鳃、鱼眼的状态，鱼肉的松紧程度，鱼皮上和鳃中所分泌的黏液量，黏液的状态和气味及鱼横切面的色泽来判定。

（1）鱼鳃状态。完全新鲜的鱼，鱼鳃的色泽呈粉红色或红色，鳃盖紧闭，黏液较少呈透明状，没有臭味。鱼鳃呈灰色的鱼为不新鲜鱼。如果呈灰白色，有黏液污物则为腐败的鱼。

（2）鱼眼的状态。鲜鱼眼澄清而透明，并且很完整，向外稍稍凸出，周围没有充血而发红现象。不新鲜鱼的眼多少有点塌陷，色泽灰暗，有时由于内部充血而发红。腐败的鱼眼球破裂，位置移动。

（3）鱼体表皮和肌肉组织的状态。新鲜鱼的表皮上黏液较少，体表清洁；鱼鳞紧密完整而具有光亮；鱼肉有弹性，用手压入的凹陷随之平复；肛门周围呈一圆坑形，硬实发白，肚腹不膨胀。不新鲜的鱼，黏液量多，透明度下降；鱼背较软，呈苍白色，鱼肉失去弹性，用手按压后凹陷处不能立即平复；鱼鳞松弛，层次不明且有脱片，没有光泽；肛门较凸出；由于肠内充满因细菌活动而产生的气体使肚腹膨胀，有腐败臭味。

新鲜鱼肉的组织紧密而有弹性，肋骨与脊骨处的鱼肉组织很结实。不新鲜的鱼肉松弛，用手拉之极易脱离脊骨和肋骨。肌肉有霉味、酸味，有些地方有腐败现象。

（4）活鱼的检验。活鱼以在水中游动活泼，对外界刺激反应敏锐，身体各部分如口、眼、鳃、鳞、鳍等，完整无残缺或无病害的品质为好。

（5）冰冻鱼的检验。冰冻鱼的鱼体应当是坚硬的，在用硬物敲击时能发出清晰的响声，其保藏温度应在－8～－6℃。鱼体解冻后的品质指标与鲜鱼相近。

2. 虾的品质检验

虾的品质根据其外形、色泽、肉质等方面来确定。

（1）外形。新鲜的虾头尾完整，有一定的弯曲度，虾身较挺；不新鲜的虾头尾容易脱落或易离开，不能保持其原有的弯曲度。

（2）色泽。新鲜的虾壳发亮，呈青绿色或青白色，即保持原色；不新鲜的虾头尾、皮壳发暗，原色有的变为红色或灰紫色。

（3）肉质。新鲜虾肉质坚实、细嫩；不新鲜的虾肉质松软。

3. 蟹的品质检验

蟹的品质检验是根据其外形、色泽、体重及肉质等几个方面来确定的。

（1）新鲜的蟹。腿肉坚实，肥壮，用手捏有硬感；脐部饱满，分量较重。活蟹翻扣在地上能很快翻转过来。外壳呈青色泛亮，腹部发白，“团脐”有蟹黄，肉质鲜嫩。

（2）不新鲜的蟹。腿肉空松，瘦小，行动不活泼，分量较轻。背壳呈暗红色，肉质松软，味不鲜美。已死的河蟹不能食用。因为蟹与鳝鱼、元鱼一样，体内含丰富的组氨酸，死后组氨酸会迅速分解，产生有毒的组胺，食后会引起中毒。并且河蟹由于觅食动物尸体，体内寄生大量细菌，蟹死后细菌迅速繁殖，使肉变质，食后会引起中毒。

三、水产品的保藏

1. 活鱼的保藏

活鱼的保藏主要放在池盆中水养，水温以 4～6℃为宜。注意勤换水，不使酸碱物质、油脂和烟灰入内，以减少死亡，保持鲜活。

2. 冷冻保藏

刚死的鲜鱼变质很快，必须立即进行冷藏保藏。冷藏时先把鱼体洗净，并尽可能地除去内脏。没有冷藏设备时，可装进冰容器，先在底部垫一层碎冰，放进鱼，上面再覆一层冰。采用这种方法，在夏秋季能保质 1～2 天。其他新鲜水产品，也可用上述方法保存。在冷冻过程中，要特别注意把冰层融化的水及时排出。各种鱼的变质起始部位不同，堆鱼时要加以注意。黄花鱼头部热，往往是头部先变质，堆鱼时鱼头应朝上；带鱼的鱼肚易破易坏，堆放时鱼背应朝上；有的鱼全身都嫩，处处怕碰，只能埋在雪花冰里。

3. 虾的保藏

虾类容易掉头，如对虾，冷藏前必须去虾须。冷藏时，容器里放一层冰，再撒一层盐、中心放上一块冰块，将对虾拉直围冰堆三层，再铺一层冰。最好用麻袋或草袋封口，其他虾类如小青虾、红虾，只要和碎冰放在一起就行。

4. 蟹的保藏

蟹容易死亡，应放在篮筐中，一个一个排紧，以限制其活动，防止消瘦。夏季要适当通风，防止闷热。

第 5 节　蔬果原料的结构及特点

蔬果原料是重要的植物性烹饪原料，通常是指可以用来制作菜肴的植物。它包括高等植物类、菌藻类及地衣类等。我国有丰富的蔬菜水果品种，并以质量好而闻名于世。蔬菜和水果是人们生活中主要的食品，蔬菜和水果中含有丰富的营养成分，特别是维生素、矿物质和纤维素。蔬菜和水果在菜肴中既可作主料，又可作配料。某些蔬菜还含有芳香辛辣成分，具有调剂口味的作用。

一、高等植物类原料的结构及特点

作为烹饪原料的蔬菜，大多数都来自于高等的被子植物。被子植物是植物界中最高等的类型，具有根、茎、叶的分化和真正的花及果实。其结构包括以下几部分：

1. 根

根是蔬菜的重要器官。它的功能是吸收、支持、合成和储藏养分。根由表皮、皮层和维管柱三部分组成。表皮在根的最外面；皮层是由许多层薄壁细胞组成的，其特点是细胞排列疏松，细胞壁薄；维管柱由中柱鞘、木质部和韧皮部三部分组成。有些植物的根特别肥大，已肉质化，如番薯、白萝卜和胡萝卜等的根，其是储藏有机养料的储藏器官，也是烹制菜肴所采用的部分。

2. 茎

茎是蔬菜的地上部分的骨干，为叶、花和果实的附着物。茎的主要功能是运输水分、无机盐类和有机营养物质到植物体的各部分，以有利于叶进行光合作用、开花和传粉以及果实和种子的散布，此外也有储藏养料的功能。如一些变态的茎（马铃薯、慈姑、荸荠、芋等）中储存有丰富的营养物质。茎亦可分为表皮、皮层和维管柱三部分。作为蔬菜，幼嫩时期的茎是常用的，一旦长老后，其茎中维管柱木质化，就失去了食用价值。

3. 叶

蔬菜的叶一般由叶片、叶柄和托叶组成。叶片包括表皮、叶肉和叶脉三部分。叶柄结构和茎的结构大致相似，是由表皮、基本组织和维管束三部分组成。托叶是位于柄和茎的相连接处的结构，通常细小，而且早落，作为烹饪原料来讲没有多大意义。叶的作用有两个：一是进行光合作用，在阳光下利用二氧化碳和水合成有机物质，光合作用的产物，不仅供植物本身新陈代谢之用，而且是食物的最终来源；二是进行蒸腾作用，将植物体内的水分以气体状态散发到空气中。叶是食用的一个重要部分，尤其是叶菜类蔬菜更是如此。

4. 花

花是蔬菜植物的生殖器官。它通过开花、传粉、受精后形成果实。花通常由花柄、花托、花萼、花冠、雄蕊、雌蕊几部分组成。花柄是每一朵花所着生的小枝。它支持着花，使花位于一定的空间，同时又是茎和花相连的通道。花托是花柄顶端的花萼、花冠、雄蕊、雌蕊着生的部分。花冠位于花萼的里面，由若干花瓣组成。花瓣细胞含有花青素或有色体，因而具有鲜艳的颜色。作为烹饪原料的花类，通常利用的是其花冠等部分。

5. 果实

果实是由雌蕊的子房发育而成的，大部分的果实是如此，称为真果。也有部分植物的果实，除子房外尚有其他部分参加，最普通的是子房和花被或花托一起形成果实，这样的果实叫作假果，如梨、苹果、石榴、向日葵以及瓜类作物的果实。果实的构造比较简单，外为果皮，内含种子。果皮可分三层，即外果皮、中果皮和内果皮。果皮的结构、色泽以及各层发达的程度，因植物的种类不同而不同。果实根据其果皮是否肉质化，可分为肉果和干果两大类型。肉果的特征就是果皮肉质化，供食用的果实大部分是肉果。肉果依果皮变化的情况不同，又分为浆果（如番茄、茄子、柑橘、葡萄等）、核果（如桃、梅、李、杏、樱桃等）、梨果（如梨、苹果等）。干果的果皮在果实成熟后呈干燥状态，不肉质化，这类果实作为烹饪原料的不是太多，主要有豆类的荚果、板栗、坚果等。

二、食用藻类的结构及特点

藻类植物是自然界中比较低等的植物。它们的植物体没有根、茎、叶的分化，而且它们在大小、构造上的差异都很大。在藻类植物中，具有食用价值的有蓝藻门、裸藻门、褐藻门及红藻门中的一些藻类。常见的品种有葛仙米、琼胶、紫菜、石花菜、海带、昆布、裙带菜、鹿角菜、麒麟菜等。红藻中的不少品种还可用于制作琼胶。

三、食用菌类的结构及特点

食用菌类是可供食用的大型真菌，在植物分类学上分属于担子菌纲和子囊菌纲。食用菌的结构可分为两部分，即菌丝体和子实体。

1. 菌丝体

菌丝体是食用菌的营养体结构，即食用菌生长发育所需的养料都是由菌丝体从周围环境中吸取的。菌丝体呈分枝的丝状体，具有细胞壁，细胞不含有叶绿素，不能进行光合作用，故食用菌都是腐生或寄生的。腐生真菌是通过菌丝体与培养基的接触获得养分，或产生假根伸入培养基中吸收养分。寄生真菌可以在寄生体表或体内寄生，吸取寄主的养分。

2. 子实体

子实体是食用菌的繁殖体结构，也是烹制菜肴所利用的部分。其形态多种多样，有伞状、耳状、头状、花状等。颜色也各不相同，有白色、红色、棕色、灰色、褐色、黑色、青色等。子实体是由菌丝扭结转化形成的，是食用菌产生生殖细胞的高度组织化结构。典型的子实体的结构是由菌盖、菌柄和其他附属物组成，其质地有胶质、革质、海绵质、软骨质、木栓质及木质等，比如蘑菇、香菇、猴头菇、竹荪等。

四、地衣的结构及特点

地衣是藻类和真菌共生的复合原植体植物。藻类细胞进行光合作用，为整个地衣植物体制造有机养分，真菌则吸收水分和无机盐；为藻类光合作用提供原材料。地衣的形态有壳状、叶状和枝状，如石耳就是叶状地衣。

第 6 节　干货制品的检验与保藏

一、干货制品的检验标准

干货原料因经脱水干制易于储存保藏，便于运输，打破了季节、产地的界限，延长了使用时间，扩大了供应范围。许多干料因脱水而形成特殊风味，丰富了菜肴的口感，在烹制菜肴中占有重要的地位。因此，进行干货原料的检验，鉴别其中品质的优劣，对烹制菜肴，合理使用干货原料是十分重要的。干货制品的检验标准有以下三点：

1. 干爽，不霉烂

这是衡量干货原料质量的首要标准。干货原料由于久藏和保藏不善，会吸收空气中的水分而回潮发软，其吸湿后极易变质。例如，由植物花蕊晒制的金针菜就特别容易在吸收水分后变质；又如笋干因久藏吸湿而易发黑变质。因此，干货原料越干，无霉烂现象，质量就越好。

2. 整齐，均匀，完整

这也是衡量干货原料质量的一个重要标准。同一种干货原料往往因干制时原料的要求、加工方法以及保藏运输情况不同，而在其外观上产生较大的差别。干货越整齐、越均匀、越完整，其质量就越好。如干贝颗粒均匀、不碎，质量就较好；海参体大小不一，质就次。

3. 无虫蛀，无杂质，保持其特定的色泽

干货原料在保藏中，如果由于保藏条件不好而发生虫蛀或混入杂物，质量就会降低。干货在加工时没有清除杂质，或不能完全清除，其质量也较差。如燕窝夹有杂毛、毛多者质就次。另外，每种干货都有一定色泽，一旦色泽改变，也说明其品质发生了变化。

二、干货制品的保藏

干货制品经过干制加工，失去大量水分后，其组织疏松，空隙多，并且所含干物质中有许多吸湿性成分（如糖类、蛋白质等），因而具有强烈的吸湿性。如果产品包装不严密，或者空气相对湿度过高，则很快吸湿受潮，严重时可引起发霉。干货制品中有些经过熏硫、浸硫处理的产品（如玉兰片），也会因吸湿受潮而降低了二氧化硫的浓度，使防腐性减退而发生变质。

干货制品储存要点如下：

第一，产品要有良好的包装。干货原料常用的包装中，以木箱、木桶、纸板箱衬防潮纸或塑料薄膜的包装防潮效果较好；竹篓、麻袋等包装防潮性差。但无论采用哪种包装，在储存时应做到轻搬轻放，防止因包装损坏而降低防潮性能。

第二，控制储存的温度、湿度，使库房保持凉爽、干燥、低温、低湿，是干货保藏的基本措施，尤其是容易生虫的黄花菜和易发霉的玉兰片，只有在低温、干燥的环境里，才能避免其受虫蛀和变质。另外，在玉兰片中放入小包的亚硫酸钠（1%～3%），也可起到防霉的效果。

第三，干货库内切忌同时存放潮湿性的物品。同时还应注意堆放的底垫及高度，确保干货制品不受潮。

思考题

1. 烹饪原料如何分类？
2. 烹饪原料的品质鉴定有哪几种方法？
3. 烹饪原料的变质有哪些原因？
4. 烹饪原料的保藏有哪些方法？
5. 家畜类原料组织结构由哪几个部分组成？各自占的百分比是多少？
6. 家禽肉的特点有哪些？检验方法有哪些？如何进行保藏？
7. 如何对蛋品进行品质检验？
8. 水产原料如何检验？如何保藏？
9. 概述蔬菜原料的结构及特点。
10. 干货原料检验标准是什么？如何进行保藏？

第3章

原料的特殊加工

第1节 部分生猛活鲜原料的加工及活养

随着人民生活水平的提高，人们日益追求原料的鲜活，以确保菜肴的美味，因此，对鲜活原料的宰杀加工成为中式烹调师必须掌握的技术。处理得当，不仅能令原料符合烹制、成菜的要求，还对提高拆卸率、降低成本、开发新品种起到重要作用。

一、鲜活原料的加工

1. 甲鱼

甲鱼的初步加工方法如下：

用手抓住头部，将甲鱼颈部抻拉至长，用刀割断血管和气管，放尽血液。锅内放入足量清水，上火烧开后放入宰杀后的甲鱼，泡烫 3～5 min（根据甲鱼的形体大小、分量多少以及不同季节灵活掌握），取出后用小刀迅速将甲鱼体表的皮膜刮掉。不能刮掉的，可再次泡烫，直至皮膜骨缝处全部刮净为止。沿甲鱼甲壳与裙边的边缘，下刀割开甲壳，从甲鱼后部将甲壳掀起，割断锁甲骨与甲壳连接的结缔组织，取下甲壳。摘去内脏、油脂，斩去爪尖、尾尖，洗净即可。

对甲鱼的初步加工，各地所用方法有所不同，这里不一一介绍，但有一个原则，就是必须把甲鱼的皮膜刮干净，内脏和油脂去净，洗涤干净，以免有腥味。

2. 龙虾

龙虾的初步加工方法如下：

手拿抹布捏住龙虾胸部，取一根筷子或钢针，在龙虾尿洞口准确插入，否则龙虾尾部会曲折，其劲很大，要防止划破手。放尽尿水、血液（龙虾的血液成淡淡的蓝色），然后将其头部和身部用两手转动使其分离，再将身中的筷子或钢针取出。在腹部两侧边缘，用剪刀剪开，将其背部朝下放在砧墩上，一手拉腹部的外壳，一手按住肌肉组织（保证肌肉组织完整），去掉腹部的外壳和龙筋，然后用小刀从侧面顺着背部的6个关节将龙虾肉与背壳分离，取出龙虾肉。如生吃，则将龙虾肉用净化水洗净，洗时不可长时间浸泡在水中。将洗净的龙虾肉按照其肌肉组织群分为两大块：一块是背脊肉；另一块是腹部肌肉群。先将背脊肉批成薄片，贴在食用冰上；每块腹部肉按肌肉束分成6块（2块腹部肌肉群共分成12块），腹部的肌肉束连接是按身部6个关节相连，将分割的肌肉束再批成薄片，然后贴在食用冰上。贴片时不可过薄、过碎，以免食用时不方便。另外，龙虾的脑也可生食，方法是从胸部开刀，取出虾脑，盛入碟中，与整只龙虾身一起上桌生食。

3. 象鼻蚌

象鼻蚌的初步加工方法如下：

取鲜活象鼻蚌，放入沸水锅中烫一下，取出，去掉外壳和内脏，剥去蚌身的外衣。沸水烫的时间不能过长，以能剥出外衣为最好，否则肉质变硬。然后用净化水洗净。用刀将蚌体剥开，再用净化水洗净中间的杂物，然后批成薄片，贴在食用冰上即可。生食象鼻蚌一定要用鲜活货，只用中间如象鼻状的肉足。其内脏的肉体可采用炒、爆等方法加工。象鼻蚌除生吃外，还可用加酱炒、上汤焗等方法制成菜肴。

4. 赤贝（生食）

生食赤贝的加工方法如下：

将外壳用水洗刷干净，用专用工具将外壳撬开或用破碎法取出贝肉，用刀将肉片剖开，除去鳃瓣杂物。先用盐水搓洗后，再用清水洗净，用湿布包裹，在 4～10℃的环境下可保存 5 天。食用时批成薄片，打上花刀放在食用冰上。

5. 牡蛎（生食）

生食牡蛎的加工方法如下：

将鲜活牡蛎放在清水中，把外壳的污泥刷洗干净。然后将牡蛎放在按水与盐 1 000：25 的比例兑制的淡盐水中静置，使其吐净泥沙脏物。再次清洗，接着用专用工具将外壳撬开，或用沸水稍烫后去掉外壳，取出贝肉，不要弄破牡蛎的腹腔，用盐水清洗掉黏液后，再用清水洗净，放在原壳中即可。

6. 鲈鱼（生食）

生食鲈鱼的加工方法如下：

生食鲈鱼与平时宰杀有所不同。先将鱼鳞刮尽，然后在其头部与身体连接处，从背部下刀斩断龙骨放尽鱼血，以使鱼肉保持洁白、透明，然后去掉内脏、鱼骨、鱼皮，批成薄片贴在食用冰上即成。

7. 蛇

蛇的初步加工方法如下：

蛇在宰杀时，先用右手轻轻拿起，左手沿着蛇身轻捋上蛇头，用食指和拇指将头捏紧，右脚踏住蛇尾，右手用小刀在蛇颈圈处划一圈，然后将尖刀刺入皮内，从头部划至尾部。接着撕剥去蛇皮，带出内脏，剁去头尾，洗净备用（不能泡在水里，以防鲜味失去及变色）。将洗净的蛇用沸水煲约 20 min（视大小老嫩而定），取出拆蛇骨。拆蛇骨时要十分小心，宜从头部顺着向尾部轻轻拆肉，去骨时用力不宜过大，防止蛇骨折断。如弄断了，要找出断掉的骨头。做椒盐大王蛇、卤水蛇等菜可不去皮，但须先将蛇剖腹去脏，然后放开水中烫，除去鳞片，再斩成段。

8. **牛蛙**

牛蛙的初步加工方法如下：

用剪刀将牛蛙的头部剪掉，从刀口部剪一个豁口，然后撕去外皮，清除内脏，剁去爪尖，洗涤干净即可。

9. **野禽**

野禽的初步加工方法如下：

现在有许多野禽已人工饲养，成品基本保持原有的风味。处理野鸡、竹鸡、野鸭等，应依照用途加工。用于切丝、切片时，最好剥皮：先剥去皮与毛，再切去头、脚，接着剖开背部取出内脏（因野禽胸肌发达，不能剖腹而应开背）。若需制成卤味，就得保有外皮，因野禽的皮薄而易破，故无须烫毛，只要直接拔除羽毛即可；拔毛后剖开背部取出内脏，浸放清水中，用拔毛钳子拔去剩余的毛。拔毛有干煺和湿煺两种：干煺是鸟禽完全断气后，趁体温尚暖时去毛，否则稍后再拔毛将增加困难；湿煺采用60℃热水浸烫（因为皮薄，温度不能过高，否则表皮会剥落）。

二、部分原料的活养

购进活的原料，如果不马上烹制，就有一个活养的过程，如各类鱼、虾、蟹、家禽等。这类原料不宜养得过久。饲养时要配备专门的笼子、鱼池和鱼箱。养鱼虾要有喷水管等设备，使水在喷水管的水花冲击下，保持水内有足够的氧气，可以使这些鱼虾加强呼吸，延长寿命。要注意保持水的清洁，水温不能太高或太低，水中不能混有污物或被其他物质浸染过，否则会影响水产品的成活率。另外，这些水产品如果为海鲜品，要在水中酌情放些生化海水盐，使水保持与海水相仿的咸度。

1. **黑鱼**

养黑鱼的池水不宜太深，更不能与其他鱼类混养在一起。池面上要设有铁丝疏罩盖面，防止黑鱼跳出池外。

2. **甲鱼**

养甲鱼宜用瓦盆，最好是每盆一只。盆底放大粒海沙。水要清，不宜太深，每天换两次水。

3. **田鸡**

养田鸡分季节有不同要求。夏秋季，要用清水把田鸡淋透后，放进特制的田鸡笼里，再把笼置放在盆中，盆内的水，以浸到田鸡肚为宜；天气太热时，要经常淋清水。冬春季，要把田鸡放入池中，或用麻袋盖封笼面保温，每天用暖水冲洗一次。活养田鸡的池水不能混有烟灰或油腻，否则易导致田鸡死亡。

4. 响螺

养响螺宜用瓦盆，螺厣向着盆底，用盐水（比例为 500 g 清水加 2.5 g 盐）少许浸到厣部。响螺害怕蚊咬。每天早上要注意检查，如螺的厣部不动，或有水流出，说明螺已死亡。

5. 龙虾

鲜活的龙虾可做短时间的饲养，以保持生食时的新鲜度。通常暂养龙虾时要注意几个方面：一是配制的海水要干净无杂质；二是配制的海水的浓度一定要符合龙虾的生长环境；三是配制的海水的温度一定要在 14～16℃。具体在配制海水时，需准备生化海水盐、食盐、盐度表（商店有售）、苏打。配制时先用 2/3 的生化海水盐和 1/3 食盐混合，然后放入清水中（一般是 100 kg 水加 625 g 盐混合物），用盐度表测量盐度在 2.5 度左右，偏差不能过大。待海水调制好后，再加入适量苏打，即可暂养。一般可暂养一周。部分海鲜活养用盐水盐度及温度见表 3—1。

表 3—1　部分海鲜活养用盐水盐度及温度一览表

海鲜名称	调好的盐度	温度（℃）
大龙虾	0.24～0.26	14～16
红花蟹	0.18～0.20	20
白蟹	0.18～0.20	20
斑节虾	0.20	18
草虾	0.18	20
肉蟹	0.18	20
小龙虾	0.18～0.19	20
蛤蜊、蛏子皇、竹蛏等贝壳类	0.14～0.16	14
鲨鱼、黄立鲳、美国红珍鱼、左口鱼	0.16	16～18

6. 象鼻蚌

象鼻蚌是一种个体比较大的海水贝类。贝壳一般为卵圆形或椭圆形，左右两壳相等，表壳颜色为黄褐或黄白色。肉足大而肥美并伸出壳，外形如象鼻，质感脆嫩甘美。象鼻蚌暂养方法很简单：取一泡沫箱，底部放上一层冰，然后放入象鼻蚌，上面再铺上一层冰即可暂养 3～5 天。

第2节　原料去骨分档取肉

原料去骨分档取肉是把整只的、整个的或大块的原料，根据其肌肉、骨骼组织的不同部分进行分解，并进行分档归类，以便于切配以及制作更为精细的菜肴。这是因为，每个菜肴都对原料有不同要求。同时，整个的原料各部分的质地、性能也不尽相同。这就要求烹调师除能熟谙原料特性之外，还要精通庖丁解牛之术，尽可能做到物尽其用，为菜肴特色的充分体现准备好条件。

一、原料去骨分档取肉的要求

原料整体去骨是一项特别讲究技术的操作。这一操作的前提条件是选料，其次是精湛的技术。

1. 选料必须符合要求

凡作为整体去骨的原料，必须选择肥壮多肉、大小老嫩适宜的原料。鸡应当选用8个月左右较嫩的鸡，重1～1.25 kg。鸭应当选用6个月左右较嫩的，重1.25～1.5 kg。这样的鸡、鸭在去骨时表皮不宜破裂，成菜口感适宜。选用鱼时，应当选用0.5 kg左右、肉厚而肋骨较软的鱼，如黄鱼、鳜鱼，并且要求新鲜程度高。鸽子可选用较嫩的肉鸽，重250～350 g，稍壮些的。黄鳝生去骨要选大一点的，熟去骨可选小一点的。

2. 初步加工必须特别认真

整料去骨的原料在粗加工时，应特别注意保持原料形体的完整，鸡鸭不能烫破皮，割杀的刀口要小。鸡、鸭、鸽烫毛时，水温不宜过高，烫的时间也不宜过长，否则去骨时皮易破裂。鸽子用干拔毛法较好。在刮鱼鳞时，不可碰破鱼皮，鱼的内脏可从鳃部卷出。鸡、鸭、鸽等先不要破腹取内脏，可等去骨时随着躯干骨骼一起除去。

3. 去骨必须谨慎，且下刀准确

要熟悉原料的骨骼关节的构造情况，注意不破损外皮，选准下刀的部位，做到进刀贴骨，剔骨不带肉，肉中无骨。去骨行刀要贴着骨头走，见着关节软组织下刀，这样才能既不伤刀，又不会破坏整体原料外观的完整，一些属初加工的原料也不至于支离破碎，做到一刀准。

二、常用原料的分档取料

1. 猪的分档取料

在烹调中，猪肉是经常用的原料，在烹制中如能较好地使用，则能做出可口的菜肴。因此，要掌握猪肉各部位的性质，分档取料。如图 3—1 所示。

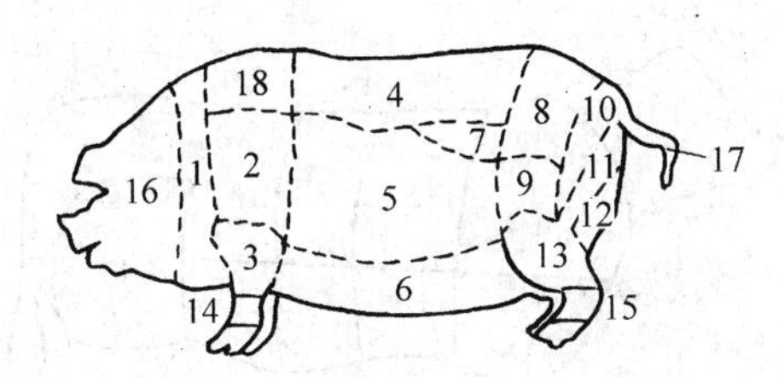

图 3—1　猪的分档部位示意图

1—槽圈　2—夹心　3—前肘　4—通脊　5—方肉　6—奶脯　7—里脊　8—臀尖
9—弹子肉　10—坐臀肉　11—黄瓜肉　12—摩档肉　13—后肘　14—前蹄
15—后蹄　16—猪头　17—猪尾　18—上脑

（1）槽圈。耳后的颈肉，肥瘦相混，宜酱或做馅、炸丸子等。

（2）夹心。紧连扇面骨上部肉，夹精夹油，质老，宜做肉丸，炖、焖、烤。

（3）前肘。在前腿扇形骨上，质老、筋多，宜酱、卤、炖、焖。

（4）通脊。通脊又叫外脊，在脊背处，质嫩，发白，宜于炒、熘、炸。

（5）方肉。方肉也叫五花肉，肥瘦相间。上部为硬五花，下部为软五花，宜焖、煮、炖、烧。

（6）奶脯。奶脯也叫下踹，在腹部，质软肥，多为泡状，宜制馅、熬油。

（7）里脊。指从腰子到分水骨的一条肉，是猪身上最细嫩的部位。呈长圆形，一头粗，一头略细，质细最嫩，宜制蓉、泥，宜炒、汆、炸、烹、熘。

（8）臀尖。在胯骨和椎骨之间，质嫩，宜炒。

（9）弹子肉。在坐臀肉上（里边），形如拳头，质嫩，宜滑、炒、烹。

（10）坐臀肉。在臀部贴近肉皮的一块长条形肉，质老，宜酱、卤、烧。

（11）黄瓜肉。在底板的皮下脂肪处，呈长方形，似黄瓜，质嫩，宜熘、炒。

（12）摩档肉。在后腿上部，如扇形，质嫩，宜熘、炒。

（13）后肘。在后腿扇面骨上，质老、筋多，和前肘相似，宜酱、卤、炖、焖、蒸、扒。

（14）前蹄。筋多肉少，宜酱、卤、糟。

（15）后蹄。筋多肉少，宜酱、卤。

（16），（17）头、尾。可分别用来制成酱猪头和酱猪尾。

（18）上脑。颈后脊骨前旁侧，质嫩，宜熘、炒。

2. 牛的分档取料[①]

牛肉的分档和用途大致和猪肉相仿，但由于有些部位的肉质和猪有所不同，因此，分档名称和用途也有所不同，如图 3—2 所示。

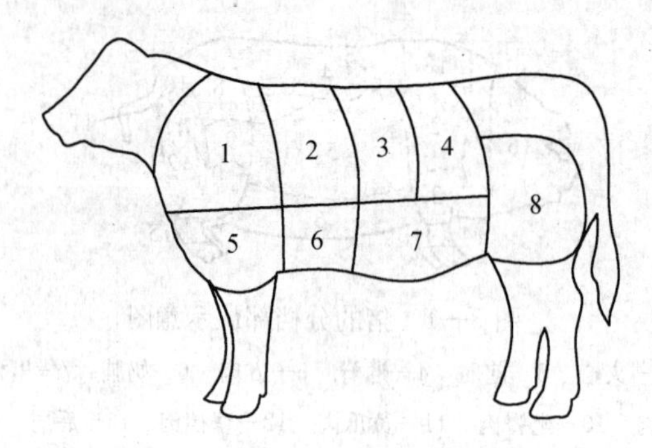

图 3—2　牛的分档部位示意图

1—肩胛部　2—肋脊部　3—前腰脊部　4—后腰脊部　5—前胸

6—胸腹　7—腹肋　8—后腿部

（1）下肩胛眼肉卷（梅花、前腿心）。此肉由下肩胛肋眼心、下肩胛翼板肉及前颈肩肉三种不同肉质所构成，即所谓的肩里脊肉。精肉部分富含脂肪纹路，肉质柔嫩。肋眼心及翼板肉的肉纤维走向交错。烹调可用于煎、烤，切薄片可用于涮。

（2）下肩胛肉。瘦肉中常有脂肪纹路，肉质细嫩多汁，最适合烧烤。

（3）肩胛小排。第 3～5 肋骨间的部分，肉很厚，带脂肪纹路。肉质柔嫩度均匀，最适合烧烤、焖煮。

（4）前胸肉（牛腩）。肉纤维稍粗，切面的肌纤维明显。烤后食用会感稍硬，炖煮后则非常柔嫩、味美。

（5）板腱。板腱的精肉中心部位有厚筋，去除长达 10 cm 的硬筋后，肉纤维细，形状及肉纤维走向皆均一，成为柔嫩、易分割的板状精肉，其美味可与牛腩肉相媲美，适宜制作各种焖煮类菜肴。

（6）肩胛里脊（黄瓜条）。不规整、稍硬的精肉，由于表面筋膜及肉中心的精肉稍厚，因此必须分割成小块。烤后食用会稍硬，但经炖煮则非常柔嫩美味。

（7）肋眼肉卷、带侧唇。里脊肉中心含脂肪纹路、肉质柔嫩、色泽鲜明。脂肪与瘦肉

① 牛肉分割资料由美国肉类协会提供。

平衡良好，因此风味独特。肉的横切面不适用于煎、烤。

（8）肋眼肉卷。几乎没有表面脂肪，形状及肉质均一，里脊肉中心带脂肪纹路。肋眼肉卷是肉细嫩而色泽鲜明的精肉，溶点低，易分离，脂肪与瘦肉平衡良好，可广泛使用于烤肉、炖煮、炒、刺身等。

（9）前腰脊肉。里脊肉眼上部覆盖部分，脂肪间有厚的背板筋存在，形状均一。肉质均一柔嫩，有良好的脂肪纹路，为色泽明亮的精肉。溶点低，易分离，脂肪与瘦肉平衡良好。适用于铁板烧、刺身、煎焗。

（10）去脂腰里脊肉。去脂腰里脊肉是牛肉各部位中最柔嫩、脂肪少、健康又美味的鲜红色精肉。肉纤维非常细软、流向均一，但肉的形状不一。若去除覆盖于表面的筋膜及脂肪，去脂腰里脊肉表面易变色，故应修整后立刻以柔的保鲜膜包覆，以防变色。烹调最适宜刺身、火锅、煎烤。

（11）牛小排。为脂肪纹路多、柔嫩、带骨或去骨的精肉。骨及精肉之间咬合的筋膜柔嫩且美味，鲜红色，脂肪纹路如霜降，肉质细致。适用于焖烧、炖汤。

（12）牛肋条（腩条）。富含脂肪纹路，柔嫩多汁，美味。细长条形，用于烤肉及炖煮都非常适合。

（13）腹肋肉排。肉纤维稍粗，走向及厚度均匀，鲜红色，肉质柔嫩。肉中心部分富含脂肪纹路为霜降样。适合煮、焖、烧。

（14）（内侧）后腿肉（去皮盖肉）。属大块肉，肉纤维较细，走向一致，肉色稍浓，变色较快。适合煮、焖、烧。

（15）后腿股肉。肉纤维较细，较上后腿肉稍柔嫩的精肉。机械分割成小块，切圆形片，或以手切割成小块，容易配合季节需求。适宜于炒、炖、焖烧。

（16）上后腰脊（臀）肉。肉质极细嫩，嫩度仅次于去腰里脊肉（腓力）。肉变色的速度很快，应覆盖保鲜膜后再冷藏。适合刺身、涮锅、炒、烤。

（17）上后腰脊盖肉。肉纤维稍粗，走向一致，平行。肉变色的速度很快，应覆盖保鲜膜后再冷藏。适合炒、焖烧。

（18）下后腰脊球尖肉。由后腿股肉心及外后腿股肉等两部分构成，肉质柔嫩，肉纤维极细。适合刺身、涮锅、炒。

（19）外侧后腿肉眼。肉纤维稍粗，走向一致，肉质不柔嫩，色泽鲜红。适合焖烧、炖煮。

（20）腿跟肉。肉块中心富含筋膜及软骨，肉纤维稍硬。表面的皮筋膜厚且硬，精肉中也咬合较多的筋。长时间炖煮会松弛而使得肉质变软，成为肉嫩味美的肉。

（21）外腹横肌。肉纤维粗，具独特的甜味，非常柔嫩，富含脂肪纹路。适用于焖烧、炖煮。

（22）横膈膜。肉纤维粗，非常柔嫩，色泽稍深。肉中咬合的厚筋焖烧炖煮之后，口感丰富。

（23）牛尾。中间含尾椎骨，带粗且硬的软骨，前端为带根部较粗慢慢变细的细长柱形。第3～5尾椎骨所带的瘦肉多、第6～10尾椎骨所带的瘦肉少。长时间炖煮后肉质非常柔嫩，具有独特风味，是其他肉无法模仿的带骨肉。

3. 羊的分档取料

羊有绵羊、山羊之分。绵羊肉质肥嫩，而且膻气味不重；山羊膻气味重，但瘦肉多。羊肉的分档部位和用途大体上和猪、牛相同，如图3—3所示。

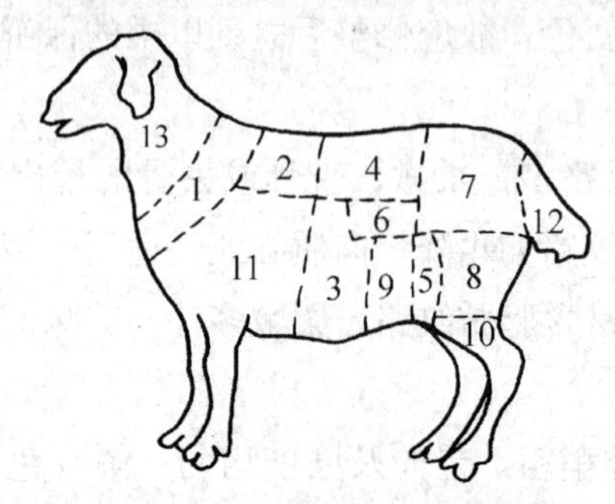

图3—3　羊肉分档部位示意图

1—脖颈　2—上脑　3—肋条　4—外脊　5—摩档肉　6—里脊　7—三叉
8—内腱子　9—腰窝　10—腿　11—胸口　12—羊尾　13—羊头

（1）脖颈。颈部肉，质老筋多，宜烧、酱、卤、炖。

（2）上脑。脖后肋条前，质嫩，可爆、炒、烹、熘、涮。

（3）肋条。在肋骨上，肥瘦相间，质嫩，烧、扒、炖、焖均可。

（4）外脊。大梁骨外，形如扁担，质细嫩，应用广，可汆、炒、爆、熘等。

（5）摩档肉。后腿上端，质松筋少，肥瘦相间，宜烤、爆、炸、炒、涮。

（6）里脊。外脊后下端，质嫩，形如竹笋，由筋膜包着，是羊身上最好的一块肉，可炸、熘、爆、炒、烹、涮。

（7）三叉。在尾根前端，肥瘦相间，质嫩，宜烧、焖、煮、炖、涮。

（8）内腱子。后腿上部，适于涮、熘、炒。

（9）腰窝。腹部肋骨后面，肥瘦相间，夹有筋膜，适于炖、扒。

（10）腿。前后腿上的肉，质老筋多，宜酱、卤。

（11）胸口。前胸部肉，肥多瘦少，宜烧、焖、熘、炒、涮。

（12）羊尾。脂肪较多，适宜烧、扒等。

（13）羊头。骨多肉少，可以白煮、红焖。

4. 火腿的分档取料

火腿有金华火腿、云腿等，以金华火腿最为著名。金华火腿的分档取料如图 3—4 所示。

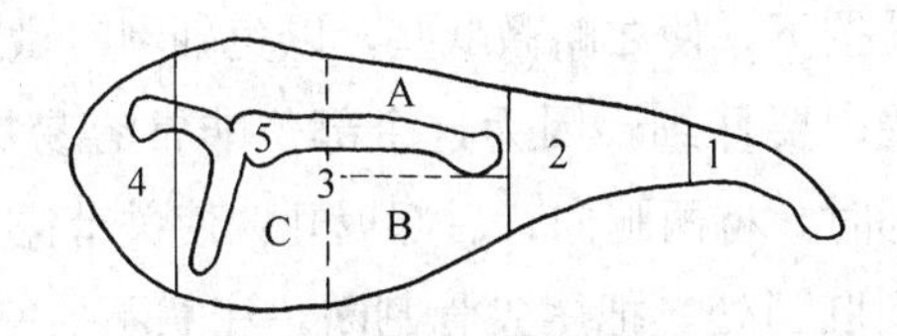

图 3—4　金华火腿分档部位示意图

1—火爪　2—火踵　3—中腰峰　4—滴油　5—骨头　A—上方　B—雄爿　C—中方

（1）火爪。宜于熬汤。

（2）火踵。宜于炖。

（3）中腰峰（上方、雄爿、中方）。质量最好，是火腿的主体部位，可制火方、切大片或花形。中腰峰可再细分为上方、雄爿和中方。

（4）滴油。此处包括皮、肥肉、骨（要敲断），宜于熬汤。

（5）骨头。连同皮、碎肉可用于熬汤。

5. 鸡的分块拆卸

鸡的分块拆卸大体可以分成四步：

第一步：鸡头朝前，鸡尾向后，背部向右平放于砧板上，刀顺长在鸡的背部划破皮肤。将鸡肚朝上，在大腿内侧各划一刀，深至骨臼；将鸡翻转，两手各抓住一个鸡腿，使劲反向扭转，使腿骨脱臼，再分别将鸡腿撕下。

第二步：左手抓住鸡翅，在翅根与躯壳连接处的骨臼处下刀，割断筋腱，再用刀根抵住下刀处躯壳部分，将鸡翅连带鸡胸肉撕下，切下鸡翅。

第三步：刀贴着鸡胸骨轻划两边，左手轻轻撕下两侧鸡芽肉（鸡里脊）；再用刀根轻轻挖出鸡背上两块小肉。

第四步：在鸡腿表面划开，深至腿骨，剔除两根腿骨。

6. 鸡（鸭）的整体拆骨取肉方法

具体可分为如下五步：

第一步：划破颈皮，斩断颈骨。刀在鸡（鸭）颈上竖划一刀，刀口长 6 cm 左右，方向在鸡（鸭）两肩相夹处，刀口下端不得超过肩部。为防止拆骨架时向下撕裂刀口，可在刀口下端横拉一刀。接着将暴露的颈骨拉出，在靠近鸡头处将颈骨剁断。

第二步：去翅骨。从颈部刀口处将皮肉翻开，然后连皮带肉缓缓向下翻剥，剥至翅骨的关节露出后，在关节软组织处下刀，割断筋腱，使翅膀与鸡身脱离。先抽出桡骨和尺骨，然后再将翅骨抽出。

第三步：去鸡（鸭）身骨。一手拉住鸡（鸭）颈骨一端，另一只手拉住颈骨部的皮肉轻轻翻剥。要将胸骨突出处按下，使之略微低些，以免翻剥时戳破皮。翻剥到鸡（鸭）背部皮骨连接处时，动作要慢、要仔细，因为这个部位非常容易撕破，可用刀贴骨慢慢剔割，再继续翻剥。剥到腿部时，将两腿向背后部扳开，使关节露出，将筋割断，使腿骨脱离。再继续向下翻剥，剥到肛门处，把尾尖骨割断，注意不要割破鸡（鸭）尾，鸡（鸭）尾仍要留在鸡（鸭）身上。这时鸡（鸭）身骨骼已与皮肉分离，随即将骨骼、内脏取出，将肛门处的直肠割断，洗净肛门处的粪便。

第四步：去鸡（鸭）腿骨。将大腿骨的皮肉翻下，使大腿骨关节外露，用刀绕割一周，把腿筋割断，将大腿骨向外抽拉，至膝关节时用刀斩下；再在近鸡（鸭）爪处用刀背敲断骨头，将皮肉向上翻，把小腿骨抽出剔净。

第五步：将鸡（鸭）翻转，恢复鸡（鸭）形。

第3节 精细刀工

刀工的一般和精细是人为的分类。我们把特别强调形态和精致的刀法提炼出来是为了更好地说明。精细的刀工也是以一般刀工为基础的。

一、精细刀工——剞

原料形态的美化可以采用剞刀法取得，也就是所谓的花刀。可以说，原料形态的美化是刀工技术的精华，也是难点，中式烹调师一定要掌握。

所谓剞就是不将原料切断，只在原料的表面划一些深浅适当的刀纹，以使原料在烹制过程中易于成熟、易于入味，并取得成熟后外形卷曲美观的效果。

剞刀法的刀纹深浅应根据原料的性质、成形要求及具体用途而定。一般情况下，韧性原料剞深些，软性原料剞浅些。成形后要求卷曲的剞深些，不要求卷曲的剞浅些。

要真正达到刀工的美化，剞刀法还需与原料的加热结合起来。这是因为改刀同原料的纤维走向、原料的纤维粗细、原料的卷曲方向是紧密相连的，原料的纤维受热后会收缩，形成不同的形态，达到原料美化的目的。

1. 剞的目的

（1）可使调味料更容易渗入原料的内部。原料经过剞制后，纤维组织被破坏，原料接触调料的面积增加了，从而使调料很容易渗入原料内部，使原料表面和内部口味达到基本一致。

（2）可使原料缩短成熟时间，并保持原料的脆嫩。原料经过剞制后，其受热面增加了，成熟时间就会大大缩短。原料的脆嫩质地往往只能在高温和短时间加热的情况才能达到，原料成熟时间短了，其脆嫩质地就不容易损失。

（3）可使原料加热后卷曲成各种不同的形状。原料经过剞制后，纤维组织部分或全部被破坏，经过加热后它们卷曲度就有所不同，从而使得原料能卷曲成各种不同的形态。

2. 剞的要求

在运用剞刀法时，往往要求很高。在剞原料时一定要注意深浅一致，刀距相等，整齐均匀，尤其是边上要均匀剞到。

3. 剞的方法

（1）直刀剞。所谓直刀剞就是刀和原料所成的夹角为直角的剞法。具体操作与直刀切相似，剞下去时不向前推，也不向后拉。直刀剞一般适用于软性原料，如豆腐干等。

（2）推刀剞。具体操作与推刀切相似，剞下去时向前推下，一剞到底，不重复再剞。推刀剞一般适用于韧性原料，如鱿鱼、墨鱼、鲍鱼、鸭肫等。

（3）拉刀剞。具体操作与拉刀切相似，剞下去时向后拉下，一剞到底，不重复再剞。拉刀剞一般也适用于韧性原料，如鱿鱼、墨鱼、鸡肫等。

（4）锯刀剞。具体操作与锯刀切相似，剞下去时不时向前推向后拉。锯刀剞一般适用于体大韧性原料，如整鱼、鸭肫等。

（5）斜刀剞。具体操作与反斜刀批相似，刀刃向外，刀背向内，刀斜着批切入原料而不断。在斜刀剞时也要根据原料的性质，采用反推刀剞或反拉刀剞。

4. 剞制后的形态

（1）麦穗形。先将原料用斜剞剞一遍，然后转 90°角，再用直剞的方法剞一遍，改刀成长方块，卷曲就成麦穗形。此法适用于猪腰、鱿鱼等。

（2）荔枝形。先将原料用直剞剞一遍，然后转 90°角，再用直剞的方法剞一遍，改刀成正方块或三角块，卷曲就成荔枝形。此法适用于鱿鱼、墨鱼等。

（3）梳子形。先将原料直剞剞一遍，然后转 90°角，再用斜刀批的方法一片一片批下，无须改刀，卷曲就成梳子形。此法适用于鱿鱼、墨鱼、猪腰等。

（4）核桃形。先将原料用直剞剞一遍，刀距要比荔枝形刀距大一倍，然后转 90°角，再用直剞的方法剞一遍，成正方的大格子，改刀成正方块，卷曲就成核桃形。此法适用于鱿鱼、肚头等。

（5）蓑衣形。蓑衣形的剞法有以下两种：

1）第一种：先将原料用直剞剞一遍，然后转90°角，再用斜剞的方法剞两刀，第三刀斜刀批断。由于斜批原料断了，所以无须再改刀，卷曲就成蓑衣形。

2）第二种：先将原料一面剞成麦穗形，再把原料翻过来，用刀直剞一遍，其刀纹与正面斜十字刀纹呈交叉纹。两面的刀纹深度均为原料厚度的4/5。再将原料改刀成3 cm见方的块，经过这样加工的原料提起来两面通孔，呈蓑衣状。此两种蓑衣形剞法适用于猪腰、肚头等。

（6）菊花形。菊花形所选用原料必须厚一些，这样可以使成形更逼真。先将原料用直剞剞一遍，然后转90°角，再用直剞的方法剞一遍，改刀成正方块或三角块，卷曲就成菊花形。此法适用于鸭肫、草鱼肉等。

（7）网眼形。先将原料用直剞剞一遍，深浅是原料的2/3～3/4，然后翻面，用同样直剞的方法剞一遍，但必须和第一面的交叉呈30°角左右，深浅也是原料的2/3～3/4，提起原料拉开即成。此法适用于鱿鱼、墨鱼、豆腐干等。

二、蓉泥加工

蓉泥是指动物原料经加工成极细的蓉状之后，加入调味品、淀粉、鸡蛋，通过吸水、搅拌等处理过程，形成的具有黏性、可塑性的糊状制成品。蓉泥一般由鸡、鱼、虾、肉等制成，用虾肉制成的称为虾泥，用鱼肉制成的称为鱼泥，用鸡肉制成的称为鸡泥，用肉制成的称为肉泥。

1. 蓉泥的用途

（1）蓉泥是制作风味特色菜肴的黏合原料。如制作锅贴鱼、金钱鸡塔等这一类特色风味菜，都是利用蓉泥具有黏性的特性，将几种原料有机结合在一起来完成的。

（2）蓉泥经过加工可形成各种美观的形状，用以丰富和装饰菜肴。如制作风尾鱼翅、琵琶大虾、百花鱼肚等这类特色菜，都是利用蓉泥的可塑性，制作成具有美观外形的菜肴。

（3）蓉泥也可以单独制作成各种独具特色的菜肴。如制作清汤鱼圆、百粒虾球、芙蓉鱼片等。

2. 蓉泥的加工方法

蓉泥可分硬蓉泥（即制作时放少量清水、蛋清等原料，以便可以成形油炸）和软蓉泥（即制作时放大量清水、蛋清等原料，一般用以水余）。

制作蓉泥时，首先把动物原料用刀斩成蓉状或用粉碎机粉碎，再加入水、葱、姜汁等搅拌成稀糊状，再加盐、酒、味精等打上劲，成为黏糊状。

3. 蓉泥的制作要求

（1）色白细腻。在制作蓉泥之前必须用水漂洗去原料所含的血红素，不可放入有色调味品。加工要精细。用刀剁蓉，可在砧板上垫鲜肉皮；粉碎机打，要反复几遍，必须使原料成为极细的蓉。一般不可放入不易溶于水的颗粒状原料，以免影响色泽和成品质量。

（2）投料准确。根据各类蓉泥的要求，投进与之相适应的盐、淀粉、水、蛋清、猪油等原料，以达到各类蓉泥的质量标准。

（3）搅拌的方法要正确。不论制作哪种蓉泥，必须先轻后重，先慢后快，顺着一个方向搅拌，一气呵成。

（4）注意所用原料的保鲜和温度环境。因为制蓉泥的原料蛋白质含量丰富，应做好保鲜事宜，切不可在太高的温度环境中制作蓉泥，否则会影响原料的吸水性和质感。

思考题

1. 举例说明如何对鲜活原料进行加工。
2. 举例说明如何活养鲜活原料。
3. 简述原料去骨的作用与要求。
4. 整鸡、整鸭如何去骨？
5. 简述刷的目的、要求与方法。
6. 简述蓉泥的加工方法和制作要求。

第4章

调味技术

所谓调味，简言之，就是调和滋味。具体地说，调味就是用各种调味品和调味手段，在原料加热前、加热过程中或加热后影响原料，使菜肴具有多样口味和风味特色的一种方法。

味可分为化学的、物理的、心理的三种。化学的味是调味之味，物理的味是质感，心理的味是美感。这里讨论的味是化学的味。化学的味是某种物质刺激味蕾所引起的感觉，也就是滋味。它可分为相对单一味（以前称基本味，像咸、甜、酸、苦等）和复合味两大类。复合味就是两种或两种以上的味混合而成的滋味，如酸甜、麻辣等。调味品含有能刺激味蕾引起味觉的物质（即“呈味成分”），因此，调味品也可按其所含呈味成分，分为单味调味品和复合调味品两类。但事实上单味调料也多是复合味。

调味在烹调技艺中处于关键地位，直接决定菜肴风味质量。

第1节　调味品原料

一、油

油的燃点很高，可达340～355℃。在烹调的过程中，油温经常保持在120～220℃，因而可使原料在短时间内烹熟，从而减少营养成分的损失。油很特殊，兼具调味和传热的作用。一方面，它是使用最普遍的调味品；另一方面，它又常常用作加热原料的介质。即使在用作加热原料的介质时，油还是兼具传热和调味的作用。例如，在炸和滑油这两种烹制方法中，油既起到使原料成熟的传热作用，又起到使原料增加香滑酥脆等口味的调味作用，实际上这两种作用是同时发生，紧密结合，不可分割的。然而，油脂经高温反复加热会产生发黑、变厚现象。这是因为油脂产生热聚合现象，生成聚合体，并加速氧化。同时，脂溶性的色素受高温加热也开始转色，再加上油中的杂质枯焦变黑，发烟点降低，产生油烟。这种油脂和油烟对人体有害。防止产生发黑油脂和油烟的办法：一是经常换新油，或经常掺新油；二是注意随时去除油中粒屑杂质；三是尽量不用豆油、猪油开油锅，因为豆油、猪油中磷脂易受破坏后发黑。提倡用脱色、脱臭后纯净的精制油作为炸油。

各种油的溶点并不相同。这与它们被人体消化吸收的速度有关，溶点低，更易被吸收。豆油溶点为－18～－8℃，花生油溶点为0～3℃，猪油溶点为28～48℃，牛脂溶点为40～50℃，向日葵油溶点为－17～－27℃，棉籽油溶点为3～4℃。

1. **猪油**

猪油以前在烹调中应用最广，在炸、炒、熘等烹调方法中都可使用。猪油所含色素少，故烹制出来的菜肴色泽洁白，特别是炸裹蛋泡糊的原料（如雪丽大虾）。但猪油炸的食品，冷凉后表面的油凝结而泛白色，并且容易回软而失去脆性，尤以冬季为甚。这是因为猪油是不干性油脂，所含的不饱和脂肪酸低。在冬季为了避免出现上述现象，常将盘子先用热水烫一下再盛装用猪油炸的菜肴，或用特殊的器皿（俗称“锡烫子”，即上面是锡盘子，下面是盛装开水以使锡盘保温的锡碗）盛装。现在，精制油也能达到洁白的要求，加上营养上的考虑，在城市里，猪油已很少使用。但它特有的荤香，是其他油脂所不具备的。

2. **花生油**

花生油用作炸油，制品呈鹅黄色，不能达到洁白的要求。它也是不干性油脂，其炸制品也容易回软。粗制的花生油，还有一股花生的生腥味，精炼和经过熬炼的则没有这种气味。如果需除去粗制花生油的腥味，可将油加热，熬到冒青烟时离火，将少量葱或花椒投入锅内，待油凉后，滤去白沫即可。

3. **芝麻油**

芝麻油，俗称麻油，是以芝麻的种子为原料提炼出来的半干性油料。因其具有特殊的香味，故又称香油。此油色泽金黄，香气浓郁，用来调拌凉菜，则香气四溢，能显著提高菜肴的口味。在一般汤菜中淋上几滴芝麻油，也有增香提鲜的效果。以小磨麻油为最好，香味浓郁。芝麻油中含有一种叫“芝麻素”的物质（一种酯基化合物），它是有力的抗氧剂，故而芝麻油性质稳定，不易氧化变质。芝麻油如经高温加热，香味就会损失，故一般都是直接浇淋在菜上使用。

4. **豆油**

豆油属半干性油脂，含磷脂多，不宜做炸油用。这是因为其所含磷脂受热会分解而生成黑色物质，使油和制品表面颜色变深。但豆油含磷脂多，用来同鱼或骨头熬汤，可熬成浓厚如奶的白汤。豆油色泽较深，有些用青豆或嫩黄豆生产的豆油可因含有叶绿素而呈青绿色，炒出来的菜肴色泽不佳。豆油带有大豆味，虽可用加热后投入葱或花椒的方法除去，但油的颜色却因此变深乃至变黑。

5. **菜籽油**

菜籽油是一种半干性油脂，色金黄。因含有芥酸而有一种“辣嗓子”气味，但炸过一次食品或放进少量生的花生米或者黄豆炸焦，即可除去。

二、盐

食盐在调味上处于很重要的地位，故有“盐为百味之主”的说法。食盐不仅起调味的主导作用，它还常常作为各种复合味的基础味。盐又有脱水防腐作用，原料（如水产品、肉类、蛋类、蔬菜类等）通过盐腌，不仅可以具有特殊的风味，而且便于保藏。

三、酱油

酱油是一种成分复杂的含盐调味品。在调味品中，酱油的应用仅次于食盐，其作用是提味调色。酱油在加热时，最显著的变化是糖分减少，酸度增加，颜色加深。常用的酱油有以下两种：

1. 天然发酵酱油

天然发酵酱油即酿造酱油，多以大豆、小麦（或代用品）和食盐等为原料，加曲发酵制成。这种酱油味厚而鲜美，质量极佳。

2. 人工发酵酱油

这种酱油是以豆饼为原料，通过人工培养曲种，加温发酵制成的，质量不如天然发酵酱油。但因其价格较低廉，目前使用最普遍。

对于化学酱油，因其中往往含有对人体有害的物质（如砷、铅等）而不宜食用，国家已要求各地停止生产。

四、醋

供食用的醋一般含醋酸3%～6%，我国各地均有生产，以山西及江苏镇江的产品较出名。古医书记载：醋，味酸苦、性温、无毒，开胃气、杀一切鱼肉菜毒。醋在调味中用途很广，在烹调某些菜肴时放些醋，除能增加鲜味、解腻去腥外，还能在原料加热过程中，使维生素少受或不受破坏，并促使食物中的钙质分解，同时还有促进食物消化的作用。在使用时要注意长时间加热会使醋酸挥发，酸味降低。醋分为三类：一类是陈醋，色深味带咸，宜于蘸食；二类是米醋，色浅，可用于烹调菜肴；三类是白醋，是醋精的稀释品，酸味重，有强烈刺激味，但其色清如水，故常被用于要求淡色的酸味菜。

五、糖

糖是一种高精纯碳水化合物，在调味品中占有重要地位。糖在烹调中除了提供甜味外，还能调和滋味、增进菜肴色泽。南方做菜大都用糖，北方则用得较少。在腌肉中加些糖，能促进肉中的胶原蛋白质的膨润，使肉组织柔软多汁。在制作烤鸭时用的饴糖稀释后，能封住鸭子的毛孔，使之表面光滑。烤时糖脱水变脆，而鸭皮脂肪含量较高，形成酥脆特色。麦芽糖受热产生美拉德反应，令鸭皮颜色深红光润，香气扑鼻。

六、味精

味精是增加菜肴鲜味的主要调味品，使用最为普遍。其化学名称叫谷氨酸钠（又称麸酸钠），因其除含有谷氨酸外，还有少量的氯化钠（食盐）。味精谷氨酸含量有99%、95%、80%、70%、60%等规格。现在市场上增味剂还有特鲜味精、鸡精和鸡粉。鸡粉中含有鸡的成分，鲜味更加自然。但这些调味品都含有盐，烹调时加盐应当注意用量。

味精鲜度极高，使用时效果的大小，取决于它在溶液中的离解度，而它的离解度又同溶液的酸碱度和温度有关。在弱酸性和中性溶液中，味精离解度最大；拌凉菜加味精效果不显著，就因为味精在常温条件下很难溶解，因此最好先用少许热水把味精化开，晾凉后浇入凉菜。味精中的谷氨酸一钠遇碱会变成谷氨酸二钠，不但失去鲜味，而且会形成不良的气味，因此味精不宜放在碱性溶液中。谷氨酸钠受高热会变成焦谷氨酸钠，这种物质不但没有鲜味，而且还有轻度的毒性。因此，在做炸菜挂糊的糊中及烤制菜中不能加味精。味精不能放得过多，过多了会产生一种似涩非涩的怪味，还易引起口干。

七、辣味系列调味料

1. 干辣椒

干辣椒又称干海椒，是用新鲜尖头辣椒的老熟果晒干而成。辣椒主要产于云南、四川、湖南、贵州、山东、陕西、甘肃等地区。品种有朝天椒、线形椒、七星椒、羊角椒等。其品质因产地和加工不同略有差异。干辣椒在烹调中的应用很广，不仅有去腥味、压异味的效果，而且有和味解腻、增香提辣的作用，主要用于炒、烧、煮、炖及炝、炸等方法烹制的菜肴。不论植物鲜蔬，还是动物肉类均可运用。在使用中要注意辣椒碱不溶于冷水，微溶于热水，易溶于醇和油脂中；在水中加热不易被破坏，但在油中加热易受破坏。因此，在烹制时要特别注意投放时机、加热时间，准确掌握所用油温，从而保证辣椒味道和鲜艳色泽。

2. 辣椒粉

辣椒粉又称辣椒面，是将各种尖头红干辣椒（或辅以少量桂皮）研磨制成的一种粉面状调料。辣椒粉在烹调中应用亦广，功用同于干辣椒。辣椒粉不仅可直接用于烧、拌、蒸食及糖黏等方法制作的菜品，而且可自制辣油（又称红油）。即用炼熟的多量温热植物油，注入适量辣椒粉中，使其辣椒碱在温油作用下慢慢分解，散发香辣味及色泽而成。辣油的用途主要用于调制冷菜中的辣型复合味，如红油味、麻辣味、蒜泥味、酸辣味、怪味等。

3. 辣椒油

辣椒油与上述辣油有一定的区别。辣椒油是按一定比例，将干辣椒或辣椒粉注入清水锅内文火熬煮，使辣味、色泽充分释出，然后倾油入锅，熬至水分挥发殆尽，经冷却沉淀制作而成的一种纯辣味油脂调料。辣椒油颜色鲜红，味道香辣平和，是广为使用的辣味调料之一。其质量因辣椒品种不同而有差异，也因配方和熬制方法不同而形成个体特色。辣椒油在烹调上的功用与干辣椒相同，广泛用于拌、炒、烧的菜肴及部分面食品种。

4. 蚕豆辣酱

蚕豆辣酱又称豆瓣酱，是以辣椒、蚕豆、盐为主要原料，加香料酿制而成的一类突出辣味的豆瓣酱。豆瓣酱的种类较多，常用的有四川郫县豆瓣及细红豆瓣两种，为四川土特产之一。郫县豆瓣酱色泽红亮、油润滋软、辣味浓厚、味道香醇、质地较粗，细红豆瓣酱质细红润、味道香辣、咸味较大、水分较多。其质量各有优劣，以色泽红润、辣味浓厚、味道香醇为佳。蚕豆辣酱常用于炒、烧、蒸、煮、涮等方法制作的菜肴，也用于一些拌菜及小吃，如可作为“家常味”的重要调味品。在使用时宜剁细成蓉，同时要注意油温、火候，避免焦煳或者有水臭味等，从而突出色泽、香味。另外，要考虑到蚕豆辣酱的咸度，酌情投放其他咸味调料，避免影响菜品口味。

5. 泡辣椒

泡辣椒又称泡海椒、鱼辣子，是将新鲜尖头红辣椒（以线形椒为好）加盐、酒、香料等，经腌渍而成的一种辣味调料。泡辣椒在烹调中多用于炒、烧、蒸、拌等方法制作的菜品，为鱼香味的重要调味品。在烹调中的功用与干辣椒相同。

6. 胡椒

胡椒是中外烹调常用的香辛调料之一，产地分布在热带、亚热带地区，主产于马来西亚、印度尼西亚、印度南部、泰国。我国华南及西南地区早在明朝已有种植。现有 30 余种，主要分为黑胡椒与白胡椒两类。黑胡椒是果实开始变红时采收晒干而成，未脱皮，香而带辣；白胡椒是在果实全部变红时采收，经水浸去皮晒干而成，色白，香味更浓。胡椒在烹调中能增香提味添辣除异味，增进食欲。

八、香味系列调味料

1. 料酒

料酒是一种低档黄酒。在调味品中，料酒应用范围极广。

黄酒含酒精浓度低，酯和氨基酸含量丰富，故香味浓郁，味道醇和，在烹调菜肴时常用以去腥、调味、增香。特别是烹调水产类原料时，更少不了黄酒。这是因为肉、鱼等原料里含三甲基胺、氨基戊醛、四氢化吡咯等物质，这些物质能被酒精溶解并与酒精一起挥发，因而可除去腥味；还因为黄酒除本身所含的酯具有芳香气味外，其中氨基酸还可与调味品中的糖结合成有诱人香味的芳香醛。酒在加热过程中遇到酸（乙酸、脂肪酸等）会产生酯化反应，生成乙酸乙酯，产生香味。而有些菜就是要体现酒味，则应选好酒，还不能让它挥发，烹调时可在出锅前放入。做糟货、醉菜，酒味透肌里，还能杀菌，使蛋白质凝固，从而增加带皮原料表皮的脆性。上浆时不主张加酒，因为酒难以挥发，会影响菜味。黄酒中，以浙江绍兴出产的绍酒最为出名。

2. 香糟

香糟，是用做黄酒时发酵醪经蒸馏或压榨后余下的残渣，再予加工制成。香糟分白糟和红糟两类。白糟即普通香糟；红糟是福建特产，在酿酒时就加入了5%的红曲形成的。此外，山东用新鲜的黍米黄酒，其酒糟加15%～20%炒熟的麦麸及2%～3%的五香粉制成特殊香糟，风味甚佳。香糟的主要香味仍是酯、醛等物质，香味浓厚，且含有少量酒精，为调味佳品。香糟味醇香浓，在烹饪中风味独特，主要起去腥、增香、生味的作用。其中红糟还有色艳的特点，可美化菜肴色泽。目前香糟的使用较为广泛，在上海菜里，糟货是一大特色系列冷菜，糟还经常被加工成糟卤、糟油用于热菜的调味。在福建，红糟是闽菜的重要调料之一。生熟原料均可用糟调味，适于畜、禽、鱼类等动物原料，制作方法有烧、熘、爆、炝、煎、醉等十余种，许多菜肴都以此而闻名，具有浓厚的地方特色。

3. 醪糟

醪糟又称酒酿，本指汁渣混合的酒，引申为浊酒。这里指用糯米酿制而成的一种特殊食品，也可用作调料。醪糟各地均产。其香味成分是酯、醛及醇类物质，含有低度酒精。其品质以色白汁稠、香甜适口、无酸苦异味、无杂质者为佳。醪糟营养丰富，可直接食用，也是烹调中的调味佳品，适用于烧菜、甜品菜，或制作风味小吃，主要起增香、和味的作用，还能去腥除异、提鲜解腻，并有增进食欲、温寒补虚等功用。

4. 花椒

花椒又称大椒，为芸香科植物花椒的果实。花椒干燥后又称大红椒、大红袍，果皮革质，具有特殊强烈香气，味麻而持久，产于我国，既是有名的调味品及油料作物，又是我国的传统出口商品。花椒产地较广，品种较多，每年8—10月采收。川菜常用花椒，因它是体现麻味的唯一来源。若将花椒炒熟碾细，或利用鲜花椒榨油，即成花椒粉或花椒油，更具有增加菜品香麻之味的特点。花椒常与辣椒配合，相得益彰，为制作麻辣味、怪味、陈皮味以及部分家常风味菜品的重要调料之一；又能与葱或熟盐配合，制成葱椒或椒盐等特殊味道。

5. 桂皮

桂皮是樟科桂树的树皮加工干制而成的。桂树是我国华南亚热带地区名贵的经济树种，主要分布在广东、广西、云南、福建等地。桂皮含有较多的芳香油（1%～2%），其主要成分包括肉桂醛、丁香酚、树脂、树胶等。肉桂醛是调味的重要成分，使桂皮具有特异的香气和收敛性的辛辣味。

6. 八角

八角又称大茴香。因果实成熟时有8个角向外呈放射星状而得名。它是八角茴香树的果实。八角茴香树是我国特有香料树种，主要产于广西、广东等地。八角茴香主要成分有茴香醚（80%～90%）、油脂、树脂、树胶等。八角以色褐红、朵大饱满、完整不破、身大味香为好。

7. 小茴香

小茴香是伞形科茴香菜的果实，产于内蒙古、山西、河北等地。小茴香主要香味成分是茴香醛、茴香醚等，具有特异的芳香和微甜味。小茴香是我国主要的调味品之一，在鱼、肉的烹调中使用比较广，具有调味和去腥、膻味作用。此外，小茴香也可药用。

8. 陈皮

陈皮为柑橘等成熟果皮的干制品。由于干燥后置放至陈为好，故名陈皮。鲜柑皮等也可应用。陈皮味辛苦，气芳香。在烹调中多取其香味用于炸收、烧、炖、炒等方法制作的菜品，起除异味、增香、提味、解腻等作用，如陈皮兔丁、陈皮牛肉、陈皮鸭子等。在使用时需将陈皮用热水浸泡，使苦味水解，同时又使陈皮回软，香味外溢，便于应用。

9. 豆蔻

豆蔻为两种不同植物，即草豆蔻和肉豆蔻的总称。

（1）草豆蔻。草豆蔻为姜科植物草豆蔻的干燥种子团。草豆蔻主要产于我国广东、广西等地。每年秋季果实略变黄色时采收，加工至足干。其主要香味成分来源于山姜素等物质，气芳香，味辛微苦。

（2）肉豆蔻。肉豆蔻为肉豆蔻科植物肉豆蔻的干燥种子。肉豆蔻主要产于马来西亚和印度尼西亚，每年4—6月及11—12月各采一次，将成熟果实去果皮，取出种仁用石灰乳浸一天，缓火焙干。其主要香味成分来源于挥发油，气芳香强烈，味辣而微苦，质量较好，被列为上等香料。其品质以个大、体重、坚实、香味浓郁者为好。

豆蔻在烹调上多作制卤香料，亦可用于烧、蒸菜肴，主要起去异味、增香的作用。由于两种豆蔻均味辛微苦，故而用量不能过大。

10. 草果

草果为姜科植物草果的干燥果实。草果主要产于云南、广西、贵州等地，每年10—11月果实开始成熟，待变为红褐色而荚开裂时采收干制。其品质以个大、饱满、质干，表面红棕色者为好。草果的主要香味成分来源于挥发油。在烹调中常用于制卤水等，亦可用于烧菜、卤菜、拌菜，主要起压异味的作用，也可在一定程度上增加菜品的香味。在使用时宜拍破用纱布包裹后再用，以便香味外溢。

11. 丁香

丁香为桃金娘科植物丁香的干燥花蕾，又称丁子香、鸡舌。丁香略呈短棒状，质坚实而重，入水即沉，断面有油性，用指甲刻之有油质渗出。主要分布于广东、广西，每年9月至次年3月，当花蕾由青转红时采收晒制。丁香的香味来源于挥发油中的丁香油酚或丁香酮、番樱桃素等物质。由于具有浓烈的芳香气味，常用于卤、酱、蒸、烧等方法制作的菜肴，主要起增香、压异味的作用。使用时宜用纱布包扎，避免黏附原料，影响菜品视感。另外，丁香味道浓郁，用量不宜过大，以保证菜品风格为度。

12. 孜然

孜然又名安息茴香，维吾尔族称为“孜然”。来自于中亚、伊朗一带。新疆是我国孜然的唯一产区，主要产地在巴音郭楞蒙古自治州、吐鲁番、阿克苏等地。其籽实长4.5～6 mm，宽1～1.5 mm，富油性，含浓烈香味，外皮呈青绿或黄绿色。它主要用于调味、提取香料等，是烧、烤食品必用的上等佐料，口感风味极为独特，富有油性，气味芳香而浓烈。孜然也是配制咖喱粉的主要原料之一。

13. 五香粉

五香粉是以八角、桂皮为主要原料，配以小茴香、山柰、花椒或小茴香、丁香、白芷、草果、良姜等适量芳香料碾制而成的一类粉末状复合香味调料。烹调中主要起去腥、除膻、增香、和味等作用。在使用时注意五香粉宜用于有色菜品，白色菜品不宜应用。另外，由于五香粉的香味能充分析出，用量不宜过大。

14. 咖喱

咖喱原产于印度，盛行于南亚和东南亚，是用姜黄、小茴香、八角、郁金根、麻绞叶、豆蔻、丁香、番红花、肉桂、橘皮、月桂叶、薄荷、芫荽籽、芥子、姜片、蒜、胡椒、辣椒、花椒等碾制而成的一种粉状调味品。因用料不同，有30余个品种。咖喱粉颜色深黄，味香辣，香气浓郁。

目前，咖喱粉已较多应用于烹调中，辣味成分主要是姜黄酮和姜辛素。烹调中主要起提辣、增香、去腥、和味等作用，多适用于烧菜（可直接投入或干粉煸炒、调浆煸炒）。现在市场上售有在咖喱粉中加姜、葱等，以植物油熬制而成的“咖喱油”或称“油咖喱”，既能直接入锅煸炒，又可直接拌和菜肴、面条，增加了使用范围，在色、香、味方面都有特色。

15. 蜜桂花与蜜玫瑰

桂花有蜜桂花和咸桂花两种，分别用鲜桂花加糖或盐腌制而成。香味浓郁，多用于点心馅中；热菜、甜菜也有用桂花的，如桂花八宝饭、桂花莲子、桂花三圆等。

蜜玫瑰以蔷薇科植物玫瑰的鲜花瓣作原料，加糖腌渍而成的一种高级香味调料。

蜜桂花与蜜玫瑰的香味成分主要是挥发油中的各种醇及酚等物质。在烹调中主要起增香的作用，并能在一定程度上起提味、和味等作用。由于糖的含量高，常用于面点馅、小吃调味及甜菜中。

16. 芝麻酱

芝麻酱又称麻酱，是用芝麻作原料，经过炒熟、磨制而成的一种糊状香味调料。芝麻酱的主要香味是芝麻素、芝麻酚。在烹调中芝麻酱除了可直接食用外，还常用于面食夹馅和凉拌菜肴，主要起和味、增香以及增色、浓汁的作用，是冷菜中麻酱味、怪味的重要调味品之一。

17. 葱、姜、蒜

葱、姜、蒜都是含有辛辣芳香物质的调味品，不但可去腥起香，还有开胃和促进消化的作用。葱、姜和蒜的香味只有在酶的作用下才能表现出来。因为酶受高温即被破坏，故急速加热则香味不大；如用温油作较长时间的加热，则香味更浓。

此外，芝麻油也是烹调中常用的香味调料之一，前面已作介绍。芝麻油不仅用于冷食拌菜，还用于面点、小吃，并广泛用于炒、熘、爆、烧、烩、烤等菜肴，用量虽小，功用较大。

第2节　特色复合味的调制

一、特色复合味的调制要点

菜肴之味感由三部分组成：一是原料本味；二是经火候处理给原料带来的特殊质感；三是调味之味。调味之味最显风采。在实际的烹调中，调味的应用主要是加热前的腌渍浆料调味（基本调味）及加热中的主体调味和加热后的补充调味。后两者味型可能不同，而调味的合成有共通之处。现代中式烹饪学习西方烹饪的科学性，也开始注重配方，以求质量划一，于是出现了所谓“大兑汁”，即将各种固定的味型事先大量调制，烹时零星使用。

特色复合味的调制应特别注重味道的准确性，一定要严格按方投料，定人操作，并且要研究大桶料与使用时每个菜的用量关系、大桶料的滋味稳定性、大桶料的数量与实际用量的关系等。使用前要进行严格的培训。

二、常用特色复合味的调制

1. 鱼香味型

原料：盐、酱油、糖、醋、泡红辣椒、葱、姜、蒜。

比例：盐、糖、醋的比例为0.1∶2.5∶2.5。其中盐包括酱油、泡红辣椒的盐分。

特点：此味型的特点是咸甜酸辣适口平衡，葱、姜、蒜味突出。

2. 荔枝味型

原料：盐、酱油、糖、醋、葱、姜、蒜。

比例：盐、糖、醋的比例为1∶3∶1.5。其中葱、姜、蒜仅取其香味，不宜重。

特点：甜酸感均衡适口。

3. 家常味型

原料：盐、酱油、豆瓣酱、糖、青蒜等。其中烹制某些菜肴还要加醋、胡椒、泡红辣椒、甜面酱、豆豉等。

比例：盐、豆瓣酱、糖的比例为1∶3∶1.5。

特点：咸鲜微辣，回味略甜。

4. 麻辣味型

原料：盐、辣椒（郫县豆瓣、干辣椒、红油辣椒、辣椒面等任选）、花椒（粒、面等）、葱、麻油等，有的还略加白糖、醪糟等。

比例：辣椒、花椒、盐、糖比例为3∶0.5∶1∶1.5。

特点：咸、辣、麻、香，含盐率较重，约为2%。糖的施加量以提鲜为调和目的。

5. 怪味型

原料：盐、酱油、辣椒油、花椒末、白糖、醋、芝麻面、麻油、姜末、蒜末、葱花等。

比例：盐、糖、醋的比例为1∶1.9∶2.5（其中咸味由盐和酱油合成）。

特点：酸、甜、辣、咸、鲜、麻、香各味皆有，盐、糖、醋的比例和谐。

6. 红油味型

原料：酱油、辣椒油、白糖、麻油，有的加蒜泥。

比例：盐（包括酱油折合的盐）、糖的比例为1∶0.5。

特点：该味型以咸、辣、香、鲜为特点，其中鲜味主要由原料的本味，佐料以糖提鲜调成。其中辣味要比麻辣味型为轻，甜味可以比家常味略重一些。

7. 酸辣味型

原料：盐、醋、胡椒。有些菜应用泡菜、辣椒油。

比例：盐、醋的比例为1∶5。其中辣味只起辅助调味作用，不能突出。

特点：咸鲜，酸辣味浓。

8. 煳辣味型

原料：盐、酱油、醋、白糖、干红辣椒、花椒、葱、姜、蒜。

比例：盐（包括酱油）、糖、醋的比例为0.5∶1∶1。

特点：此味型的特点是在轻微甜酸的基础上，加上干红辣椒（辣）、花椒（麻）而成。烹调开始时，要以热底油将干红辣椒节、花椒粒炸出香味。

9. 陈皮味型

原料：陈皮、盐、酱、醋、糖、醪糟汁、花椒、干辣椒节、葱、姜、辣椒油、麻油。

比例：其中糖的分量仅为提鲜，盐（包括酱油折合的盐）、糖的比例为1∶0.3。醋的分量与糖的用量相当。陈皮的用量不宜过多，以免苦味突出。也可将陈皮烤干研粉，出锅时再撒上一些，突出其香味。

特点：陈皮芳香，咸鲜麻辣味厚。

10. 姜汁味型

原料：盐、酱油、醋、姜（或姜汁）、麻油。

比例：盐（包括酱油折合的盐）、醋、姜（或姜汁）的比例为1∶5∶10。

特点：此味型的风味要突出姜、醋，特点为咸鲜辛辣。

11. 蒜泥味型

原料：蒜泥、酱油、辣椒油、麻油。

比例：蒜泥、酱油、辣椒油比例为3∶2∶1.5。

特点：此味型的特点是咸鲜微辣，蒜香味浓。

12. 酱爆味型

原料：黄酱、白糖、植物油、姜汁，有些菜肴还要加甜面酱。

比例：黄酱、糖、植物油、姜汁的比例为10∶2∶1.6∶1。

特点：咸甜，香味浓。此味型对油与酱的比例有所规定，若油多酱少，则调料汁包不住菜料；油少酱多则易煳锅。

13. 葱香味型

原料：熟大葱、盐、酱油、鲜汤、香菜。根据烹调方法的不同，有葱扒（需加鲜汤）、葱爆（需加少许醋、胡椒粉、香油）、葱烧（需加糖）等。

比例：其中葱扒与葱烧的用葱量为主料的20%，葱爆的用葱量为主料的40%～80%。

特点：此味型的特点为咸鲜，葱香味突出。

14. 蒜香味型

原料：盐、酱油、熟蒜，根据菜肴的需要还可以加胡椒粉、白糖、葱、姜、鲜汤等。

比例：蒜可用蒜末或蒜瓣，用底油炒香后，再加主料和其他调料制成为熟蒜。蒜的用量为主料的10%。

特点：咸鲜，蒜香味浓。

15. 烹调海鲜的千岛沙司

原料：蛋黄酱、番茄沙司、白兰地、味精、胡椒粉。

制法：将这些调料放盛器中调匀。用作蘸汁可盛小碟，如作一些煎炸类海鲜的跟碟。也可用作热菜的调味料，但必须被包裹起来。因为蛋黄酱实际是色拉酱内加些佐料调成的，一加热即化为油。

特点：滋润肥美，咸鲜而香，略带酸辣、酒香，具有西菜风味。

16. 用作凉拌菜的蛋黄酱

原料：鸡蛋黄、柠檬汁、胡椒粉。

制法：鸡蛋黄与柠檬汁、胡椒粉拌和，与滑熟、氽熟的海鲜和虾仁、虾片、鱿鱼等料相拌和即成，似西菜中的色拉。

特点：酸香肥美，咸鲜适口。

17. 黑椒汁

原料：黑胡椒100 g，洋葱粒50 g，干葱头75 g，香叶5片，姜米75 g，蒜泥75 g，芫荽头少许，香茅50 g，辣椒40 g，面粉300 g，番茄沙司100 g，精盐45 g，白糖40 g，味精75 g，牛骨1 kg，鸡骨1 kg，色油（炸过食物的油）500 g，清水6 kg。

制法：第一步，将牛骨、鸡骨砍碎，焯水，滤干水，入烘炉烘至金黄色有香味，备用。第二步，香料用将沸的热水浸泡，香茅用榨汁机绞烂，连汁盛起。第三步，黑胡椒用锅慢火略炒，碾碎备用。第四步，烧锅下油，放洋葱炸至水干后放姜米、蒜蓉炸干，放辣椒、干葱头炸干，再放芫荽头、黑胡椒略炸，再放番茄沙司、面粉炒至有香味（下面粉后要注意避火，防炒焦），然后加清水，边加边搅匀，至稀，即倒入汤煲并加入香叶，加入牛骨、鸡骨，用慢火熬约40 min（熬时要勤搅动，否则容易粘底），捞起牛骨、鸡骨，放入香茅，加入精盐、味精、白糖和适量老抽调味、调色，待冷却后盛起即成。

特点：味香浓、微辣，适合制作铁板类和煲仔类菜肴。

18. 豉汁

原料：阳江豆豉1 kg，白糖50 g，味精50 g，盐5 g，葱白100 g，蒜泥200 g，姜末100 g，青红尖椒100 g，陈皮、洋葱、芫荽茎、美极酱油、鱼露少许，生油约500 g，花雕酒100 g。

制法：阳江豆豉剁蓉，葱白、青红尖椒、陈皮、洋葱、芫荽茎分别切成细粒；洗干净锅，慢火将豆豉蓉炒至干香，起锅待用。大火烧锅，加油，将蒜、姜蓉炸香盛起待用；另起锅，大火烧热，倒入陈皮、芫荽、洋葱、青红椒用中火炒香，再将豆豉蓉、姜、蒜泥加入，喷酒，用中火边炒边加入盐、味精、糖、酱油、鱼露、葱粒炒拌均匀，慢火炒至香透即可，用汤碗盛装，加少量油在面上。豉汁可用于烧鸡、海鲜等料的调味。

特点：鲜香，能克荤腥气。

19. 沙律汁

原料：鸡蛋黄50 g、白糖50 g、精盐17.5 g、干芥末17.5 g、菜油400 g、瓶装柠檬汁65 g、醋精15 g、柠檬油3 g、三花淡奶125 g。

制法：先将鸡蛋黄、白糖、精盐和干芥末调为糊状，再加入菜油和三花淡奶，一边放入一边搅拌，搅至起胶凝结为止。最后加入醋精、柠檬汁、柠檬油调匀便成。它宜用于制作沙律龙虾和沙律鸡丝等菜肴。

特点：滋润肥厚，浓稠略辣带酸。

20. 姜汁酒

原料：刮好洗净的生姜500 g、米酒500 g。

制法：将生姜磨为蓉，装进纱布袋内，扎紧袋口，放在瓦钵内用米酒浸着。使用时，挤出姜汁调匀便成，它适用于姜汁焗肉蟹、姜汁炒蟹等菜式。

特点：有生姜特有的鲜辣味。

21. 柠汁

原料：瓶装柠檬汁500 g、精盐15 g、白糖200 g、白醋250 g。

制法：把各种原料混合后，加热至精盐和白糖完全溶解便可。适用于鲜柠煎软鸡等菜。

特点：酸甜可口，有柠檬香味。

22. 橙汁

原料：浓缩橙汁200 g（鲜橙10个）、白醋600 g、白糖600 g、青柠水100 g、清水600 g、橙黄食用色素少许。

制法：鲜橙挤汁，加入各种原料煮至溶解，调入食用色素便成。

特点：色泽金黄，有鲜橙香味。用于橙汁冬瓜条等菜。

23. 京都汁

原料：浙醋2支、白糖500 g、美极酱油100 g、橙黄食用色素少许。

制法：将所有佐料调匀即成。

特色：色泽鲜艳，味甜酸可口。适于制作京都骨。

24. 基围虾蘸料

原料：海鲜酱、蚝油、生抽、糖、味精、葱、姜末等。

制法：铁锅中加少许油，先将葱姜炒香，随后加入所有调料，调成稍稠厚的卤汁即成。

特点：鲜、香、咸中略甜，适用白灼基围虾、白灼罗氏沼虾等，能增添虾肉的鲜美滋味。

25. 炒粉、拌面调味料

原料：虾米、海鲜粒、柱侯酱、花生酱、芝麻酱、豆豉、子姜粉、酒、糖、青椒粒、叉烧粒、肥肉粒等。

制法：虾米泡软后切碎，豆豉加工成蓉，起小油锅，将粒状料先煸炒一下，加入各种调料拌和。

特点：色深红，较稠厚，味感鲜美丰富，咸香略甜。用作炒粉、拌面等粉类、面条类浇头，能增添风味。

26. 白灼、清蒸水鲜蘸料

原料：海鲜酱、柱侯酱、花生酱、芝麻酱、生抽、砂糖、味精、鸡精、干葱、蒜泥等。

制法：起小油锅，先将干葱、蒜泥炒香，再下多种调料调匀，盛碟。

特点：色深红、稠厚，味道香鲜略甜，醇厚丰富，适用白灼、清蒸水鲜的跟碟。

27. 白煮、清蒸畜、禽肉及蔬菜蘸料

原料：香茅、沙茶酱、沙姜粉、咖喱粉、黑椒粉、盐、味精。

制法：将所有调料调匀即成。

特点：香辣味突出。辣得非常醇和，刺激性并不强，适用清蒸、白煮的畜、禽肉及蔬菜。

28. 白灼海鲜蘸料

原料：虾酱、蚝油、葱、姜、酒、盐、味精等。

制法：以少量油炒香葱、姜后，加入各种调味拌和装碟。

特点：鲜味强，咸香味适口，适用白灼鲜鱿鱼、白灼基围虾等菜肴。

29. 糖醋汁（一）

原料：红曲米 250 g、白砂糖 5 kg、白醋 4 kg、精制盐 100 g、辣酱油 300 g、冰糖山楂片 500 g、番茄沙司 2 瓶、蒜泥 25 g、洋葱片 50 g、香葱段 25 g、芹菜段 50 g、生姜 15 g、胡萝卜片 50 g、花生油 50 g。

制法：红曲米包在布袋里，烧成 10 kg 红米水；花生油入锅，下蒜泥、洋葱、葱姜、芹菜、胡萝卜炒香；注入红米水烧出香味后，用布滤去渣，再加白砂糖、盐、番茄沙司、冰糖山楂片、辣酱油烧开至白砂糖完全溶化，端锅离火，再加白醋搅匀即可。

特点：甜酸调和，滋味厚实，为广东做法。

30. 糖醋汁（二）

京、苏等地方配制糖醋汁的方法与其他地方菜的方法大致相似，只是在糖和醋的用量比例上有些差别，如京、沪、川、扬（州）等地用醋略重，苏州、无锡等地则用糖较重。一般都是现做现用。

原料：植物油约50 g，米醋50 g，白糖60 g，红酱油20 g，葱、姜、蒜泥各少许，水100 g。

制法：先将油下锅烧热，然后下葱、姜、蒜泥炒一下，使香味透出；再下水、红酱油、糖、醋等，烧沸即成。

特点：甜酸适口，制法简单。

31. 椒盐

原料：花椒500 g，盐1.5 kg（如用粗盐须先研细）。

制法：先将花椒的梗和籽拣去，然后将花椒放入锅中，炒到焦黄色时，取出研成细末；另将细盐投入锅中，炒到盐内水分蒸发干，能够粒粒分开时，取出。将炒好的花椒末与细盐放在一起拌匀即成。

特点：香咸。

32. 香糟卤

香糟卤以香糟为主要原料制成，包括糟油、糟汁和冷制品糟卤三种。香糟是用磨碎的小麦发酵制成麦曲经特殊加工酿造而成，是一种具有特殊芳香的原料。

33. 糟油（糟酒）

原料：香糟500 g、黄酒2 kg、细盐25 g、白糖125 g、糖桂花50 g、葱姜（拍裂）100 g。

制法：将以上用料放入容器（香糟须搅成稀糊），加盖静置24 h；然后将溶液灌入布袋吊挂，滤去糟粕即成。制成的糟油应灌入瓶里，在不高于10℃的环境中保存（最好放入冰箱）以防受热变酸，主要用于烹调热菜，如糟溜鱼片等。

特点：糟香浓郁，色泽淡黄。

34. 糟汁

原料：香糟50 g、黄酒25 g、水500 g。

制法：将上述用料一起调成稀糊，随即滤去糟粕即成。

特点：能使汤汁变得浓厚醇香。

35. 冷制品糟卤

原料：香糟 250 g、黄酒 500 g、花椒 20 粒、鸡汤（或肉汤）5 kg、细盐 20 g、味精适量。

制法：用鸡汤（或肉汤）、花椒泡成花椒水，冷却后放入香糟并调成稀糊，再加入盐、味精搅匀，灌入布袋吊挂滤去糟粕即成。

特点：适用于夏令的冷制菜肴，如糟鸡、糟肉等，糟香沁齿。

36. 咖喱油

原料：咖喱粉 750 g、花生油 500 g、洋葱末 250 g、姜末 250 g、蒜泥 175 g、香叶 5 片、胡椒粉和干辣椒少许。上述用料和用量是广东菜比较讲究的配制方法，其他地方可随当地的特点和厨师习惯灵活掌握。

制法：油放置锅中烧热，将洋葱末和姜末投入，炒成深黄色，再加入蒜泥和咖喱粉，炒透后加入香叶，即成为香辣可口且无药味的咖喱油。如需要稠一些，可加入适量的面粉。

特点：色黄，香浓略辣。

37. 芥末糊

原料：芥末粉 50 g、温开水 40 g、醋 25 g、植物油 12 g、糖少许。

制法：先将芥末粉用温开水和醋调拌，再加入植物油和糖，调拌均匀。因糖、醋能除去苦味，油能增加香味，所以调好后即成为香辣味突出而无苦味的芥末糊。芥末糊调好后，必须静置半小时左右，才能充分除去苦味并突出香辣味，故须事先制备。如要临时制用，可将芥末糊稍蒸几分钟，也可达到同样效果。

特点：辛辣冲鼻，香味浓郁，提味抑腥。

38. 潮州沙茶酱

原料：花生米、花生酱、芝麻酱、虾酱、豆瓣酱、葱头、大蒜、辣椒粉、生葱、南姜、开洋、香菜籽、芥菜籽、香叶、五香粉、咖喱油、椰汁、生油、丁香、香茅、白糖、味精、精盐、酱油。

制法：将花生米盛在钵内，用开水浸泡后，剥去皮，放入六成热的油锅内炸熟取出，冷却后磨成细末；花生酱、芝麻酱用油调稀；虾酱、豆瓣酱分别放入油锅内炒一炒取出；葱头、大蒜剥皮，磨碎挤干水分；辣椒粉用生油放入锅内熬成辣油；生葱切开，南姜削去皮、刨成末，分别放入油锅内炒一炒取出；香菜籽、芥菜籽均斩碎；香叶烤香斩细；开洋用水洗净，沥干水分，磨碎成蓉；丁香斩细，香茅炒香、剁细待用。烧热锅倾入生油，待油熬熟后，取出一部分放在两只小铁锅内，同时放在两只炉火上，放入大蒜、葱头煸至呈金黄色时（火不可太旺，炒至没有水分），再倒入油锅内，随即将花生末、花生酱、芝麻酱、虾酱、豆瓣酱、辣油、葱、姜、香菜籽、芥菜籽、香叶、开洋、丁香、香茅按次序全部放入油锅内炒（要不停地搅动，防止沉底），同时加入酱油、精盐、白糖，炒至不出水泡（火不宜太旺，要防止焦），最后放入味精、咖喱油、椰汁，炒好后取下，使其自然冷却，盛在干净的坛子内，将口封牢，可储藏1～2年不会变质。

特点：味鲜、香辣，味感丰富。沙茶酱是潮州菜的主要调味之一，可做炒、焗、焖、蒸等菜肴。此酱味鲜美，用途广泛，驰名中外。

39. 葡国鸡调料

原料：牛油、面粉、咖喱、鲜奶、椰汁、盐、味精、汤等。

制法：原料熟后，另锅加牛油炒面粉、咖喱，加汤并放入原料，再加椰汁及佐料，烧后盛碗里，加入鲜奶入烤箱烤成。

特点：奶味扑鼻，香味浓郁，咸鲜中带有咖喱的辣味。此料还适用于牛肉、猪肉。

40. 盐焗鸡调味粉

原料：沙姜粉、淮盐、味精、油等。

比例：沙姜粉、淮盐、油的比例为1∶0.5∶3。

特点：外观为浅褐黄色，粉末，有特殊的香味。

41. 焗禾花雀酱汁

原料：禾花雀、柱侯酱、梅子、海鲜酱、干葱、蒜泥、生抽、糖、味精等。

制法：禾花雀油炸后加以上佐料焖烧至卤汁收干。

特点：鲜咸略甜微酸，有柱侯酱特殊风味，香味浓郁。此料也适用于烹制鹌鹑、乳鸽等。

42. XO酱

用料：发好瑶柱375 g、火腿375 g、虾米500 g、红椒干30 g、指天椒500 g、蒜泥625 g、砂糖95 g、味精95 g、玉桂粉15 g、红椒粉15 g、麻油125 g、橙红色素少许。

制法：将发好的瑶柱用刀背斩压成蓉，火腿、虾米剁成蓉，红椒干、指天椒分别切成细粒；烧锅加油，将瑶柱、火腿蓉下锅炸香起锅待用。另将蒜泥炸香待用。烧锅加油，将红椒干、指天椒炸香，放入虾米一起炒香，下酒，再将已炸香的蒜泥、瑶柱和火腿倒在一起，用中火慢炒，加入砂糖、味精、玉桂粉、红椒粉炒匀、炒香，加麻油，加色素调色即好。可与淡味原料相配。

特点：香辣、味感丰厚。

43. 青汁

原料：洗净的菠菜1.85 kg、上汤150 g、味精10 g、精盐10 g。

制法：将菠菜放在砂盆里，捣烂后挤出汁，起菜时，将味料、上汤与菠菜汁和匀，即可使用。此品种适用于制作菠汁鱼块等菜式。

特点：绿色汁液。

44. 火腿汁

原料：净瘦火腿肉 500 g、上汤 1 kg。

制法：将火腿肉放在瓦钵里，加入上汤，放入笼内蒸约 40 min 便成。适用于制作扒菜胆、红扒大裙翅等菜式。

特点：非常浓厚鲜香的火腿味。

45. 巴黎汁

原料：马铃薯 100 g、芹菜 250 g、番茄 2.5 kg、芫荽 100 g、甘笋 500 g、鸡骨 1 kg、红鸭汤 1 kg、白糖 100 g、油咖喱 750 g、糖醋 500 g、蚝油 200 g、喼汁 200 g、茄汁 200 g、二汤 1.5 kg、味精 25 g、精盐适量。

制法：先将各原料去皮，切去头，洗净，放在瓦炖盆里；加入滚水 1.5 kg，煲至极酥，捞起，拣掉鸡、鸭骨，随即将煲酥的原料磨烂如蓉状，放入炖盆里；再加入二汤和红鸭汤，待翻滚时，放入喼汁、茄汁、糖醋、白糖、蚝油、味精和油咖喱等，再用慢火熬 30 min，用箩斗过滤便成。适用于制作巴黎乳鸽和巴黎子鸡等菜式。

特点：浓稠，多味复合，鲜美异常。

46. OK 汁

原料：番茄 500 g、洋葱 250 g、蒜头 150 g、苹果酱 250 g、瓶装柠檬汁 75 g、瓶装橙汁 25 g、蚝油 100 g、喼汁 100 g、骨汤 2.5 kg、白糖 200 g、精盐 150 g、花生油 100 g。

制法：将番茄、洋葱切碎，蒜头剁成蓉。烧热锅，下花生油，将蒜泥爆香，下切好的番茄、洋葱炒透，转至瓦煲中，下骨汤，再用慢火熬半小时，过滤。在滤液中加入苹果酱、柠檬汁、橙汁、蚝油、喼汁、白糖和精盐等，然后把汁液拌匀、煮沸便成，可制 OK 牛柳等菜。

特点：色泽棕黑，具有多种蔬菜和水果清香。

47. 陈芹汁

原料：陈皮细末、洋葱末、药芹细粒、白糖、盐、番茄酱、白胡椒粉、鸡精等。

制法：所有调味加些汤入锅中烧开即成。适用于陈芹虎鳗、白灼响螺等。

特点：鲜咸轻酸，回味甜辣，芹香馥郁。

48. OK 酱

原料：OK 汁、海鲜酱、花生酱、生抽、糖、味精等。

制法：调开花生酱后，余料放一起调拌均匀即可。常用于烹制禽类及海鲜，如 OK 凤爪、OK 鲜鱿等。

特点：味酸鲜带甜，味浓厚，回味悠长。

49. 烤乳猪蘸料（一）

原料：绵白糖、精盐、味精、沙姜粉、五香粉、桂皮粉、甘草粉等。

制法：将所有佐料调匀装盛小碟中。

特点：咸、鲜、香。

50. 烤乳猪蘸料（二）

原料：磨豉、海鲜酱、蚝油、OK汁、陈皮、芝麻酱、腐乳汁、玫瑰露、生抽、干葱末、蒜肉、味精、糖适量。

制法：铁锅加少许油，先将大蒜粒炸焦，再下干葱炸香，下磨豉、蚝油略炒，加入所有佐料，调匀成稍稠厚的味汁装碟。

特点：口味甜、咸、香，有海鲜酱、蚝油及腐乳汁独有的酱香味，卤汁较稠，色泽深红。它与淮盐一同作为烤乳猪的跟碟。

51. 海鲜禽类菜肴调味料

原料：磨碎的豆豉、芫荽粉、砂糖、干葱、陈皮、八角、花椒、丁香、桂皮、葱、姜、蒜肉、盐、味精。

制法：先将干葱、陈皮、八角、花椒、丁香、桂皮、葱、姜、蒜头加水上笼蒸2 h，滤出汁，与豆豉、芫荽粉、糖、盐、味精调和即成。

特点：香鲜咸甜，有豆豉特有滋味及多种香料复合起来的醇香。适用蒸煮禽类菜肴，也可与其他调料配合成复合味，作为海鲜等菜肴的调味料。

52. 大龙虾蘸料

原料：芫荽汁、鸡蛋黄、芥末酱、茄汁、芝麻酱、白醋、盐、味精等。

制法：鸡蛋煮熟后取蛋黄，碾碎后加入所有佐料调成糊状。

特点：味汁红色、稠厚、味感丰富，香、咸、酸、辣、鲜诸味均衡调和，十分适口，作为龙虾的跟碟。

第3节　调味要点

一、下料必须恰当、适时

在调味时，所用的调味品及每一种调味品的用量必须恰当。为此，厨师应当了解所烹制的菜肴的正确口味，应当分清复合味中各种味道的主次，例如，有些菜以酸甜为主，其他为辅；有些菜以麻辣为主，其他为辅。尤其重要的是，厨师应当做到操作熟练，下料准确而适时，并且力求下料规格化、标准化，做到同一菜肴不论重复制作多少次，调味都不走样。

二、体现风味特色

我国的烹制技艺经过长期的发展，已经形成了具有各地风味特色的地方菜味型。在烹调菜肴时，必须按照地方菜的不同要求进行调味，以保持菜肴一定的风味特色，做到烧什么菜像什么菜，必须防止随心所欲地进行调味，把菜肴烧得口味混杂。当然，这并不是反对在保持和发扬风味特色的前提下发展创新。

三、根据季节变化和客人的要求适当调整口味

人们的口味往往随着季节的变化而有所不同。在天气炎热的时候，人们往往喜欢口味比较清淡、颜色较淡的菜肴；在寒冷的季节，则喜欢口味比较浓厚、颜色较深的菜肴。同时，有些客人有时会提出特殊要求，厨师绝不能固执己见，要以满足客人的需要为第一要义。在调味时，可以在保持风味特色的前提下，适当灵活调整。

四、根据原料的不同性质掌握好调味

对于新鲜的原料，应突出原料本身的美味，而不宜为调味品的滋味所掩盖。例如新鲜的鸡、鸭、鱼、虾、蔬菜等，调味均不宜太重，也就是不宜太咸、太甜、太酸或太辣。因为这些原料本身都有很鲜美的滋味，人们吃这些菜肴，主要也就是要吃它本身的滋味；如果调味太重，反而喧宾夺主。

对于带有腥膻气味的原料，要酌加去腥解腻的调味品，例如牛羊肉、内脏和某些水产品，在调味时就应根据菜肴的具体情况，加酒、醋、葱、姜等调味品，以解除其腥膻气味。

对于本身无显著滋味的原料，要适当增加滋味，例如鱼翅、海参、燕窝等，调味时必须加入鲜汤，以弥补其鲜味的不足。

思 考 题

1. 味觉是如何产生的？
2. 菜肴的味有哪几种？
3. 简述各种调味料的性质与用途。
4. 简述各种特色复合味的调制与配比。
5. 调味的要点有哪些？

第 5 章

烹调前的准备

第1节　制　汤

一、汤在烹调中的作用

“唱戏的腔，厨师的汤。”厨师要烧出好菜，无汤不行，这汤是指用具有鲜美滋味口味的原料用小火熬煮后提取的汤水。汤的用途非常广泛，大部分的菜肴都要用它。汤的质量好坏对菜肴有很大的影响，特别是鱼翅、海参、熊掌、燕窝等珍贵而本身又没有鲜味的原料，主要靠精制的鲜汤调味提鲜。汤由于饱含充分溶解并混合的多种氨基酸与脂肪，所以鲜味纯正、醇和、厚实，又具有很高的营养价值；而味精则由于所含提鲜成分单一，单纯用它调味的菜肴口感淡薄，过量使用又有“扎嘴”感，所以替代不了汤在烹调中的特殊作用。因此，制汤是烹饪工作中一个不容忽视的重要环节。重视汤的作用，掌握各种汤的制作技术，并且懂得怎样管好汤、用好汤，是做一名称职的烹调师不可或缺的条件。

二、各类汤的制法

1. 白汤

（1）浓白汤（又称奶汤）。汤色乳白，质浓味鲜，取用猪肉骨、猪蹄等为主要用料，同时将需要初步熟处理的猪肉类原料放入大汤锅中，加葱姜、绍酒，待烧沸时撇净汤面血沫后，加盖用中旺火焖煮；适时将达到预制成熟要求的蹄膀、方肉、白切肉等取出，其余猪骨、猪蹄等则任其继续加热 3 h 左右，直至汁浓、呈乳白色，再把汤舀出用筛过滤后，装入盛器内备用。一般作为比较讲究的炒菜以及用烩、煮等方法烹制的白汁菜肴用汤，如滑炒里脊、蝴蝶海参。通常用料 10 kg，加水 30 kg，可制汤 20 kg，用作比较讲究的菜肴的备汤。

（2）一般白汤（又称二汤）。浓度和鲜味均较前者为差。这种汤的制法较为普通和简单。就是将煮过浓白汤的猪肉骨、专供制汤用的猪蹄和拆卸猪骨所得的筋膜、碎皮等下脚料，加一定量的清水、葱结和姜块烧沸，撇去浮沫，再加绍酒盖上盖继续加热 2～3 h，待煮到骨髓溶于汤内，骨酥肉烂，用筛滤去残骨烂渣。汤色也呈乳白，但汤质浓度不如浓白汤，鲜味也较差，可作一般菜肴用汤。一般白汤在浓度上并无严格要求，因此用料与加水的比例也比较随意。

（3）特殊的鱼浓汤。鱼浓汤（亦称鱼汤）是将鱼头、鱼骨或小鲫鱼、小杂鱼斩成小块，锅里放熟猪油，先下葱结、姜块（拍碎）炸香，随即下鱼块煸炒，炒至鱼块部分脱水，加黄酒，注入沸水，加盖用旺火焖烧 15 min 左右，烧至鱼烂碎脱骨，汤呈乳白似鲜奶，用纱布滤去鱼刺、鱼骨等残渣。一般用于奶油鳜鱼、奶汤鲫鱼等以鱼为主要原料的烩制菜肴。通常是用料 500 g，加水 2.5 kg，可制汤 2 kg 左右。如果制汤过多，对汤的浓度、汤色、鲜味都有影响。

2. 清汤

（1）高汤。汤汁澄清，呈淡茶色，口味纯正，用于烹制高级菜肴。制法是：将老母鸡斩成小块（也有用整只的），以及排骨肉（外脊肉）、火腿放入清水汤桶中，加葱结、姜块，用中小火慢慢烧（火不宜大），烧至血沫浮上水面，立即撇去（不让血沫散碎，以免影响汤的澄清度）。改用微火进行长时间的加热。必须始终保持水沸而不腾，微微波动，这样既可使鸡肉等原料内的营养物质充分溶于汤中，又保持汤汁澄清。关键是必须维持微火，否则汤汁就会变得混浊。停止加热后，可先将汤滗出，再用夹汤布或细绢筛过滤。一般净鸡 1.5 kg、排骨肉 500 g 和火腿 250 g，加水 7 kg，制汤 6 kg 左右。

如果还需要高级的汤，则可把制成的清汤进一步提炼精制。其方法是：将生鸡腿肉去皮剁成蓉状，加葱、姜（拍烂）、绍酒及适量清水浸 30 min 泡出血水后，投入清汤中，以中小火慢慢加热，同时用勺把鸡蓉轻缓地搅转搅散（应按一个方向）。待汤将沸时，立即改用小火（不能使汤翻滚），使汤中细微的渣状物吸附于鸡蓉而浮上汤面，用勺轻轻撇净，这就成为高级清汤。用于盖碗清汤大散翅、盖碗清汤燕窝鸽蛋等高级汤菜。这种提炼方法称为“吊汤”（也叫“打红梢”）。如果在此基础上，再用鸡胸脯肉或鸡里脊剁成的蓉像“打红梢”那样，重复“吊”一次汤，则叫作“打白梢”，那么成品就更加鲜醇透明了。“吊汤”的目的：一是最大限度地提高汤的鲜味，使其口味纯正鲜醇；二是利用鸡蓉的吸附作用，除去微小的渣质，以提高汤汁的澄清度。如此反复吊制意在提高汤汁档次，故吊汤之前基汤必须优质，否则光靠吊汤原料是不可能令汤汁发生质变的。

（2）一般清汤（也称鸡清汤）。将鸡、鸭的骨架，鸡、鸭膀小节或碎散破皮的整鸡、鸭（只能作煮汤用）等用料，放入大汤桶中，加清水用中、小火慢慢煮沸，在水沸时，改用微火继续进行长时间加热，使鸡（鸭）体、鸡（鸭）骨内的营养物质充分溶入汤中。关键是必须维持小火，否则汤汁就混浊而不澄清。制汤用料一般没有明确规定，如果用料少而制汤多，对汤的鲜味有影响。汤呈清中带黄，滋味鲜醇。用于比较讲究的炒菜、烩菜和汤菜，如芙蓉鸡片、烂鸡鱼翅、鸡片汤等。

（3）牛肉清汤（也称牛肉茶）。牛肉清汤的制法是：将理净的牛肉切成扁形小方块，加胡椒粉、鸡蛋清拌匀，放入凉水桶内，用中小火慢慢烧至将沸时，蛋白上浮结成薄膜覆盖汤面，立即改用微小火长时间加热（3 h 以上），必须始终保持汤水沸而不腾，缓慢上下翻动，使血沫浮吸附于汤面上的蛋白，使汤汁澄清。关键点有两个：一是必须维持微微小火，否则汤汁不澄清；二是在肉块入锅至制成清汤过程中，必须保持汤面的蛋白薄膜完整不破不碎。最后把蛋白薄膜撇去，因此，绝不能用勺下锅搅动，必须过滤即成清汤。这种清汤汤汁澄清，呈淡茶色，口味鲜醇而具有特殊的牛肉香味，一般用于宴会菜用汤和高级宴席最后一道盖碗牛肉茶（一人一客），随进小茶点。通常是用料 1.5 kg，加水 2 kg，约制汤 1.5 kg。制牛肉清汤的方法，亦可用于制鸡清汤。

3. 素汤

素汤是以纯素的带有鲜味的原料熬煮而成，比较特殊。常用的原料主要是豆芽、笋、食用菌类。它也可以分为清汤和浓汤两类，一般有油参与并用大火加热制得浓汤；原料清鲜又用小火长时间加热制得清汤。根据汤的质量及原料的价值也分为高汤和一般的汤。用途主要是“服侍”高档的素菜，使淡味的素菜变得鲜美可口，浑然天成。

（1）豆芽汤。取用新鲜黄豆芽，用豆油煸炒至八成熟，加开水加盖用旺火焖煮 30 min 左右，至汤呈乳白色，汤浓味鲜，用筛滤去豆芽（滤出的豆芽还可用来煮二汤）即成。此汤浓白，味鲜醇。一般黄豆芽 5 kg 加水 14 kg，制汤 12 kg 左右。此汤可作炒、烩、煮等白色菜肴和白汤菜的用汤。

（2）鲜笋汤（又称高汤）。取用全年四季鲜笋（如春季竹笋、夏季毛笋、秋季行鞭笋、冬季冬笋）的笋老段、笋嫩节衣、笋嫩段煮的汤。取用笋老段和笋衣投入大汤锅里加清水烧 3 h 左右，滤去老笋段和笋衣（老笋段和笋衣还可继续煮二汤）。另将笋嫩段加清水烧 1 h 左右，捞出熟笋，笋汤滤清，与前面煮出的汤合一使用。一般用笋 5 kg，加清水 15 kg，制汤 12 kg 左右。口感鲜味浓郁，汤色绿黄。由于汤味过浓，可与黄豆芽汤拼合使用。拼合比例鲜笋汤一份，黄豆芽汤二份。用于高级素菜如白汁排翅、西湖莼菜汤等。

（3）鲜蘑菇汤。利用新鲜蘑菇焯水所得的汤水。大锅里清水烧滚后，投入鲜蘑菇待烧滚后再烧 5 min，捞出蘑菇，舀出汤水静置沉淀，去除沉淀物，将可取的汤水再用布过滤去渣状物。一般鲜蘑菇 10 kg，用清水 40 kg，可制成汤 20 kg 左右。汤色灰褐，味鲜，可作一般菜肴的用汤。

（4）口蘑汤。口蘑汤是水发口蘑的原汤。取干口蘑洗干净，放入锅里加水烧滚后，改用小火煮 30 min，待口蘑发透即可捞出，将汤舀出待泥沙沉淀，取上层清汤，再用布过滤。汤色灰暗，汤质鲜醇。以干口蘑 500 g，加清水 1.5 kg，可制汤 1.2 kg 左右。用于比较高级的烧菜和汤菜，如罗汉斋、口蘑锅巴汤等。

（5）扁尖笋汤（又称咸汤）。把扁尖笋老段和可食用的嫩段切开。将老段投入锅中加清水煮 3 h，待养分溶于汤中，捞去笋渣，笋汤静置沉淀去泥沙后，再用夹汤布过滤。另外，将扁尖嫩段用温水浸泡的原汤经沉淀过滤后，与老段煮出的笋汤合一使用。一般扁尖笋 5 kg，加水 15 kg，制汤 12 kg 左右。汤质澄清，汤色淡黄，咸鲜味浓。由于扁尖笋汤鲜味咸浓，不宜单独使用，必须与黄豆芽汤拼用。比例为扁尖笋汤一份，黄豆芽汤二份。此汤可作比较高级的烧、炒、汤菜的调味用汤，如素菜奶汤。

（6）香菇汤（又称香菌汤）。香菇汤是水发香菇（冬菇、厚菇、花菇）的原汤。先将菌柄和菌盖剪割分开。菌盖（即食用部分）加清水（一般用凉水，也可用热水）浸泡 2 h 左右，将菇抓捏使泥沙脱落于水里，同时也使菇内部分养分挤压于水中，捞出再换清水抓捏一次，把两次抓捏出的水合一沉淀除去泥沙，再用筛或布过滤去渣状物。以 500 g 干香菇加清水 3 kg，可得原汤 2.5 kg 左右。另外是将菌柄放锅里加清水煮 2～3 h 捞出菌柄，舀出汤水沉淀除去泥沙，再经布过滤。500 g 菌柄加清水 2 kg，可制汤 1.5 kg 左右。可将以上两种发制的汤（凉水发和煮发）合一使用。可作高档菜肴调味用汤，如红扒猴头菇。

三、制汤的关键

1. 原料的选择

制汤所用的原料，必须鲜味充足、无腥膻气味。在用料方面，各地虽略有差别，但大致均以动物原料为主。常用的有蹄膀、瘦肉、猪爪、猪骨，以及鸡或鸡的翅膀、爪子、骨架等。原料若有腥味，须作焯水处理后再熬制。

2. 用水

熬汤的原料，一般均应冷水下锅，且中途不宜加水。因制汤所用的原料一般都是整块或整只的原料，如投入沸水中，原料的表面因骤受高温而易于凝结，内部的蛋白质就不能大量溢出于汤中，汤汁就达不到鲜醇的要求。同时，水最好一次加足，中途加水会影响质量。

3. 火力与加热时间

制作白汤（奶汤）一般均用旺火、中火，使汤保持沸腾状态。这里恰当地控制火力极为重要。火力过大，容易焦底而使汤产生不良气味；火力过小，则可使汤汁不浓，滋味不好，稠度不足。制作白汤一般需要 3 h 左右，但可视原料的类别形状和大小而略有伸缩。

清汤的制作是先以中、小火将水煮至沸而不腾状态，随即转用微火继续加热，使水保持微滚（呈翻水泡状态），直至汤汁制成为止。火力过旺，会使汤色变为乳白色（类似奶汤），失去“澄清”的特点；火力过小，原料内部的蛋白质不易浸出，影响汤的鲜醇。制作清汤的时间要比白汤略长。

4. 调料的投料顺序

制汤中常用的调味料有葱、姜、黄酒、盐等。必须注意的是，熬浓汤时不能先加盐。盐是一种电解质，它能剥离已经乳化了的水油结合体，使汤难以变白变浓。而制清汤则可以放盐，但一般也不放，因为汤味变咸后，正式烹调调味时就难以把握了。

5. 保持汤质新鲜

汤大多是集中加工，一次多量制作，然后分次使用。为保持汤质新鲜必须强调现制现用，不宜隔日保藏。天热时，制好的汤一时用不完，应放冰箱里。

第2节　常用干货原料涨发

干货原料又称干料，是指经脱水干制而成的原料，与鲜活原料相比，具有干、硬、老、韧等特点。菜肴中经常使用的干料有海参、鱼翅、熊掌、鱼唇、鱼肚、干贝等。干料涨发，即将干制后的原料通过涨发重新吸入水分，使原料恢复原来的形状或改变原料的质地，便于烹调成菜。

干货原料便于携带，便于保藏。有些鲜料干制后经涨发，能给菜肴带来特有的口感，比如蹄筋，油发后变得松软。涨发令原料复水，还能除去部分原料中的异味，改变其原有质感，给人以松、酥、糯、软、嫩等适口的感觉。

一、干料涨发的基本要求

1. 熟悉原料的产地和性能

同样一种干料，因产地、干制方法不同，性能可能相差很大。比如同为鱼翅，吕宋黄、金山黄、香港老黄等翅板较大，沙多质老，涨发时褪沙后须经反复煮焖才能去腥回软，而一般的鱼翅只需泡焖即可涨发透。

2. 鉴别原料的复水能力

原料复水能力不同，其涨发的时间也不同。比如鱿鱼和螟蛹，看去相似，实则不同，后者硬实，虽都可用碱水发，但浸泡的时间不同，碱水浓度最好也有区别。大小鱿鱼同时涨发，也需注意先好先捞，以防大的不透、小的烂掉。

3. 掌握涨发过程中每个环节

干料涨发是一项很仔细的工作，稍有不慎，就可能导致失败。干货原料大多价格不菲，更应该谨慎。涨发之前先应对全过程烂熟于心，每个环节要多加检查。水发海参、鱼翅时要特别注意忌油、防碱盐。偶有油斑黏附原料上，导致油斑黏附部分疏水、局部涨发受阻，会出现局部僵硬；而碱会致原料腐烂，盐会令原料涨发不透。煮焖的盛器最好选用陶制的砂锅，尽量不用铁器和铜锅，后者可能使涨发的原料色泽发黑。碱水发料要特别注意碱液浓度，由浓度决定涨发时间，涨发后要用水反复漂浸。油发则要注意油焖焐的时间及油浸的温度。

二、干料涨发的方法

1. 水发

水发是原料中使用最多的方法，除了含黏性油分、胶质及表面有僵皮的原料外，一般都是水发。即使经过碱发、油发的原料，最后也要采用水浸涨发的方法。水发分为冷水发和热水发两种。

（1）冷水发。冷水发是把原料投入冷水中，经浸泡使其吸收水分，恢复原形。干料内部细胞液被高度浓缩，遇清水后，清水透过细胞膜向里渗透使干料吸水。

（2）热水发。把干料放入热水或沸水（有时是恒定的热水）中，经加热煮沸使其吸收水分涨大回软。凡冷水发不透的原料可用热水发。热水的渗透能力较强。根据不同的原料，又分为煮、焖、泡等方法。

1）煮。对一些质硬、体大、表皮有泥沙的干料，如鱼翅、熊掌等，经冷水浸泡后用沸水煮沸，使内部充分吸收水分，达到回软发透的目的。有些原料外表有棘皮（如大乌参）还需先用火烤焦外皮，刮净后再放水中煮发。

2）焖。一些经煮沸的干料，防止发得不透，需采用煮后焖制一段时间，达到涨发的目的，如海参等。

3）泡。泡是将干料浸没于温水或热水中，不再加热。此法操作简单，容易掌握，如粉丝、发菜等。

2. 油发

油发即是将干货原料，放于热油中，根据其薄厚，先用低温油浸焖，然后再用油炸发的方法。原料细薄的则可直接油炸，使原料质地膨胀松脆。油发后的原料，需用温水或碱水浸泡回软，漂洗几次，去掉油腻。

油发的方法及原理是：需用油涨发的干料其成分大多为胶原蛋白，如蹄筋、肉皮等。胶原蛋白为三股螺旋缠绕结构。油发时先用油焐，让原料收缩，冷却后再用热油炸至涨发。油焐阶段油温为120～130℃，这个温度能使蛋白质键合点的结晶区域熔断，造成原料的收缩，同时，收缩的结果是让蛋白质分子内部的结合水受挤压。冷却后原料骤遇高温，水分里应外合，一下子将原料胀大，这时的油温为190℃左右。强调一下子高温涨发是因为万一没有从里到外的同步膨胀，形成僵心后用油不能再将夹心点处理掉，只能再借助水发。

3. 碱水发

碱水发是将干料先用清水浸泡，再放入碱溶液里浸泡一定时间，使其涨发回软，然后用清水漂浸，清除碱味和腥臊气味，这种方法叫碱发。碱发适用于质地僵硬的干料，如鱿鱼、鲍鱼等。利用碱的腐蚀性破坏表层生物膜，又利用碱调节蛋白质的pH值，促使原料吸水。碱水发分生碱发、熟碱发、烧碱发三种，其制法是：

（1）生碱水发。碱粉500 g，冷水10 kg，掺合在一起搅和溶化，呈润滑状即可。

（2）熟碱水发。碱粉500 g，石灰200 g，沸水4.5 kg，冷水4.5 kg。先将沸水加碱和石灰搅和溶化，再加上4.5 kg冷水搅和，待冷却澄清后，去沉淀物即成。

（3）烧碱水发。干料浸软放入烧碱溶液，不停翻拌至干料表面光滑、柔软时放清水中漂洗，直至发透。

4. 蒸发

蒸发是把干料放在盛器里用水浸没，上屉蒸至回软膨胀的发料方法，适用蒸发的原料有干贝、海米、鱼唇、鱼翅、鱼骨等。适用于蒸发的原料都能用热水发，用蒸发一是针对本身鲜味较好的原料，可将鲜味留存于汤汁中；二是为了保持原料外形，蒸发时原料不受冲撞；三是蒸笼里有压力，温度也比较高，原料涨发速度较快。

三、干料涨发实例

1. 海参涨发

海参形如茄子，主要有黄、黑两种。其涨发方法是：将海参放开水盆泡至回软，上火煮开，端离火浸泡。水冷后开肚拿肠去沙洗净。放入热水锅上火煮开15 min取下，焖几小时，这样反复几次直至发好，用清水泡上即可。

2. 鱼骨涨发

鱼骨即鲨鱼头部的软骨。其涨发方法是：将鱼骨用温水洗净、控干，放盆内加少许豆油，搅拌均匀。然后上屉蒸透取出。用开水浸泡涨发，待呈洁白、无硬质时即可使用。

3. 鱿鱼涨发

鱿鱼涨发有两种方法：一是用生石灰、纯碱、水按3∶7∶90的比例烧开，沉淀、冷却后放下已经泡软的鱿鱼，至鱿鱼涨发柔软取出漂净；二是将水浸软的鱿鱼直接放在烧碱液中，不停翻拌至柔软、表面光滑时取出，放清水中冲漂至发足。前者费时多，生成物即烧碱；后者烧碱水中只需浸10～15 min即成。

涨发要点：鱿鱼入碱水前必须经清水泡软。另外，涨发时先好先捞。

4. 银鱼涨发

银鱼涨发方法是：将银鱼用开水浸泡几次，从嘴叉下边扯断，连同内脏一起带出来。

用清水漂洗干净即可使用。

5. 干贝、江瑶柱涨发

干贝、江瑶柱涨发方法是：将干贝去掉老筋，洗净，放入碗里加绍酒、葱、姜、鲜汤上屉蒸透，待用手能捏断，呈丝状即可，用原汤喂浸备用。

6. 海米、大虾干涨发

海米、大虾干涨发方法是：用凉水将原料洗净，春、秋、冬季用温水，夏天用凉水泡透取出，加水、葱、姜、绍酒上屉蒸透回软即可。

7. 虾子涨发

虾子涨发方法是：虾子用温水淘净泥沙，用清水泡 1～2 h，上屉蒸透即可。

8. 海蜇涨发

海蜇涨发有三种方法：第一种是用清水洗去泥沙，改刀用开水烫一下捞出，再用清水反复洗干净，放清水中浸泡至脆嫩即可；第二种是海蜇洗净，放碱水内浸泡 3～4 天，用清水洗净碱分即可；第三种是将海蜇洗净，下锅慢火煮烂，待似海绵状捞出，用清水浸泡出盐分即可。以上三种涨发方法适应不同烹调需要。

9. 乌鱼蛋涨发

乌鱼蛋即雌墨鱼的缠卵腺。其涨发方法是：将乌鱼蛋下开水中煮沸两次取出，晾凉后，一片一片揭开，放入凉水中浸泡，洗净放入冰箱即可。

10. 鱼皮涨发

鱼皮即鲨鱼皮。其涨发方法是：将干料下锅用微火焖煮至能褪掉沙时，取出刮净泥沙。再放入清水中洗净，上屉蒸透回软取出，放入开水中浸泡，洗去腥味即可。

11. 海螺干涨发

海螺干涨发方法是：将海螺干用温水洗净，下锅微火慢煮，至煮透时捞出；海螺干放锅里加碱和硼砂（500 g 海螺干，加硼砂 75 g，碱 100 g。如果放大到 5 kg 海螺干，硼砂、碱在总数中，可减去 50%）慢煮 3～4 h，至回软膨胀时取出，用水浸泡即可。

12. 冻粉涨发

冻粉是海藻类的石花菜、鸡足菜和龙须菜等海生植物加工而成的透明粉丝。其涨发方法是：将冻粉先用凉水洗净，然后用温水泡软即可。

13. 蛤士蟆涨发

蛤士蟆涨发方法是：将蛤士蟆先用温水泡软，剖开肚皮取出油；将油用凉水泡开，抻成若干条状，摆在盘中备用；将蛤士蟆洗净，腌制一下即可。

14. 蹄筋、肉皮涨发

常见的蹄筋有猪蹄筋和牛蹄筋，此外还有羊蹄筋和鹿蹄筋。肉皮的涨发方法与蹄筋的涨发方法基本相同，故放在一起介绍。涨发的方法分油发、水发、水油发三种。

（1）油发。先将蹄筋（肉皮）洗净控干，冷油下锅，至三四成熟，蹄筋收缩，表面有白色小泡时，熄火焖，油冷后捞出，再将油升温至六七成，放蹄筋炸至无夹心即成。肉皮则要用手勺按压在油下，另一只手执二齿钩抻拉欲卷起的肉皮，直至发大，手勺敲上去有清脆的声响。然后用开水浸泡，用碱水捏洗后，漂净即可使用。

（2）水发。先将原料用温水洗一遍，下锅煮 2～3 h，取出撕去外层筋皮，换新水下锅用小火慢煮，待煮透回软时捞出，用水泡上，即可备用。

（3）水油发。水油发又称半发，一般只针对蹄筋。将蹄筋与冷油一起下锅加热，待蹄筋胀发停止时捞出。换水发，煮焖至中心夹心化软糯即成。

15. 黑木耳、银耳涨发

黑木耳、银耳涨发方法是：将干料用凉水泡 1 h（冬季用温水），摘净根和杂质，漂洗干净备用。其中应注意：银耳发料时应该注意不用黑铁锅，用黑铁锅发的色泽乌暗，影响美感；用砂锅或用铝锅涨发色正、光亮。

16. 口蘑涨发

口蘑涨发方法是：将口蘑用温水洗净，放到开水里约泡 30 min（把原汤滤出保藏备用）后放入水盆内用筷子搅打几次，再用温水将泥沙及根部脏物洗净，原汤泡上备用。

17. 香菇涨发

香菇涨发方法是：将香菇洗净，用温水泡开取出，摘净小根，再用清水洗净，即可使用。

18. 发菜涨发

发菜涨发方法是：将原料内的杂质挑净，放到温水中浸泡，待发至膨胀起来，再用清水洗净，即可备用。

19. 莲子涨发

莲子涨发方法是：用开水将碱冲开后（500 g 莲子、25 g 碱），将莲子放入，用硬炊帚用力在水中搅搓冲刷，2～3 min 换一次水，待皮面已全部脱落，呈乳白色，捞出用清水洗净，控干水分，削掉两端莲脐，再用竹签捅出莲心，上屉蒸烂，即可使用。

20. 玉兰片涨发

玉兰片涨发方法是：将玉兰片用烧沸的大米泔水浸泡十几个小时后捞出，放冷水锅内用微火慢煮，另换开水泡上，每日煮一两次，随时将发透的挑出使用，待全部涨发后，放在冷水中浸泡备用。夏季要勤换水。

21. 竹荪涨发

竹荪涨发方法是：将竹荪用热水浸泡 3～5 min，捞出放温水中加少许碱浸泡，摘净杂质，漂洗干净，即可备用。

22. 核桃仁涨发

核桃仁涨发方法是：将核桃仁放在盆里，用开水冲两遍，加盖焖透，用竹签挑去皮，洗净即可备用。

23. 白果涨发

白果涨发方法是：将白果砸碎，去掉外壳，剥出果仁，放入开水内煮约十几分钟，搓去皮膜，将果仁加水上屉蒸 15 min 取出，再用开水氽一下，捞入盆内，倒入开水浸泡，即可备用。

24. 百合涨发

百合涨发方法是：将干百合用开水（加盖）约泡 30 min，然后摘去杂质，放凉水内泡发即可备用。

25. 葛仙米涨发

葛仙米产于广东等地，灰褐色，如葡萄干大小，一般多用于烩菜。葛仙米涨发方法是：先用温水洗一遍，再用温水（根据季节掌握水温，冬季热些，夏季凉些）泡软，洗净泥沙，即可备用。

第 3 节　原料冻结和解冻

肉类、禽类和鱼类等烹饪原料在烹调前若需要较长时间的保存，通常采用冻结保藏方法，烹调时再进行解冻。冻结与解冻使原料中的水发生了变化，前者由液态变为固态（冰），后者则相反。它们对原料品质具有重大的影响。

一、烹饪原料的冻结

原料中水的冻结过程，宏观地看，是冻结层由表向里推进；微观地看，在同一层内水结冰也是有先有后的。一方面，首先开始结冰的水是溶质浓度较低部分的水，以及与亲水胶体结合较弱的水，而这一部分水存在于原料细胞的间隙里；它们结冰之后，与之相邻溶液的浓度增大，渗透压升高，导致细胞内的水分不断向外渗透，并聚积在冰晶体周围；另一方面，当温度低于 0℃，水结冰后，冰的饱和蒸气压低于同温度下水的蒸气压，水蒸气沿着蒸气压下降的方向向冻晶体移动，结果细胞间隙存在的冰晶就不断地长大；而且水结冰后体积膨胀，对细胞产生挤压，进一步促使细胞脱水。上述过程要进行到由于温度进一步下降导致细胞内部也形成冰晶为止。冻结可分为慢速冻结和快速冻结。

慢速冻结，原料温度下降的速度缓慢，细胞外的水冻结点较高，细胞内的水要等到温度降至其较低的冻结点时才冻结。因此，进行上述细胞内水分和水蒸气向细胞外冰晶体转移的过程，冻结速度越慢，转移持续的时间越长，结果形成较大的冰结晶。

快速冻结，原料温度迅速下降，无论是细胞间隙的水溶液，还是细胞内的水溶液都几乎同时达到冻结点。因此，上述细胞内外水分和水蒸气的转移现象也几乎没有发生，同时形成体积很小的冰晶。

动物性烹饪原料冻结后的品质与冰晶的形状、大小和分布有密切的关系。若冷冻介质的温度不够低或原料体积太大，冻结的速度慢，原料中水结冰所需的时间长，形成的冰晶数量少、体积大，而且分布不均匀，多数集中在细胞间隙里，细胞组织容易受损伤。细胞质脱水时形成高浓度电介质会导致蛋白质因盐析而变性，细胞液也会因浓缩而引起 pH 值变化，pH 值下降到蛋白质的等电点时，就会引起蛋白质凝固，解冻时难以复原，导致汁液大量流失，烹调后影响菜肴的风味和营养价值。若冷冻介质的温度足够低，食品的体积也较小，则冻结的速度快，原料中水结冰所需要的时间短，细胞内外的水分同时冻结，形成的冰晶数量多、体积小、细胞内外分布均匀，对细胞的破坏性大为减小，浓缩的溶液和胶体及各种成分相互接触的时间也大大缩短，因此对原料质量的影响也显著减轻。在解冻时具有较高的可逆性，汁液的流失很少，因此烹饪原料冻结时要采用快速冻结法。

二、烹饪原料的解冻

1. 解冻原理

烹饪原料的解冻是使原料的冰晶体溶化，恢复原来的生鲜状态和特性的过程。原料在解冻过程中，冰晶溶化需要吸热，随着温度的上升会出现一系列变化：由于温度上升，原料中酶的活性增强，氧化作用加速，并有利于微生物的活动；因原料内冰晶体溶化，原料由冻结状态逐渐转化至生鲜状态，并伴随着汁液流失。在这些变化中，汁液流失对烹饪原料质量的影响最大。

2. 解冻时汁液流失的原因及应对措施

烹饪原料解冻时汁液流失的原因是冰晶体溶化后，水分未能被组织细胞充分重新吸收。因此，影响汁液流失的因素即为影响蛋白质变性的因素，影响细胞内外冰晶体大小和分布状况的因素，以及其他影响细胞对水分重新吸收的因素。解冻时影响汁液流失的因素可具体归纳为以下几个方面：

（1）冻结的速度。缓慢冻结的烹饪原料，由于冻结时造成细胞严重脱水，经长期冻藏之后，细胞间隙存在的大型冰晶对组织细胞造成严重的结构损伤，蛋白质变性严重，以致解冻时细胞对水分重新吸收的能力差，汁液流失较为严重。

（2）冻藏的温度。冻结的烹饪原料如果在较高温度下冻藏，细胞间隙中冰晶体生长的速度较快，形成的大型冰晶对细胞的破坏作用较为严重，解冻时汁液流失较多；如果在较低的温度下冻藏，冰晶体生长的速度较慢，解冻时汁液流失就较少。

（3）原料的 pH 值。蛋白质在等电点时，其胶体溶液的稳定性最差，对水的亲和力最弱，如果解冻时原料的 pH 值正处于蛋白质的等电点附近，则汁液的流失就较大。由此，畜、禽、鱼肉解冻时汁液流失与它们的成熟度（pH 值随着成熟度不同而变化）有直接关系，pH 值远离等电点时，汁液流失就较少；否则就增大。

（4）解冻的速度。解冻的速度有缓慢解冻与快速解冻之分。缓慢解冻时，原料温度上升缓慢；快速解冻时，原料温度上升迅速。采用何种解冻速度要视烹饪原料的种类、大小与用途而定。一般认为缓慢解冻可减少汁液的流失，其理由是细胞间隙的水分向细胞内转移以及蛋白质胶体对水分的吸收是一个缓慢的过程，需要在一定的时间内才能完成，缓慢解冻可使冰晶体融化的速度与水分的转移、被吸附的速度相协调，从而减少汁液的流失。而快速解冻则相反。但快速解冻在保持烹饪原料品质方面也有有利因素：食品解冻时，可迅速通过蛋白质变性和淀粉老化的温度带，从而减少蛋白质变性和淀粉老化；高温解冻从外围加热，如解冻与烹调同时进行，由于外部的蛋白质受热凝固，形成的外罩使内部冰晶体融化的汁液难以外流；利用微波等快速解冻法，原料内外同时受热，细胞内冰晶体由于冻结点较低首先融化，故在食品内部解冻时外部尚有外罩，汁液流失也比较少。此外，快速解冻由于解冻时间短，微生物的增量显著减少，同时由于酶、氧化所引起的对品质不利的影响及水分蒸发量均较小，所以烹调后菜肴的色泽、风味、营养价值等品质较佳。

第 4 节　特色糊浆的调制

一、脆浆糊

脆浆糊主要是用面粉、生粉、发酵粉、盐、油（如用老酵还需加碱水）调成的，油炸后能给成品带来饱满、膨松、脆硬的口感。

1. 脆浆糊的调制原理

面粉添加盐后能促使面筋蛋白质连成网络，增强牢度（俗称“上劲”），便于发酵粉产生的气体有效地被包裹住，油炸后气体膨胀使糊壳变大；生粉因含支链淀粉高，且质地细腻，脱水后脆硬度强于面粉，而面粉膨松后失去支撑，易还软缩瘪，生粉则起支撑并增强脆硬质感作用；油能有效分隔面粉颗粒，使粉糊内部结构难以紧密结合，油炸脆后，粉层、粉团的间隙形成酥松感；如果用老酵（酵面）起发，因其含有杂菌味酸，故应加碱以中和。

2. 脆浆糊的调制方法

脆浆糊酵母调制法分老酵母调制法和干酵母调制法两种。

（1）老酵母调制法

主要用料：低筋面粉、马蹄粉、老酵面、花生油等。

调制方法：老酵面加水化开，下面粉、马蹄粉和盐搅拌均匀，静置3～4 h（应视气候冷暖而增减），以粉糊产生小眼气泡而带有酸味为准，临用前20 min用碱水搅匀。

适用范围：适用于脆炸制品，如脆皮鱼条、猪油夹沙球等。

制品特点：外层松脆，里面软嫩。

用料比例：面粉375 g，马蹄粉60 g，老酵面75 g，清水550 g，面碱水10 g，精制盐10 g，花生油160 g，合计1.24 kg。以脆皮鱼条为例，鱼条200 g，需用此粉糊250 g左右。

（2）干酵母调制法

主要用料：低筋面粉、干淀粉、干酵母、花生油等。

调制方法：干酵母用少许水稀释后，再加水、面粉、淀粉调成稀糊，静置75 min左右，待发起后加花生油调匀。

适用范围、制品特点与老酵母调制成的脆浆糊相同。

用料比例：面粉350 g、淀粉150 g、水500 g、干酵母1茶匙、花生油150 g。以脆皮春卷为例，春卷20只，用此粉糊300 g。

二、苏打浆

苏打浆是上浆时加入苏打粉、水、蛋清、生粉等，能令较老韧的原料变得柔嫩的一种上浆种类。

1. 苏打浆的配方

以蚝油牛肉为例：牛腿肉250 g、水100 g、蛋清20 g、干淀粉12 g、酱油10 g、白砂糖5 g、苏打3 g、黄酒10 g、精制盐4 g、花生油7 g。

2. 苏打浆的致嫩原理

苏打浆多用于质地较老的牛肉，故以名菜蚝油牛肉为例。蚝油牛肉的烹制要点：传统蚝油牛肉的操作分为选料、刀工处理、上浆、静置、滑油、炒几个过程。应注意以下七点：

第一，选料应选质地较嫩、无筋衣的牛瘦肉。

第二，刀工处理应顶丝缕将牛肉截切成片，旨在改变纤维组织的连续性，使之不对牙齿构成大的阻力。

第三，上浆时加酱油为遮牛肉成熟后的灰白色，加盐能使牛肉吸收水分，因为蛋白质溶解于2%～3%的盐溶液，糖能抑制苏打的涩味。

第四，蛋清和生粉，蛋清的黏性正好能使生粉黏附在牛肉表面。

第五，上浆时要加苏打粉，苏打是一种弱碱，它能使偏酸性的牛肉的等电点偏向于碱性，等电点偏移的结果是使牛肉蛋白质分子的水化层增厚，吸收水分。浆后还可加些油，一方面便于滑油时轻易划开，又能利用油与苏打的碱发生皂化，以取代涩味，还能防止粉层的干裂。

第六，上浆后的静置阶段是苏打发生作用的阶段，在4℃左右的环境，蛋白质的水化作用最强烈。

第七，由于苏打是一种碱，它对蛋白质有破坏作用，且自身有一种涩味，因此现在市场上已开始用嫩肉粉来替代。嫩肉粉的成分是木瓜蛋白酶，它与肌肉组织接触后，能切断蛋白质分子的键和链，好比将肉剁了一遍，改变了纤维组织的连续性，从而从根本上改变了肌肉的质感，使肉变嫩。

三、特色腌渍浆料

1. 烤肉浆料

用料：鸡精、磨豉、豆瓣酱、糖、玫瑰卤、干葱、蒜泥、黑椒粉、鸡蛋、姜、麻油。

适用菜肴：炸羊排、烤羊肉、烤狗肉、烤牛排等。

制法：葱、姜切成末，与所有调料一起与原料拌和，静置30 min。

特点：香、咸、鲜、甜中略带辣味，磨豉、豆瓣酱、蒜味较突出。

2. 串烧浆料

用料：食粉、味精、鸡精、柱侯酱、OK汁、沙茶酱、糖、酒、肉桂、蒜泥、干葱、柠檬汁、麻油、生粉适量。

适用菜肴：串烧黄麂柳、串烧野兔肉、串烤羊肉等。

制法：将所有原料与切成厚片状原料拌和，再放下少量生粉拌和，静置30 min后串于铁签上。

特点：香、咸、鲜甜带酸辣，柱侯酱、OK汁、沙茶酱构成非常醇厚的复合美味。

3. 叉烧浆料

原料：白糖、盐、五香粉、沙姜粉、酱油、白酒、味精。

适用菜肴：叉烧、烤排骨、五香狗肉等。

制法：原料切成条状，加所有调料拌和，腌渍 30 min。

特点：咸鲜、香味浓郁、咸中香甜。

4. 滑炒鲜带子浆味

原料：盐、食粉、味精、蛋清、生粉、油。

适用菜肴：滑炒鲜带子。

制法：原料洗净沥干水分，先将食粉、盐、味精拌匀，再放入带子拌和，最后放蛋清、生粉拌匀加油静置 1 h。

特点：质地滑嫩饱满。

5. 煎肉浆料

原料：玫瑰露、吉士粉、姜汁、酒、食粉、嫩肉粉、生抽、鸡蛋、水、生油。

适用菜肴：煎牛柳、煎猪排。

制法：所有调料与加工成形的原料拌和后腌制 2 h，放入生油拌匀。

特点：不仅使原料鲜嫩滑爽，而且使成菜带有鲜咸味及玫瑰、吉士粉特有的香味。

6. 黑椒肉柳浆料

原料：小苏打、盐、沙茶酱、美国豉油、黑椒末、味精、蒜泥汁、姜汁、鸡蛋、水、生粉、生油等。

适用菜肴：黑椒鹿仔柳、黑椒兔肉、黑椒牛柳等。

制法：切成丝、片的原料加料拌和，后加蛋、生粉拌匀，最后加生油进冰箱静置 1 h，随后滑炒或蒸成。

特点：在原料烹调前，先定以美味，渗入肉中，使成品带有黑胡椒特有的香辣味和蒜香鲜醇味。

7. 串烧河鲜浆料

原料：鳝酱、鸡精、蜜糖、干葱、蒜泥、酒、味粉、生粉等。

适用菜肴：串烧鳝鱼、串烧白鳝。

制法：鳝鱼去骨切片后加料腌渍，后加生粉拌匀，穿于铁签上烤或炸成。

特点：成品香味浓郁，鲜咸略甜，滋润肥糯。

8. 香辣炸浆料

原料：大蒜泥、五香粉、盐、辣酱油、绍酒、干辣椒粉、吉士粉适量。

适用菜肴：香辣炸鸡翅、香辣炸鸡腿、香辣炸田鸡腿等。

制法：原料成块状，与调料拌和，最后加吉士粉，用炸或烤制成菜。

特点：蒜香和五香粉的香味非常浓郁，口味咸鲜带辣。

9. **滑炒鲍鱼片浆料**

原料：食粉、嫩肉粉、味精、水、鹰牌粟粉、蛋清、生油适量。

适用菜肴：滑炒鲍鱼片、爆炒响螺片。

制法：将佐料与切成片状的原料拌和腌制，最后加蛋清、生粉及油，静置一定时间后烹调。

特点：能保证成菜滑嫩，光润饱满。

第 5 节　花色菜的配制及菜肴的命名

配菜是将刀工处理好的原料或经整理、初加工后的原料加以有机组合，使之经熟制后能成为一份完整的菜肴。配菜是紧接着刀工的一项程序，是刀工与烹调之间的纽带，是菜肴的设计过程。因此，刀工与配菜亦可统称为“切配”，配菜可分为热菜的配菜和冷菜的配菜。

热菜的配菜程序：原料初加工→刀工处理→配菜→烹调→上席。

冷菜的配菜程序：原料初加工→烹调→刀工→装配→上席。

配菜是一项重要的工作，各种原料合理的配合对于菜肴的质、量、色、香、味、形、营养及成本核算、新品种开发等都有直接影响。配菜的基本知识在《中式烹调师（五级）第 2 版》中有详细描述。本节主要讲述花色菜的配制。

一、花色菜配菜要求

该类菜肴在刀工与原料配合上有独到的功夫，没有高超的技术无法做成色形俱佳，味美而富营养的菜品。要做好花色菜必须注意：严格选择原料，以方便造型上的处理。菜样的图案、形状、色调宜大方、美丽、和谐；因多使用手工操作，故须注意清洁卫生。

二、花色菜的配制手法

1. **叠**

叠是将色、味不同的原料加工成同形，然后隔片重叠，间涂糊状料（如虾蓉），重叠为一个整个。例如，锅贴鱼将鱼片、火腿、猪肉、咸菜叶切成同样大小的长方形，各贴在鱼片双面，片间涂以虾蓉而成。

2. 卷

卷是将有弹性的原料切成较大的长方片，再将色味不同的原料切成细丝或蓉末，分别排在片上，涂以蛋粉糊（鸡蛋加淀粉的糊），滚卷而成。两端可制成各种美丽的形状。例如，三丝鱼卷是在较大的长方形鱼片上，搁置火腿、笋、香菇丝（切得长些，让其从鱼片内露出），卷起鱼片涂上蛋糊使两端合闭，然后蒸或油炸淋汁而成。

3. 排

排有两种。如葵花鸭片，先将鸭肉、蘑菇、竹笋、火腿等不同色彩的几种原料切成厚片，在碗底放一个圆香菇，再将鸭肉、菇、竹笋、火腿片铺于其上，交替排成复瓣葵花形。上面放碎鸭肉，再加调味料，放入蒸笼内蒸熟，伏在盘上扣出，再用绿叶点缀周围即成。另一种是使用一种主料，而将其他原料添在周围，摆成各种图样，如兰花鸽蛋。

4. 扎

扎是将切成条或片的原料，用黄花菜、扁尖丝、海带等扎成一束束的形状。例如柴把鸭，是将去骨加热的鸭肉条，添加火腿条、冬菇条、笋条，外面再以干菜丝扎成束，放入蒸笼蒸成汤菜。又如清汤腰带鸡，是将去骨的鸡肉、火腿、竹笋、香菇切成片，片间开洞，再以扁尖串成，扎结两端，使其状似腰带，添调味料与清汤在蒸笼蒸煮而成。

5. 瓤

瓤以前也叫“酿”，是以一种原料为主，将其他原料填装其中配制成花色菜。如瓤（酿）青椒，先去青椒心，里面涂上干菱粉。再将猪肉、火腿切成蓉状，外加荸荠末及调味料，搅拌均匀后放入青椒内。再放入锅中油煎后加汤烧成。

6. 包

包是将鸡、鱼、虾、猪肉等嫩软无骨的原料切成片或蓉，包在网油、蛋饼或莲叶中，加热制成花色菜。如鱼皮馄饨，先去大黄鱼骨，再切成大丁，蘸上菱粉，用擀面棒敲成薄皮，再将已调味的虾仁作馅心，包成馄饨形，氽熟。

三、菜肴的命名

原料切配以后，给菜肴起什么样的名称，不仅关系到菜肴的营销，也体现出厨师对整个菜肴操作过程的理解及厨师的素养。尤其是一些创新菜，有一个好听响亮又切合实际的名称确能为菜肴增添光彩。中国菜的种类繁多，菜肴名称非常复杂，但从较常见的菜肴名称中，可归纳出以下几种菜肴命名的方法。

1. 在主料名称前加上烹调方法

这种命名方式直接明了，使人们一看就知道整个菜肴的内容与烹调方法。例如：煮干丝、干烧明虾、生煸草头、软炸口蘑、清蒸鲥鱼、粉蒸肉。凡是烹调方法较具特色的菜肴，可用此法。

2. 主料前加调味料的种类或调味法

这种命名法，可让人对于菜肴的味道一目了然，例如，糖醋排骨、椒盐蹄膀、蚝油牛肉、咖喱鸡、鱼香腰花、盐水鸭。

3. 在主要原料前加表示色、香、味、形的特征

此命名法适用于色、香、味、形皆具显著特色的菜肴，例如，雪花鸡、芙蓉鸡片、香酥鸭、脆鳝、怪味鸭、兰花鸽蛋、蝴蝶海参。

4. 主配料同时出现在菜名中

这种方法中配料常出现在主料前，突出了配料的重要性，例如，虾子蹄膀、洋葱猪排、蛤蜊鲫鱼。

5. 烹调方法加上原料色、香、味、形的特征

这种方法可显示原料色、香、味、形的特征，使人借以辨认所使用的原料。例如，油爆双脆（双脆指两种脆物，即鸡肫与猪肚）、糟溜三白（三白为鸡肉、鱼及竹笋）、炒三鲜（三鲜指鸡肉、鱼肉、猪肉）及清蒸狮子头。

6. 在主料前加地名

此种命名法点明菜肴的起源地，适用于家乡风味浓厚的菜肴。例如，闽生果（福建干果名肴）、成都蛋汤、宁蚶（宁波蚶食）、西湖醋鱼。

7. 将主副料及调理方法的名称全部排出来

此种起名法极为普通，用于一般菜肴，由名称可以获悉菜肴的全部内容。例如，豆豉扣肉、咸鱼蒸肉饼、香肠蒸鸡、芹菜炒牛肉丝、干菜烧肉。

8. 特殊盛器加上用料

这种方法旨在突出盛器。例如，铁锅蛋、锅仔鲈鱼、砂锅大鱼头等。

除了以上几种菜肴的命名法外，还有些带有艺术性的名称，如孔雀开屏、推纱望月、松鼠黄鱼、小鸟明虾等。这些菜肴的名称常能带给顾客一种艺术美感，使饮食充满情趣。

思考题

1. 简述制汤的作用、方法及制汤的关键。
2. 干货原料的涨发有哪些要求？涨发方法有哪几种？
3. 烹饪原料冻结的原理是什么？解冻时影响汁液流失的因素都有哪些？
4. 脆浆糊如何调制？其中包含了什么原理？
5. 简述花色菜的配制要求、手法及菜肴的命名方法。

第6章

热菜烹调方法

烹调方法就是把经过初步加工和切配成形的原料，通过加热和调味，制成不同风味的菜肴的操作方法。烹调方法是烹调技艺的核心，它造就了中国菜肴的各种风味。

第1节　炸、汆、油浸

一、炸

以油为导热体，原料在大油锅中必经高温加热，成菜具有香、酥、脆、嫩的特点，不带卤汁，这种烹调方法就是炸。炸的火力一般较旺，油量也大。油与原料之比3∶1以上，炸制时原料全部浸在油中。油温要根据原料而定，并非始终用旺火热油加热，但都必须经过高温加热的阶段。这与炸菜外部香脆的要求相关。为了达到这一要求，操作往往要分两步，第一步主要是使原料断生成型，所用油温不高；第二步复炸，使外表快速脱水变脆，则要用高油温。炸菜从油锅中捞出即成，可以跟调味碟供蘸食，但一般没有另外调味的程序。

1. 炸的特点

（1）炸能使成品具有外脆里嫩的特殊质感。炸所必经的高油温阶段指的是七八成油温，即200℃以上。这个温度大大高于水的沸点100℃，悬殊的温差可使原料表面迅速脱水，而原料内部仍保存多量水分，因而能达到制品外脆里嫩的口感。如果炸制前在原料表层裹附一层粉糊或糖稀，或者将原料蒸煮酥烂再炸，表层酥脆、里边酥嫩的质感可更突出。

（2）炸能使原料上色。高温加热使原料表层趋向炭化，颜色逐步由浅变深，由米黄而金黄而老黄而深红色、褐色，如果不加控制地继续加热，则原料可完全炭化而呈黑色。颜色变化的规律是油温越高、加热时间越长，颜色转深就越快。同时，颜色还与油脂本身有关，油脂颜色白、使用次数少，原料上色就慢；反之则快。炸菜所取的颜色应该在金黄色到老黄色之间。

2. 炸的分类

根据原料在油炸前是否挂糊，将炸分为清炸和挂糊炸两大类：

（1）清炸。清炸是原料调味后，不经糊、浆处理，直接入油锅加热成菜的一种炸法。清炸菜的特点是本味浓，香脆鲜嫩，耐咀嚼。清炸菜的脆嫩度不及挂糊炸的菜肴，但是，在炸制过程中，原料脱水浓缩了原料的本味，又使纤维组织较为紧密，加上它的干香味，使菜肴具有一种特殊的风味。

1）清炸的类型。清炸菜的操作比任何炸菜难度都大。因为没有糊浆的遮挡，原料直接与热油接触，水分大量流失，既要保证原料成熟，表面略带脆性，又要尽可能减少水分的损失，所以对原料的选择、油温的控制和火候的掌握要求很高。用来清炸的原料有两种类型，一种是本身具有脆嫩质地的生料，一种是蒸、煮至酥烂的原料，两者都是动物原料。

生料在刀工处理时一定要大小薄厚一致，因清炸加热的时间不长，稍有大小厚薄不一便可导致焦生不一。原料一般都在炸前调味。酥熟料在蒸煮时已调好味。生料加调料要调拌均匀，并最好能静置一定时间，使其入味。清炸的调料一般较简单，以咸鲜味为主。常用的调料为盐、酱油、黄酒、胡椒粉、葱、姜汁、味精等。

2）清炸的要点。油炸时的油温和火候掌握是清炸菜成败的关键。首先，清炸的油锅要大一些，便于油锅能较恒定地传导高温，使原料表层迅速结皮结壳，防止原料内部水分大量流失，这样，制品才能达到外脆里嫩的要求。结皮越早越快，就越能保嫩。清炸几乎都用急炸。原料形体较小，质感又较嫩的，应在八成左右油温下锅，下锅后即用手勺搅散，防止粘连在一起。约炸至八成熟捞出，待油沸热时，再下锅，炸几秒钟，里边成熟即捞出装盆。形体较大的原料，要在七成左右油温下料，让原料在锅中多停留一些时间，待基本成熟，捞出，烧沸油再下锅复炸一下。如果原料较多，油锅相对较小时，可沸油下锅，待油温下降，即捞出，升高再投下，如此反复几次，到原料外脆里熟即可。酥熟的原料油炸时，不但油量要大，且油温要更高，可在八九成热下料，如油温不能始终保持在八九成热，可捞出，待温度升高再炸。清炸菜的颜色一般为金红色或棕褐色。代表菜有炸菊花肫、香酥鸭等。

（2）挂糊炸。原料裹附上油淀粉、蛋等原料组成的糊浆再入油锅加热，成菜外脆里嫩、色泽金黄的一种炸法称为挂糊炸。脆可分为脆硬和酥脆两种，嫩也有软嫩和酥嫩之别，而其区别则由所挂糊种不同和原料本身质地差异决定。据此，把挂糊炸分为脆炸和酥炸两种。

1）脆炸。脆炸是原料经调味、挂糊，其烹制过程必须经过高油温加热阶段，成菜外脆里嫩的一种炸法。大多数脆炸菜肴须经两次加热，第一次以中油温使原料成熟（或接近成熟）定型，第二次以高油温短时间加热使原料表层脱水变脆；也有些脆炸菜肴直接以高油温一次炸成。为便于同时成熟，原料要加工得大小厚薄均匀。

①脆炸的特点。脆炸的最大特点是外脆里嫩，即外表糊壳香脆，里层原料鲜嫩。这是因为，脆炸的原料主要是含水量多、质地较嫩、口感鲜美的动物原料，如鸡、鱼、肉、虾等，或水分较多、鲜味较好的植物原料，如蘑菇、香菇等。而挂于原料表面的粉糊经油炸

后结成糊壳，脱水变脆，又有效地阻隔了导热体油与原料的直接接触，减少了原料的水分和营养成分的流失，保证了菜肴的鲜嫩，也提高了菜肴的营养价值。

②脆炸的种类。脆炸菜肴的脆度由所挂糊的种类决定。脆炸所用的糊大致可分为水粉糊、全蛋糊、蛋黄糊、发粉糊、拖蛋拍粉糊。而在原料表面涂糖稀以及用豆腐衣等纸状料卷裹原料，则可以视作挂糊这一方法的特殊的、扩大的运用。以下依次对这几种脆炸作简要的说明。

a. 挂水粉糊的脆炸。这种脆炸也叫干炸。原料一般加工成块状，生料调味后直接加淀粉拌和上糊，油炸后成品外壳脆硬，干香味浓。这种脆炸上粉一般要薄一点。由于淀粉在加热前黏性较差，上糊时糊浆极易薄厚不匀，而使成品表层颜色深浅不一，因此在上糊时原料表面不可过分湿润，可用干毛巾吸去大部分水分后再加粉搅拌，同时要注意搅拌均匀。有些含水分较多的原料，可采取拍干粉的办法，即将上好味的原料放在粉堆里，使之周身滚粘上一层生粉。拍干粉的原料入油锅时，要抖去未黏附牢的粉粒，以减少油锅中的杂质。为使糊壳快速凝固，挂水粉糊的原料油炸时，油温要略高一点，第一次即以六七成油温炸，待原料基本成熟，再用八成以上油温复炸一次，至成品外壳金黄发硬时即可捞出。挂水粉糊脆炸的代表菜有干炸里脊、干炸鸡翅等。

b. 挂全蛋糊和挂蛋黄糊的脆炸。由于这类粉糊中含有鸡蛋成分，成品糊壳色泽金黄，质地酥松，香味浓郁。挂蛋糊一般有直接上糊和预制糊浆再与原料相拌两种。前者依次加原料佐料、蛋、粉搅拌均匀；后者将原料调好味，另取盛器，将蛋与粉调拌成糊浆，待烹制时才将糊与原料相拌，使原料拖上糊，或将糊浇在包卷成形的原料上。淀粉在受热前，吸水性能很差，因此，调糊或搅糊的操作过程中要注意加水量。一般情况下，调味中的葱姜汁、酒及所加的蛋、原料表面的水已足以调成薄厚适度的糊，因此不必加水；如果原料多时，亦可稍加一些水，但应分次少量加入，防止加得过多。蛋粉糊胀性较好，成品膨大饱满，所以原料应加工得略小一些。在实际操作中，往往是原料大批挂好糊储于冰箱，以备随时取出烹调。经过冷藏的原料表面常有干结并相互粘连的情况，在油炸前应加些蛋液（也可加些水或油）拌和一下。此类脆炸也分两次炸成：第一次以中温油使糊浆粘在原料表面形成糊壳，并使原料成熟或初步成熟；第二次以高温油、旺火短时间加热，使表层糊壳迅速脱水变脆，而原料又不至于损失过量水分，确保外脆里嫩的质感。挂这两种糊的代表菜有桂花肉、卷筒黄鱼等。

c. 挂发粉糊的脆炸。这种脆炸也叫松炸、胖炸。粉糊由面粉和发酵粉调成，成品糊壳膨胀饱满，松软而略脆。

首先，原料必须选择鲜嫩无骨的动物原料，加工成的形体也不宜过大。原料先调上味，然后挂调制好的糊。调制发粉糊首先要掌握好稠厚度，以能挂住原料、略有下滴为好。过薄影响涨发，过厚又不易使原料均匀地裹上糊浆。

其次，调糊时要多搅拌，但不能过分搅上劲。面粉加水后，如果使劲搅拌，则其中的蛋白质可形成面筋网络（即“上劲”），这样原料就不易均匀地挂上糊浆；但搅拌过少，又会影响成品的丰满。

最后，制糊时发酵粉应最后放入。因干的发酵粉遇湿面粉即产生二氧化碳气体，如果投入过早，烹制时气体已外逸，成品达不到膨胀饱满的要求；再补加发粉，则因发粉味涩，过量使用而影响成品的口感。挂发粉糊的炸菜烹制时先用中温油，以中小火加热，令糊浆结壳、定型，并使原料基本成熟，随后再用高温油复炸一下。出锅后应立即上桌，因面粉颗粒比一般生粉大，故脱水快，还软也快。代表菜有苔菜拖黄鱼、面拖虾等。

d. 拖蛋黏粉糊的脆炸。这种脆炸，因原料浸蛋液后粘裹的是面包屑、芝麻、松仁等脱水后香脆的粒状料，故亦称香炸。挂这种粉糊的关键是香脆层的粉粒大小要尽量一致，否则极易出现焦脆不一现象；原料浸蛋液再粘上粉粒后，要用手轻轻按一下，以防油炸时散落在油锅中。为使蛋液均匀地附于原料表面，大多数原料调味后要先拍上干面粉。烹制时，油温应介于低温油与中温油之间，一般不宜过高，否则粉粒状料易焦。代表菜有炸猪排、芝麻鱼排等。

e. 涂糖稀的脆炸。糖稀是饴糖的稀释物。这种脆炸利用糖稀易于脱水，炸脆后色泽金红光亮的特点，将糖稀直接涂在原料的表皮，晾干后炸制。这样能使原料表皮脆硬，还软较慢。操作时，饴糖要调得薄厚适当，一般调到能轻易涂上，又有一定稠厚度为好。原料应先晾干或擦干水分，糖稀可以像搽雪花膏一样涂上去或用刷子涂刷，也可以将原料放入糖稀中浸一下捞出。这种脆炸的原料如果形体较大，油炸要先用低温油、小火“养”熟，然后以旺火高温油催炸。代表菜有脆皮鸡、脆皮黄鱼等。

f. 以豆腐衣等纸状料卷裹原料的脆炸。这类炸也叫卷包炸，纸状料外不再挂糊。这些纸状料较易炸脆，且与包裹的原料结合得并不紧密，所以脆度特别好。这些纸状料通常有豆腐衣、春卷皮等。原料要加工得细、小、薄，包形要尽量小，不能散包。油炸时油温可以高一些。代表菜有炸响铃、炸春卷等。

2）酥炸。鲜嫩或酥烂的原料挂上酥糊，油炸之后成品表层酥松，内部鲜嫩或酥嫩，这种炸法称酥炸。

粉糊的调制和油温的掌握是酥炸的关键。所挂粉糊通常由酵面加油、碱水等料调拌而成，还有一种糊是以蛋、面粉加油调制而成。前一种糊油炸之后，糊壳胀发膨松，层次丰富，薄如蝉翼；挂后一种糊的，炸后在脆硬中带酥松。酥松质感的形成，主要是油渗入粉糊，使面粉中的蛋白质不能形成面筋网络；加热时，面粉中的淀粉糊化又吸收不到水分，所以迅速脱水变脆；同时面粉颗粒为油脂包围，使面粉颗粒之间形成空隙，脱水之后，这些空隙便形成了酥脆的质感。酥糊一般较厚，挂上原料时要注意能均匀包裹住，原料的形体也不宜太大，一般以条、块状为宜。配合糊壳特色，原料还应该是酥烂或软嫩无骨的。酥炸上糊操作比一般脆炸菜慢，故原料下锅时，油温不宜过高，可先将原料逐个下锅，待结壳就捞出来。全部原料下锅结壳后，再升高油温，将原料复炸，炸至外表淡黄色、酥脆，原料内部已熟时即可出锅。酥炸的代表性菜肴有奶油酥皮鸡、炸子盖等。

二、汆

1. 汆的概述

原料以油为导热体，大油量、中小火低温加热，成菜柔软鲜嫩，这种方法称为汆。汆与炸很相似，区别在炸有高油温加热的阶段，火一般比较旺；而汆则始终是低油温加热，油温一般不超出四成，也不要求用旺火。这种油锅和温度很适宜原料慢慢浸熟，而又不至于破坏原料的外表形态，既能保证其柔嫩的质感，又带有油脂特有的肥香。汆法还常被用来加工一些果仁原料，使之脱水变脆又不至于焦黑。

2. 汆的分类

汆菜原料的表面一般都有保护层，常见的是蛋泡糊和纸（玻璃纸、糯米纸），据此将汆分为软汆和纸包汆两种。

（1）软汆（亦称软炸、松炸）。软汆是鲜嫩柔软的原料挂蛋泡糊，在低油温的大油锅中慢慢加热成熟，成品外表洁白膨松绵软、内部鲜嫩柔软的一种汆法。蛋泡糊是用鸡蛋清抽打成由无数细小泡泡堆积起来的发蛋加干淀粉调成的。加热后，蛋泡中气体膨胀，使糊壳膨胀起来。由于油温低，蛋清的洁白并不受到大的影响，最多略带米黄色。外表脱水也不严重，所以并不脆。油汆过程中部分油脂渗入蛋泡的空洞中，使菜肴增添一种油香味。软汆要注意以下几点：

1）软汆菜以软为最大特点。因此，原料选择特别强调质地鲜嫩或软烂，颜色浅淡。常用的原料有鱼条、鸡条、明虾、香蕉等。这些原料还特别强调形体要加工得大小一致。原料加热时间不同，成菜色泽也必然不同。

2）加淀粉适量。蛋泡糊抽打起来后，加淀粉是一个关键。淀粉遇热糊化，脱水变硬，倘若数量过多，势必影响成菜质感；倘若加粉太少，则会使蛋泡缺少支撑，原料难以挂上糊，油汆时也易脱糊，令菜肴难以成形。蛋泡加粉后还不宜多搅拌，调匀即好，否则容易使小气泡连成大气泡，最终化成水。糊调好后原料应立即拖糊入油锅，搁置久了，蛋泡糊也会化成水。挂糊也用筷子夹住已经调味的原料的一端，在糊碗里拖过，使之均匀地裹上一层糊浆，下锅前还应在碗边擦一下，去掉往下滴落的“尾巴”。

3）油锅要大。油与原料之比最低也要在5∶1左右，宽阔的油面能避免原料相互接触、粘连。油温一般掌握在三四成左右，原料下锅时甚至可更低些，一般以中火或小火慢慢加热，原料浮在油面也不能多加拨动，要待其外表的糊结壳，并有一定“牢度”，而里边生料已熟、熟料已热时，即可出锅，盛装后快速上桌，以防糊壳缩瘪。

4）调味偏淡。软氽菜除原料为甜品外，咸鲜味的品种应注意调味偏淡一些，以服从洁白、松软、清淡的总体特色。软氽的代表菜有软炸鱼条、高丽香蕉等。

（2）纸包氽。习惯上也有称为纸包炸的，是鲜嫩无骨的原料调味后包上玻璃纸或糯米纸，在低油温的大油锅中加热成熟，成品外观漂亮、内质鲜嫩的一种氽法。原料以纸包裹，加热后，原汁原味基本不受损失；以纸包料，整齐划一，透明纸包中的原料“历历在目”，玻璃纸表面又有一层油光，营造一种新奇感。其操作要点如下：

1）纸包氽的选料必须是鲜嫩无骨的，且以动物原料为主。植物原料中鲜香味好的香菇、蘑菇有时也被用作配料，其他植物原料除颜色点缀外，一般较少使用。动物原料又以鲜味好、质感细嫩、腥味少的鸡片、虾片、里脊片、鱼片等使用较多。原料的刀工处理应为薄片，配料尤其不能厚，且数量要少。

2）包裹要点。原料的调味要轻。这是因为纸包之后，原料的水分不外溢，外边也没有东西渗透进来，倘按常规调味，口味可能偏重。味型以鲜咸为主，常用盐、酒、味精、糖、酱油、蚝油、生蒜丝、葱丝、胡椒粉、辣油、麻油等调料，其中麻油使用得较多，以使成菜散包后，麻油的香味突出。调味之后，原料不能太湿，因为水分过多不易包纸；也不能太干，否则缺少汁液。一般以比较湿润、包完原料后碗中基本没有余汁为好。

3）包料的纸一般都裁成12～15 cm见方，原料摊平，放于纸的一角，然后再包折起来。玻璃纸一定是无毒透明的那种；糯米纸则一定要注意是否完整，大部分都包成长方形薄薄的一片。此外，要注意两点：一是要包得严实，不使原料中调味汁溢出；二是包好之前，最后一角插进折缝时应留一角露出在折缝外，这样便于食用者用筷夹住露出的一角，稍一抖即能解开纸包。糯米纸只要包严实即可。倘做花色，摆些图案，则应在包折之前，在肉面上摆放好，然后轻轻地包好且每包的做法都应一致。

4）油氽时要强调低温操作。倘油温过高，可能使包内水气蒸发，体积膨胀，使纸包破散。投料下锅时手脚要轻，防止散包。有一种办法是取铁锅先将所有纸包排放锅中，然后沿锅壁注入冷油，再将锅坐火上加热。随着油温逐渐升高，见纸包透明，里边原料一变色即可捞出盛装。在盛装之前，还应沥去油，特别注意沥去滞留在纸包缝隙里的油。纸包氽较为有名的菜肴有纸包鸡、纸包明虾等。

三、油浸

1. 油浸概述

原料以油为导热体，用大油量浸熟原料之后，再另外调味的一种烹调方法。原料在热油中下锅，旋即离火。将原料焐熟，捞出装盘，再另外调一鲜咸味的卤汁，浇淋原料之上，成菜鲜嫩柔软。油浸的原料主要是鱼类。热油下料，能使鱼皮一下收缩，除去部分血腥味，阻挡鱼体内的水分大量流失。原料下锅时油温一般在5～7成，待其缓缓降温到100℃左右时，原料已熟。鱼肉中没有外来水分的渗入，只有黏附身上的少量油脂，所以本味很浓，又带一点肥香味。油浸出来的鱼，较之水中煮或蒸汽蒸熟的鱼要鲜美滑嫩，口感更好。

2. 油浸的操作要点

油浸鱼，一般事先并不调味，以防咸味调料的渗透作用挤压出水分，使肉质发硬。鱼体一般不能选择过大或过小，以500～1 000 g之间为宜。鱼体过大，一来质老，二来也难以成熟；鱼体过小，缺乏鲜味。一般整条的鱼，在肉厚处应剞上一些刀纹，但切忌剞得太密，以防水分大量流失。应注意以下两点：

（1）油锅宜大。一般油与原料之比在4∶1以上，倘限于条件，料大而油量不够多时，也可在油浸时以微火保温。但基本条件是油能浸没原料。原料下锅后可不必翻动，为了保温还可以盖上锅盖。

（2）调味准确。原料浸熟之后，应马上捞出，沥干油。随后浇上卤汁。卤汁的调味品通常是酱油、盐、胡椒粉、酒、味精及水。调味可略咸一点，因为鱼体没有咸味，卤汁也要浓一些，不能加水太多。浇上卤汁后，再将葱、姜丝放在鱼体上，浇上一些沸油。油浸菜的代表菜有油浸鳜鱼、油浸鲳鱼等。

第2节　爆、炒、煎

一、爆

爆是脆性原料以油为主要导热体，在旺火上，在极短的时间内灼烫成熟，调味成菜的烹调方法。脆嫩爽口是爆菜的最大特点。爆的油量一般与原料之比为（2～3）∶1；属中等油量。烫爆时油温很高，通常在八成左右。原料入锅后，水分来不及汽化，通常都会发出爆裂声，“爆”名源于此。爆与滑炒很相似，都是旺火速成，区别是爆在加热时油温更高，有些爆菜在油爆前原料还要入沸水中烫焯一下，让剞的花纹绽开，马上入油锅。因为爆的制法选用脆性原料，所以成菜质地脆嫩；而滑炒的成菜质感是滑嫩。

1. 爆的操作关键

（1）要选用新鲜、脆嫩的原料。爆菜的原料都是动物原料。所谓脆嫩指成熟后的质感，并非生料即如此。生料时一般都属韧性料。爆菜操作速度快，外加调味一般都比较轻，以咸鲜为主，故原料一定要新鲜，体现出本质美。常用的原料有肚尖、鸡肫、鸭肫、墨鱼、鱿鱼、海螺肉、猪腰、黄鳝等。

（2）原料一般都经剞花刀处理。剞花刀处理除了使原料成熟后外形漂亮以外，就烹调操作来说，它很好地适应了爆的加热特点。经剞制的原料，外形似块，而实际上却是丝和粒，因此，在高温中一烫即熟，缩短了加热时间，保证了脆嫩度。经剞制后的原料必须做到块型一致，剞纹深浅与行刀距离一致，保证所有原料在相同的加热时间里同时成熟。一般要求一盘中所有的原料剞一种花刀，以求整齐美观。

（3）正确掌握火候和油温。爆的全过程基本都要求用旺火，尤其是烫焯的水锅，水锅内的水要多，火要旺，要保持剧烈沸腾，这样放在漏勺中的原料放水中一烫，骤遇100℃，原料收缩，使剞制的花纹爆绽出来，也使原料加热到半热，为油爆的快速致熟创造条件。

要用旺火，一定要等油面冒青烟，油温在八成以上才下料。油锅不宜太大，如油的数量数倍于原料，烧热后原料下锅温度降低不多，可能灼焦原料或破坏原料的质感，形成外焦里艮的现象。一般中油量的油锅，原料下锅后，油温略微下降一点，正好使热量能传到里边。油锅温度较高，原料入锅后要快速搅散，防止原料骤遇高温，黏结在一起，出现外熟里生的现象。油爆之后，在炒和调味时，火力可以稍微减弱一些。一般爆菜，都有蒜、葱、姜、香菜等炝锅这一环节，这时若火过大容易使这些小料烧焦。操作时，往往把锅离火，拿在手里下小料，待香味透出，即下料烹汁翻炒。

（4）兑汁用料恰到好处。爆菜源于山东、北京，正规的操作法都取兑汁调味。爆菜的快速操作一气呵成特点也要求调味阶段越快越好，兑汁调味无疑是最合适的。爆菜有勾芡和不勾芡两种，都取兑汁法。勾芡的，下芡粉的量要准，泼汁入锅时一定要辅以快速搅拌和颠翻。油锅爆熟原料之后，锅底的温度大大高于滑炒中滑熟原料之后温度。动作一慢，就可能导致芡粉结团，包裹不匀。同时，兑汁时添加的汤汁数量要准确。一般爆菜都要求卤汁紧包原料、明油亮芡。汤汁太多、太少都不能使菜肴达到要求，而且当兑汁泼下后，发现太多或太少，已无法补救了。没有芡粉的兑汁，汤汁可适当多一些，要考虑快速挥发的因素。成菜的汤汁也不能多，以吃完主料盘中还略有余汁为好。爆菜原料多为剞制花纹的块状，形态一般较大，兑汁中不加芡粉的爆菜，兑汁时，口味应重一些。有些爆菜为了强调蒜、香菜等香料的特有味觉，有时直接将这些香料剁成泥，放在兑汁中而不经煸炒。

（5）底油不能多。传统的爆菜，原料都不上浆，成熟后表面光滑，芡汁较难裹附上去，一般通过下芡略重，多加颠翻来包裹卤汁。底油一重，就更增加了包卤的难度，卤汁包裹不上的话，菜肴的色味形均受影响。待卤汁包上以后下披油也不能多，且千万不能多加搅拌和颠翻，否则极有可能将卤汁“洗”下来。一般可沿锅壁淋少许油，旋一下锅，颠翻二三下马上出锅装盘。油遇锅壁，提高了温度，增加了光亮度，旋锅等于是研磨一下，光亮更好。

2. 爆的应用

爆的应用，主要体现在选用的调味料及组成的味型上，传统的爆法有盐爆、葱爆和油爆三种。

（1）盐爆。盐爆也叫芫爆。制法是在兑汁调味中加入芫荽末或段，成菜强调鲜咸爽脆带有芫荽的香味，不勾芡。

（2）葱爆。葱爆则加葱，它和盐爆的操作关键与油爆相似。

（3）油爆。油爆也叫蒜爆，是所有烹调技法中操作程序最多、操作时间最短的一种技法。全部烹调过程要分为焯（有的叫烫、冒、飞水）、炸（有的叫氽、爆、过油）、炒三个步骤。三个步骤连续操作，一气呵成，瞬间完成。特别是水焯和油炸，时间更短，都不超过2～3 s。如果功夫不到家，动作稍慢，出锅稍迟，菜肴就会发“皮”（即发艮、发韧）、变老，咬嚼不动，失掉爆法“脆嫩爽口”的独特风格。其操作关键如下：

1）油爆的火力要冲要旺。火力一小，即无法爆制，而且每道工序都是如此（火力要旺），如焯要旺火开水，炸要旺火沸油，炒要旺火热锅，“三旺三热”是油爆的基本条件。

2）油量要适当。油爆的油量要相当原料的两倍左右，即属于中等油量，油量不足，会影响到爆菜的风味。

3）油爆所用的原料本身质地均要具有一定的脆性组织，如猪肚、鸭肫等。但同样是脆性原料，性质也有区别，形态、大小也有所不同，应按不同情况处理。

4）原料大小一致。在刀工处理上，一般来说，薄厚、大小、粗细一致，并且要剞上花刀，便于均匀受热和入味。如果“刀口”不合质量，不但操作困难，还会发生生熟不均的现象。

5）事先兑汁。为了争取时间，调味品都要事先兑好“碗汁”，在水焯、油爆后，入锅颠炒时，迅速倒入裹上。油爆菜的挂汁要求极高，第一，调制“碗汁”时，淀粉适当，不多不少；第二，水焯后控水要净；第三，油爆后的油分要去清，在入锅颠炒时，要拿盛料的漏勺，多颠顿几下，滤清原料所含的油分，才能落锅裹汁；第四，最后淋入明油，不宜太多。油爆菜在口味上，根据原料情况而定，一般以白色鲜咸为主，但都不能冲淡主味，

有的用糖用醋，但用量很少，俗称“加糖不甜”“加醋不酸”。

二、炒

炒是以油或油与金属为主要导热体，将小型原料用中、旺火在较短时间内加热成熟，调味成菜的一种烹调方法。炒的原料都鲜嫩易熟，除自然小型者外，都须加工成片、丁、丝、条、球、末、粒、蓉等形态，这是使原料在较短时间内成熟的先决条件。以油作为主要导热体的，油量也不大，其与原料之比为（2～3）：1之间；油温一般也不高，在五成（约150℃）以内。在以油导热使原料成熟之后，往往还有一个快速调味的过程。炒的有些方法用油量极少，油能遍布锅底，略有多余即行，一般每500 g原料用油100 g左右，最多不能超过200 g。在这种情况下，实际上是油与金属同时作为导热体，而且热量的传导更多的是依赖金属锅底，油则除导热外主要起润滑和调味的作用。炒菜的加热时间较短，原料脱水不多，成品鲜嫩滑爽，但不易入味，因此，除了以一些强调清脆爽嫩质感口味的蔬菜菜肴，一般都要勾芡。

根据炒的加热特征，可分为滑炒和煸炒两种。滑炒以油作为主要导热体；煸炒以油与金属作为主要导热体。

1. 滑炒

经过精细的刀工处理或自然形态的小型原料，在温油锅内加热成熟，再拌炒入调味料，成菜滑爽柔嫩，卤汁较紧。这种烹调方法就是滑炒。滑炒的原料大多数都需上浆。滑炒所用的原料都是鲜嫩的动物原料，如鸡、鸭、鱼、畜肉、野味等，且都选用其中最嫩的肌肉部位。这些原料又大多加工成丁、丝、片、粒等形态，扩大了与导热体接触的面积，在加热时极易流出水分而卷缩变老，因此，滑炒前多需上浆。上浆适当与否，对成菜质量至关重要。

（1）第一个过程——滑油→加热成熟。将原料在温油锅中划散加热至断生或刚熟的过程叫滑油。滑油的关键如下：

1）滑油前必须将锅洗干净，烧热，并用油滑过。锅烧热，能使锅底的水分蒸发干净，用油滑过，可使锅底滑润，防止滑油时原料粘在锅底。烧锅搪油时，锅也不能烧得太热，否则原料入锅沉入锅底后骤遇高温，也会使原料黏结锅底。倘若遇到锅已烧得太热甚至发红了，可以离火用油多搪几次，使锅壁冷却至适宜的程度。

2）下料时要掌握油温的变化情况。下料时的油温，其可变因素为：原料的数量、油的数量、火力的强弱，加上原料本身对油温的要求。火力强，原料下锅时油温可适当低些；原料数量多，油温应高些；原料形体较大或易散碎的，油温应低些。具体说来，容易划散且不易断碎的原料可以在四五成油温下锅，如牛肉片、肉丁、鸡球等；容易断碎形体又相对较大的原料如鱼片，则应在二三成油温下锅，且最好能用手抓，分散着下锅；一些丝、粒状的原料，一般都不易划散，有些又特别容易碎断，可以热锅冷油下料，如鱼丝、鸡米、芙蓉蛋液等。

3）下料后要及时划散原料，防止脱浆、结团。油温过低，原料在油锅中没有什么反应，这时最易脱浆，应稍等一下，不急于用手勺去搅动，等到原料边冒油泡时再划散。油温过高，则原料极易黏结成团，遇到这种情况，可以端锅离火，或添加一些冷油。划散原料时，那些不易碎断的，用手勺动作可以快速一些，一般是在锅中划顺时针圆弧；那些容易碎断的，则要用铁筷子或竹筷子，动作要轻缓。

4）划散的原料要马上出锅，并沥干油。形态细小的原料不太容易沥净油，要用手勺翻拨几次。倘若沥油不干净，很可能导致在炒拌和调味阶段勾不上芡，严重影响菜肴的质量。

（2）第二个过程——炒拌→定味、定色、上光。炒拌是滑油炒的最后一道工序，就是将经过油滑的原料与调味料拌和并勾芡。滑油之后，原料已基本成熟，因此，炒拌的速度越快越能保证菜肴的嫩度。炒的目的是定味、定色和上光。除个别菜外，滑炒菜的口味主要由“炒”时调味决定。所加调味的颜色实际上也是成菜的颜色。勾芡则除了使调味汁黏附在原料上外，还可增加菜肴的光泽。炒拌的操作关键如下：

1）火要旺，速度要快。火旺锅底热，能使淋下的芡汁快速糊化，颠翻后包裹原料表面，缩短“炒”的时间；并且，油遇热光色更好，底油或拔油遇锅壁加温，使菜肴油光明亮。

2）调味要准。炒菜一般都是一次性投料，如果加加减减势必拖延“炒”的时间，所以投入调味料的准确性至为重要。芡汁的包裹要均匀，厚薄要恰当。

3）用油恰到好处。许多滑炒菜在炒拌前先要煸香葱、姜、蒜（炝锅）或某些其他调料，这时用油不宜过多，否则可使芡汁结团而包不上原料，其原因是过多的油阻隔了芡粉与水的接触而糊化不均匀，加上原料表面如裹上了过多的油脂，芡汁也较难包裹上去。芡汁的薄厚与粉液（即淀粉与水的混悬液，行业中均称“湿淀粉”或“水淀粉”）中淀粉的含量多少有很大的关系，过分稀薄或过分浓厚的粉液都可使勾芡把握不准。此外，下芡后不及时翻拌或翻拌过分，也可影响勾芡效果。“炒拌”时火力较旺，下芡后不及时颠翻炒锅，粉液沉底便可能结团、粘底甚至烧焦。下粉液后，一般要求翻六七下，待芡汁包裹住原料即可淋上少量油（下底油的一般不再加淋油）出锅盛装。若翻锅搅拌次数过多，尤其是淋上尾油后，极有可能将已包裹上原料的卤汁“剥”下来。

（3）勾芡的方式。滑炒下芡即勾芡的方式有三种，即兑汁芡、投料勾芡、勾芡投料。

①兑汁芡。就是将所有需加的调料及粉液一起放在小碗中搅匀，待原料滑熟，底油炝

锅之后，倒入原料即泼入兑汁，快速翻拌即成，一气呵成，速度最快。这种方法一般适用于所用原料不易散碎且数量又不多的菜肴。这种方法对投入兑汁的准确性的要求最高，太多或太少都无法补救。

②投料勾芡。就是将滑熟的原料下锅后依次加调料、汤汁，烧开后淋上粉液勾芡。下芡时汤汁要烧开，粉液要朝水泡翻滚处淋下——淋在汤水里，随后马上翻拌。

③勾芡投料。就是先将所需调味料及汤汁加在锅里，烧开勾芡后再放入滑熟的原料。这种方法多用于容易碎断的原料。应注意下芡前味道必须调准。因为下芡之后就无法补救了。同时，应注意下芡后卤汁的数量是否正好不多不少，一般来说，这种方法芡汁应略薄一些，待原料下锅后，卤汁中部分水分已挥发，芡汁薄厚恰到好处。

2. 煸炒

以油和金属作为导热体，将小型的不易碎断的原料，在旺火中短时间内烹调成菜的方法称为煸炒。它是炒的一种。煸炒的操作过程是将锅烧热搪滑，加少许油（油占原料的1/10～1/5），待烧热冒烟时投下原料，快速翻拌，逐一加调料炒匀即成。煸炒的操作时间很短，它始终在旺火上翻拌，故原料一般形体不大。煸炒的热量传递主要依靠锅底，油主要起润滑和调味作用，油的润滑使得炒时易于变动原料在锅中的位置而使其均衡受热。煸炒时，原料表层一方面溢出一些水分，一方面则吸入部分由调味和从原料表层溢出的水分形成的卤汁，所以许多煸炒菜（例如为了突出其清淡爽脆本味的绿叶蔬菜）不经勾芡，原料也比较入味。煸炒菜的特点是鲜嫩爽脆，本味浓厚，汤汁很少。

煸炒的操作关键如下：

1）应选用质感鲜嫩或脆嫩的原料。素料有绿叶蔬菜如草头、豆苗，以及切成丝、片、粒状的脆性料如青椒、莴苣等；荤料有猪、牛、羊肉及蟹粉等。这些原料经短时间的加热，除去了涩味和腥味，煸炒到刚好成熟，故仍保持其脆嫩或鲜嫩的质感。

2）火要旺，锅要滑，翻拌要快速。火旺势必要求动作快速，锅滑则是原料在锅中不断翻动的必要条件。尤其是一些蓬蓬松松的绿叶菜，要在旺火上，在很短的时间内使其每个部位都与铁锅壁接触到，其翻拌的速度要求可想而知。倘动作稍慢，极有可能烧焦；若炉火不旺，则又可能使成品发韧。翻炒时执锅的手与拿手勺的手要密切配合，一边一刻不停地颠翻，一边以手勺帮助原料不断翻身。烹制煸炒菜时铁锅始终拿在手上，如果发现火力太猛，也可以执锅稍稍离火；如果油太热，除了换冷油外，也可以在下料的同时加些水（指煸炒叶菜）。一般煸炒动物原料，火可不必过分旺，油温也可稍稍低些，以便于原料丝粒分开、香味透出，并促使调料渗入原料或附于原料表面。

3）不同性质的原料合炒，要分开煸后再合炒。比如韭菜炒肉丝、青椒炒肉丝，肉丝与韭菜、青椒丝就该分开煸，调味时才合在一起。这是因为韭菜和青椒在旺火上稍加煸炒即成，而肉丝煸炒火不能太旺，否则就会结团，倘若两种原料混合在一起煸，则会互相影响，韭菜、青椒可能太熟，失去脆嫩质感，而肉丝还没分散成熟。煸炒的代表性菜肴有生煸草头、回锅肉等。

三、煎

煎是以油与金属作为导热体，用中火或小火将扁平状的原料两面加热至金黄色并成熟，成菜鲜香脆嫩或软嫩的一种烹调方法。煎用油不多，油不能淹没原料，原料一律都是扁薄状的，因此加热要一面一面进行。因为油与锅底同时作为导热体，所以能在很短的时间里使原料表层结皮起脆，以阻止原料内部水分的外溢，使菜肴达到外表香脆或松软，内部鲜嫩的特色要求。从理论上说，煎制品与炸制品在质感上应有相似处，但由于油炸时原料完全浸没于热油中，煎制则一面一面进行，所以两者还是有一定的差别。炸菜表层质感一般为硬脆或酥脆，而煎菜表层多为松脆或软中略脆；炸菜原料以条块大只较多，而煎菜则一律为扁薄状，小到金钱状，大到大饼状；在香味方面，煎菜较炸菜浓郁。有的煎菜在煎制完毕后要淋上一些酒、辣酱之类的调味品。

1. 煎菜的特点

（1）煎的原料只有单一主料，一般没有配料。有的即使用一些配料，也不能同主料混合一起来煎，而是另做，也只能做主料的“围边”，起衬托和美化的作用。严格地说，它不能成为菜肴的组成部分。主料单一，是煎法的一个重要特点。

（2）煎的主料一般都是加工成为扁平形的片、块、段状，面积大而又不太厚。煎制泥蓉丸形（如南煎丸子），也要在煎的过程中，用手勺把它压成扁平圆形。否则，不易煎到内外俱熟。主料必须加工成扁平形状，是煎的第二个重要特点。

（3）事先调味。煎的主料大多数都要先用各种调料，如料酒、酱油、盐、味精以及葱，浸渍入味，泥蓉主料也要加入各种调味品等搅拌均匀。煎制菜肴大都是预先调好主味，在加热过程中，一般不再调味（有的调些辅助味），成熟上桌，另跟调料。但也有一些品种需烹汁、浇汁的。

（4）煎的主料有些要挂糊。挂糊的方法有两种：一种是片、块、段的原料，直接放入糊内（干粉糊和鸡蛋糊等），用手抓捏均匀，全部挂上；另一种是煎制以前，再涂抹或蘸一些面粉或干淀粉等。泥蓉原料在调搅制成丸形后，均匀抹上或蘸上浆糊。

（5）讲究质感。煎制菜肴，总的口味质感要求是：外香酥（脆），内软嫩（滑），无汤无汁，甘香不腻，质感近似炸制品，但酥脆性较炸制品略逊，而软嫩度不比炸制品高，形成了煎菜的独特风味。

2. 煎的要点

（1）原料要加工成扁薄形状。原料加工成扁薄形状且薄厚必须一致，这是保证原料在短时间内成熟、形成煎菜特有质感的前提。煎以动物原料为主，植物原料中往往嵌、夹、包有泥状的动物原料。动物原料要批切得大而薄，最好还要用刀背排敲一遍，再用刀面拍平、拍松原料的肌肉组织。植物原料夹动物原料的，应稍薄一些，便于成熟。原料中还有一类是将动物原料加工成泥，做成丸状，这些原料入锅后可用锅铲将丸子压成扁薄的饼状。

（2）煎菜大多经挂糊。有些剁成泥状的原料也加淀粉和蛋，起到松嫩和粘连的作用。挂的糊大多是蛋糊，即由全蛋或蛋黄加干淀粉调制的糊。近年来，有的地方从西菜中引进糊种，拍粉拖蛋液。即先在原料表面拍上一层干面粉或干淀粉，随后放在蛋液中一浸即入锅煎制。这种方法煎制成品香味浓，表层质感软嫩，色泽金黄，颇具特色。一般全蛋加淀粉的糊浆，油煎后比较松嫩带脆。操作时要特别注意糊均匀。有些原料已成薄片状，不能多加搅拌，否则上糊时极易出现薄厚不均的现象。上糊的方法可以先调好糊，把原料在糊中拖过，使之周身粘满糊；另一种办法是将原料平置，将糊涂上。如果原料不易碎断，还是逐样加料，搅拌上糊为好，这样最能均匀。剁成泥状的原料做煎菜，要注意加粉不能多，粉多势必影响菜肴的口感，应多加搅拌，搅上劲，使之表面光滑，外观漂亮。

（3）在加热之前调味。对于煎菜，煎制完毕，即告烹调结束。因此，它的调味阶段都在加热之前，亦即上糊之前都要上味。煎菜的调味较简单，绝大多数是鲜咸味的，所用佐料主要有葱姜汁、盐、酒、胡椒粉、味精等。因为原料呈扁薄状，也应注意上味均匀，并且最好在上味之后，略微静置一段时间，使味浸入。所调之味一般为满口略少一点，因为煎菜以干香鲜嫩为主要特色，适宜佐酒，口味以清淡一点为好。

（4）煎制时要注意掌握火候。原料薄，火应旺；原料厚，火应小些。但不管什么原料，下料时火都该旺一些，油要稍热一些，以便于表层结皮，起香保嫩。煎的时候油不能多，始终保持一面在加热时，另一面暴露在油的表面，这样一是便于香味散发；二是煎脆的表层有可能吸收部分水分，变得柔软一些，形成煎菜特有的质感。

（5）重视对制品的预制。肉类原料如猪排、牛排等，下锅煎制后，因原料结缔组织的收缩，使肉质坚韧，不容易嚼碎且又妨碍消化，故原料在刀工处理时，应用刀背将肉排打、拍敲，使结缔组织离散，也就是将肉内的那些小筋斩断然后进行制作。其制作方法是：先将排打好的原料修理整齐，用盐、味精、胡椒粉和料酒浸渍片刻，两面蘸干面粉，在打匀的鸡蛋液里拖匀，然后再在蛋液上均匀地蘸匀一层面包屑，即下锅煎制，其制品外松酥里软嫩。对于鱼类制品，因鱼肉的结缔组织较少，而且肉质松散，加工时不需排打、拍敲，一些较大的原料需去骨去皮，一些原料如小鱼或带鱼则不需去骨去皮。鱼肉原料用调味料浸渍后，有的采用在原料上挂打匀的鸡蛋液下锅煎制，有的则采用在原料上撒匀干生粉，直接下锅煎制。经加热后的鱼肉组织离散，容易破碎，所以煎制时一定要掌握好锅底的油量及温度，尽量保持制品完整，保持鱼肉的鲜嫩。

（6）根据不同原料，采取不同的煎制方法。例如蛋类制品的煎制，因蛋白质遇热凝固较早，油量不需太多，但要掌握好火候，使制品定时翻身。一些蔬菜类制品的煎制，大都将原料切成片形，两片薄料不离断，在中间酿以拌好的馅心，然后挂一层薄薄的蛋粉糊下锅煎制。一些饼形丸子类的煎制品，应先将原料斩碎成蓉，加鸡蛋、淀粉、调味料拌匀后，制成丸子或肉饼直接下锅煎制。

第3节　烧、焖

一、烧

原料以水作为主要导热体，经旺火→文火→旺火三个过程的加热，成菜具有熟嫩的质感，这种方法叫烧。烧的第一过程旺火加热，主要指原料入锅的初步熟处理，如煎、炸、煸等，这种加工旨在对原料表层进行处理，一般加热的时间较短；第二过程是添汤汁转为中小火加热，使原料成熟、令调料融合，定色、定味（时间在15 min左右）；烧的第三过程旺火是用于收汁、勾芡。

1. 烧的操作方法

烧的操作主要是要掌握好三个过程：

（1）烧的第一过程——表层处理。绝大部分的烧菜，在焖烧前原料都经表层处理。有些熟料、半熟料，其本味已基本定型，有些本身具有特殊美味的原料，可以不经过煎、炸、煸的过程而直接加汤水焖烧，或者在汤水中再加些底油。这种原料入锅方式也叫落汤烧。用于烧制的原料，虽然在表层处理过程中也用煎、炸、煸等烹调方法，但它同前面介绍的煎、炸、煸方法明显不同，最大的区别是前者只有加热过程而没有调味阶段，而且它们对菜肴所起到的作用也不尽相同。

1）煎。在这里，煎主要是利用金属（锅底）传热快、传递热量高的特点，在较短的时间里对原料表皮进行处理。煎用少量油脂（与原料之比为0.3∶1），油起介质兼润滑起香作用。由于煎法能迅速传递高热量，所以它能有效地破坏原料的表皮，改变表皮原有的性质。煎使表层结成皱皮，起到固表作用，加快成熟速度；去除表皮的水分和腥味，使香气挥发。同时，对于毛糙的表皮，调料较易裹覆、渗入，也为勾芡时卤汁黏附于原料表面创造了条件。取用煎法的原料都是扁平状的，操作时要一面一面加工。用中火或大火偏高油温。因为油少热量高，所以特别强调要锅滑，防止粘底。煎制前锅要洗干净，在火上烧热用油滑过才能下料。下料后要注意旋锅，使原料改变位置，均匀地接受热量，待原料结皮后即可加料焖烧。常见的采取煎法的原料有鱼、豆腐、明虾、排骨等。

2）炸。用作初加工的炸，也主要针对原料的表皮，能去掉原料表层的水分，令表层结皮、毛糙、固表、起香。它与煎有许多共同之处。一般可煎皆可炸。但是，由于炸时原料浸没于导热体油中，油温不及金属高，传热速度也不及锅底快，所以原料结皮速度不及煎，脱水又比煎多。一些腥味重、形体不规则的原料大多取炸法。在炸制时应注意根据不同原料掌握炸制的时间和火力的强弱。原料腥味重又不易散碎的，可在中油温中较长时间加热；原料含水分较多、易散碎的应用大火高油温作短时间加热。采用炸法的原料为整只野禽、家禽或整块豆腐等。

3）汆。所谓汆是原料在低油温、大油量的油锅中用中小火慢慢加热的方法。有时在汆的过程中，油锅里还加一部分水以控制油温。它主要用于蔬菜，比如菜心。一方面叶菜表面黏附油脂后色泽光亮悦人；另一方面蔬菜浸没于油中不像在水中加热，果胶质溶于水使水溢出，外形不挺，经油锅处理的蔬菜能基本保持生时外形，且本味突出，再略加焖烧，成菜外观漂亮，内质酥烂。这种油汆法，行业中也有叫油焖法、油焐法的。

4）煸。煸是原料利用油与金属作为导热体，在大火中快速加热，原料入锅后即不停地翻炒，它与煸炒不完全相同。煸的用油量比煎少，油的主要作用是润滑。在大火中，锅底能迅速传递很高的热量，所以原料必须一刻不停地在锅中变换位置，以防烧焦。锅底的高温能使原料表皮迅速脱水、收缩。这有利于去除部分血腥，便于调料上色入味，也便于勾芡后卤汁裹附表面。取用煸法，原料形状不能大于块，且不易散碎。煸之前，锅也必须刷净、烧热、用油滑过。操作时火要大，颠翻炒锅的动作要快，煸的时间长短应根据原料的特点和成菜要求而定。血腥重的应当多煸一会。块状禽类、鳝丝、部分蔬菜常取煸法。

5）蒸煮。旨在去除原料的腥味，缩短烧的第二过程的加热时间。

（2）烧的第二过程——加热处理。烧的第二过程即中小火焖烧阶段，这个阶段决定了烧菜的质感。菜肴的质感固然取决于原料，但让原料的质感美能充分显现出来，却是焖烧阶段的技术难点。

1）正确加调料。原料经煎、炸、煸（包括直接入锅的）之后，最先投入的应该是佐料，佐料中酒（如果是动物原料）又是要第一个放入的，酒遇油遇热才能产生化学反应，起到解腥起香作用。佐料先于汤水加入能使原料脱水的表面更多地吸收调料味道。对于有色调料如酱油、咖喱粉等还利于上色。加酱油的烧菜一般还要在旺火上收稠一下，令酱油与原料混为一体。加汤水时动作要轻，应从锅壁慢慢加入，待汤水烧开后转入中小火加盖焖烧。

2）焖烧时间恰当。焖烧的时间长短、火力大小，要根据原料质地老嫩、块形大小而定。一般质地老、块形大的原料应多加些汤水用小火多焖烧一会；质地鲜嫩、块形小的原料，可稍微少加汤水，火也可旺些，焖烧时间掌握在原料断生即好。

3）投料要准确。一般情况调料与汤水一定要一次下准，中途追加会将卤汁味道冲淡，严重影响菜肴的口感。汤水添加量应该是焖烧完毕后正够勾芡的卤汁数量。

4）烧菜用汤还是用水应根据原料而定。一般烧鱼类习惯上用清水，以保持鱼味的清鲜纯真，但若用鱼汤烧鱼，可增美味；烧禽类、蔬菜用白汤；烧山珍海味要用浓白汤或高汤。

（3）烧的第三个过程——收汁。烧的第三个过程为收稠卤汁、勾芡阶段。这个阶段是烹调的最后阶段，非常关键。它与菜肴的色光、形态、卤汁长短关系密切。经过中小火的焖烧，原料已成熟或基本成熟，质感已基本定型，所以取旺火旨在使芡汁快速糊化，使卤汁稠浓包裹于原料之上，此时的操作，仍需注意几个关键问题。

1）用大火要有分寸，并非火越大越好。同时旺火还可分级差。一般汤汁多、原料多，火可大一些；汤汁少、原料特别嫩的，火可稍稍偏向中火。这样可避免芡汁糊化过快而结团粘底。

2）下芡要均匀。烧菜大多取用淋芡和撒芡，有些排列整齐或易散碎的原料下芡后不能颠翻炒锅或用手勺搅拌，防止出现结团现象。下芡以后一定要多旋锅或多加拌炒，芡粉汁可调得稍微薄些。淋芡时，可找翻泡处下；撒芡后要马上搅拌。

3）勾芡前底油忌多，因芡粉只对水发生作用，油多使芡汁难收汁。勾芡后披油也忌多。一方面，过多的披油给人带来视觉和口感上的不适；另一方面，浮油过多还可导致芡汁澥掉。正确的下披油方法是将油从锅边淋入，随后旋转铁锅令油沿壁沉底，再稍加旋锅即翻勺装盘。油遇热才能生光，旋锅之后，又经研磨，光色就比较好。这种方法也适用于不易散碎的块状料，搅拌、颠翻倘再辅之以旋锅研磨，光色将更好。应注意的是，加油之后颠翻、搅拌、旋锅次数不能多，否则油被芡包容，便无光泽可言了。

有些菜在勾芡后要以沸油推打卤汁中，除腻起香令卤汁油泡翻腾，如虾子大乌参的卤汁。这种情况应注意勾芡要厚，油要沸热，沸油要分几次打入芡内，同时严格控制油与芡汁的比例，一旦油超出芡汁包容量，油芡分离，将导致菜肴失败。

2. 烧的应用

由于以前对全国各地烹调方法统盘的总结分划工作做得不够，因此，相同、相近的烹调方法各地有不同名称。本书尽可能地将各种烹调方法归成系统，对某些地方性很强的烹调方法，仍保留原有名称，归到各种烹调方法的应用中介绍，包括这种烹调方法的变化形式。

（1）扒。扒为黄河以北地区较擅长，尤以山东、北京、辽宁等地最出名，是讲究成菜原料排列整齐的一种烧法。它强调原料入锅齐整、焖烧时不乱，勾芡翻锅后仍保持切配好的形态。

1）扒的要点。扒的原料较广泛，尤以扒制山珍海味著称。几种原料相配的，讲究大小一致，质地相仿，原料大多是熟料或半熟料，无骨、扁薄。原料切配似冷菜拼摆，下锅时倒扣锅中，要做到不乱不散。烹制时，一般先以葱、姜炝锅，原料入锅加料后先以较大的火烧开，盖上锅盖。为了防止原料散乱，锅盖可小一些，甚至用盘子代锅盖，盖压住原料。随后用中小火焖烧。扒最见功夫处是勾芡和大翻锅。勾芡时需将芡粉淋在水泡翻滚处，并配之以不停地旋锅，旋转原料以使芡汁均匀，待芡汁全部拢住原料时，淋油大翻身，再淋些油即可轻轻脱入盘中。下芡、旋锅、大翻锅应一气呵成。粉液下得细而匀，铁锅旋得轻而灵。原料翻过身来，不散不乱，周身均匀地裹上一层芡汁，油光滑润。

2）扒的种类。扒菜除具备整齐美观的特点外，它的口味比较醇厚香肥，尤其几种原料相配的，诸味融合，形成独特的鲜醇味。山珍海味原料都有高汤相佐，经焖烧后，味道也相当厚实。扒根据所用佐料可分为白扒、红扒、鸡油扒、五香扒等，代表菜有扒熊掌、扒三白、五香扒鸭条、蚝油扒鲍鱼等。

（2）干烧。干烧为四川菜所擅长，指原料烹制完毕后，卤汁收干，菜肴装盘见油不见汁。由于焖烧后收稠卤汁，所以原料一般都较入味。习惯上，四川菜中干烧有干烧蔬菜和干烧水产两类，前者不辣，后者带辣味，但作为一种烧法，特指后者，因为干烧蔬菜与一般烧并无二致。干烧水产调料有规定性，同时又是四川菜的一个固定的味型。干烧的调味有郫县豆瓣、葱、姜、蒜、糟、酱油、糖、醋等，有的还加肉糜。

干烧的难点在于正确下料和收稠卤汁。干烧调料品种较多，先后顺序和投放比例至关重要。一般原料经煎、煸、炸之后，先以油煸葱、姜、蒜和豆瓣酱，至油发红，再放入原料添水焖烧。为防止糟汁粘底，一般煸炒后盛出，待汁稠时再放入，实际操作中，也有预先将糟煸炒后零星使用。醋在出锅前才淋入。由于干烧的调料较多，且又都切成末状，所以焖烧后收汁阶段要注意火候的掌握，一般火不能太大，多旋动铁锅，并且用铁勺不断地将卤汁浇淋于原料表面。干烧类菜肴一般下芡极少或不下芡，收稠至卤汁包上原料即成。代表菜有干烧鲫鱼、干烧明虾等。

（3）红烧、白烧。这是烧的两种最基本的形式。红烧指调料用酱油或其他呈红色的调味品，成菜色泽金红光亮；白烧则以盐作为主要咸味调料。红烧多用于烧制动物原料，白烧常见于植物及水产原料的烹制。菜肴有红烧鳜鱼、白汁鱼等。

(4) 㸆。㸆是东北菜一种常用的技法。它的全过程都是地道的烧，只是最后阶段它不用粉芡，直接以大火收干卤汁，有点类似干烧，但口味并不辣。㸆制菜肴以动物原料为主，代表菜如加吉鱼、大虾等。它的烹制要点是：

1）要注意原料的选择。做菜应选择什么样的原料，这是关系到菜肴质量的重要前提，由于是采用慢火较长时间加热的烹调方法，所以首先应注重原料的新鲜程度和质地是否坚实。比如鸡、肉、虾等原料的选择，应使用体形完整无损、皮面组织光洁、色光反射新鲜、肌肉组织富有弹性的原料。

2）要运用好刀工。如加吉鱼在改刀时，应考虑到便于食用、便于入味的原则，刀纹的距离大些，深度最好拉到贴骨处，两面拉，深度达80%，刀口呈月牙状，这样才能使鱼受热均匀、入味，使鱼体经过加热收缩后刀纹明显，美观大方。

3）注意调料的掌握。如鱼虾和脏腑菜肴可加适量的醋，以除去异味、腥味，但制作肉类和根茎类菜肴可不加醋。

(5) 塌。塌是原料挂糊经油炸、油煎之后加料焖烧，最后收干卤汁。它的全过程与烧基本相同。特殊之处在于原料经挂糊煎、炸后，再烧制使菜肴带特有干香味、金红色泽，以及酥松软嫩的质感，最后收干卤汁，使菜肴比较入味，代表菜如锅塌豆腐、香塌芝麻鸡、松塌长生虾扇等。

1）“塌”的步骤。首先，将大块的原料加工成扁平形状。先用食盐、味精等进行初步调味，然后挂糊（也有个别的不挂糊），下温油锅两面煎黄，或下热油锅炸透，捞出控净油备用。其次，锅内加油50 g烧热，加入食盐、料酒、醋、酱油、蒜片、葱、姜丝等调味品爆锅，并加少量清汤，然后放入经煎或炸过的原料，用微火煨之收稠汤汁，使主料达到酥烂柔软时，淋上香油，出锅装盘。

2）“塌”菜要点。第一，将上述两道操作工序有机地配合在一起。如锅菜，煎时注意色泽鲜黄，不能过老；调味所用的汤汁色泽则要和主料相吻合。第二，要根据原料质地的不同，掌握不同的火候，确定不同的加工时间。易入味、易酥烂的原料，加工时间要短些，既使之达到酥烂，又要保持一定的鲜嫩程度。如果是难以酥烂的原料，时间就要长些，保证酥烂鲜嫩适宜。第三，在操作过程中，一定要用文火（慢火），注意和“煎”区别开来。菜焖烧是将调味的汤汁慢慢滋润到主料中去的过程，切忌火猛。

二、焖

焖是原料以水为主要导热体，经大火、长时间小火、大火加热，成菜酥烂软糯、汁浓味厚的一种烹调方法。焖的操作过程与烧很相似，但在第二阶段小火加热的时间更长，一般在半小时以上，火也更小。经过小火长时间加热之后，原料酥烂程度和汤汁浓稠程度都比烧强，而原料的块形依然保持完整。

1. 焖的操作要点

(1) 选择老韧的动物原料。老韧原料往往比鲜嫩原料含有更多的风味物质，经焖烧析出于汤汁之中，体现原料的本质美。在实际操作中，常用的原料有牛肉、猪肉、牛筋、鸡、鸭、黄鳝、甲鱼、蹄膀等。对于动物原料，一般选偏老的动物或偏老的部位；植物原料取焖法，都是耐长时间焖烧的，如笋。

(2) 要正确运用火候。焖的加热过程与烧相似，第一阶段原料入锅时也用大火，去除原料异味，使原料上色，取用方法也是炸、煎、煸、煮、蒸。第三阶段大火收稠卤汁也与烧相仿，但是，因为经过长时间的焖烧，原料内的蛋白质等物质溶于汤汁中，卤汁浓黏，所以收汁阶段火也不能太大，要多旋锅，密切注意卤汁耗损情况，及时下芡或稠浓卤汁。焖的第二阶段是焖的特色所在，也是关键。要用小火甚至微火加热。烧煤气的可随意调谐；如烧煤或煤球的，有时还要加铁板来控制火力。焖烧过程中要经常晃动铁锅，改变原料在锅中的位置，以防粘底。

(3) 要正确掌握调味品的投放量。焖菜小火加热时间较长，因此一些咸味调料不宜过早加足，以免盐分渗入原料之中，排出水分，原料不易酥烂。有许多焖菜烹制时，在第二阶段加热时先加一部分咸味调料，到收稠卤汁前再补加一些佐料；也有先将原料蒸或煮酥，再加料烹制。另外，焖菜加油也极为讲究，如果是需勾芡的菜，原料入锅时的底油不能太多，以免影响芡汁的糊化；原料含脂肪量多的，焖烧后油脂溢出，也会影响到勾芡。不需勾芡的焖菜要加一定的油脂（行业内叫焖油），以期经过焖滚振荡后油脂和汤汁混合为乳浊液，增强卤汁的浓厚度和黏稠度，使卤汁与原料混为一体。用作焖油的油最好是豆油或猪油。这两种油较易与汤汁混合为乳浊液。所加的汤汁一定要一次加准，半途添加汤汁会冲淡原有浓醇的味感，使菜肴口味大打折扣，甚至出现味道不匀的现象。

2. 焖的应用

常见的焖法有生焖、熟焖、黄焖、红焖、酱焖、油焖等。这些焖法有的着眼于原料的生熟，有的着眼于所用佐料，而油焖，实际就是烧。焖菜多为红色。

有一种焖法颇具特色，即江南一带的自来芡烧。它最大的特征是原料焖烧后不经勾芡，稠浓卤汁达到勾芡的效果。口感甜中带咸，醇厚入味，原料酥烂，成品色泽光亮。其操作要点：第一，自来芡烧原料的选择非常讲究，必须选含胶原蛋白质丰富的动物原料如黄鳝、甲鱼、鱼、猪蹄等。第二，原料要经长时间的焖烧，使胶原蛋白更多地溶解于汤汁中，为自来芡创造条件。第三，下料讲究。为了助芡自来，调料一般多用油和糖，油要分几次加入，为防止粘底，有时糖也分几次加入。因为加热时间长，加汤汁多，所以深色调料一定要投入准确，要预料到汤汁挥发后卤汁的颜色。第四，焖烧时尤其是后期，卤汁渐浓，应多晃动炒锅。到收稠卤汁的阶段，火也不能太大。原料经焖烧后，块形虽完整，质地已酥烂，翻锅和装盘应小心。

第4节　烩、汆、煮

一、烩

鲜嫩或细碎原料以水作为导热体，经大、中火较短时间加热，成品半汤半菜勾薄芡，这种烹调方法称为烩。烩菜的特点是汤宽汁醇，滑利柔嫩。名菜如酸辣汤、五彩稀卤鸡米、海鲜羹等。

1. 烩菜的操作要领

（1）选料要讲究。烩菜的原料选择要求比较高，它强调原料或鲜嫩或酥软，不能带骨刺，不能带腥味。以熟料或半熟料、易熟料为主，因为烩菜的加热时间较短，在烹调过程中没有条件令腥味充分去除。同时又因为烩菜是半汤半菜，汤菜并重，给人滑利感，有骨刺的话就会破坏品尝时的美感。此外，原料要求加工得细、小、薄，一般多为丝、片、粒、丁等。刀工要求大小一致，整齐美观。烩字本意，指多种原料汇于一锅。多种原料的刀工处理也应一致或相仿。烩菜的原料常用的如鸡、里脊肉、虾仁、新鲜的鱼肉及素料中鲜味好的香菇、蘑菇、冬笋等。

（2）用好汤。烩菜的美味大半在汤。用的汤有两种，一为高级清汤，二为浓白汤。高级清汤用于求清鲜口味、汤汁清白的烩菜；浓白汤用于求口感厚实、汤汁浓白或淡红色的菜。

（3）正确下芡。烩菜下芡决定菜肴的滑利程度。要求是勾成薄芡，以手勺将汤舀起慢淋，汤成一直线，浓于米汤即成。烩菜下芡的目的，一为使汤稍稠之后，原料不至于全部沉入汤底；最主要的是能使汤汁在舌面上停留一定的时间，令味蕾充分体验菜肴的美味；同时，也使菜肴总体质感变得滑利柔和。操作时，火一定要大，汤要沸，下芡后迅速搅和，令淀粉充分糊化，而不至于结团。

2. 烩的应用

烩菜勾芡厚一点即为羹，羹是烩的一种应用。但通常羹的用料要求没有烩高，一碗之中，原料的种类也不太多，主副料在两三种左右。羹的芡较重，勾芡后原料基本不能浮沉。羹的制作关键点在勾芡，下芡时汤一定要开，下芡后要多加搅拌。羹菜还有一定的地域性，主要在江浙沪一带较常用。

二、氽

细薄的原料以水作为导热体，经大火短时间加热成菜，成菜汤多于原料，这种烹调方法称为氽。氽菜的特点是汤清味鲜醇、料软嫩。加热时间极短，原料烫熟即成菜。氽菜的原料以丝片状多见，要切得尽可能细、薄，便于快速成熟。原料选择新鲜而不带或少带血污、腥味的动物原料及鲜脆爽嫩的植物原料，如鸡片、鱼片、里脊片、墨鱼片、笋片、蘑菇片等。原料绝大多数是生的。氽菜汤汁多于原料，因为汤的质量直接影响到氽菜的质量。氽的汤一定是清汤；而质量好要求高的氽菜，汤汁就要求是高汤。

1. 氽菜的操作要点

一种是原料直接投放汤汁中，烧开后投调料、撇沫成菜，这种方法的难点是要在尽可能短的时间里将沫撇净，保持汤汁清澈见底。撇沫时，待汤将开、沫上浮，即可将锅往自己一边拉，使锅半坐在火上，形成前半边开、后半边不开的情况，这时浮沫就会集中到不开的一边，用勺迅速撇去，一次不净，还可淋少许凉水待重新开时再撇，至撇净为止。另一种做法是原料在一大锅沸水中烫，烫熟后捞出，放于已调好味的清汤中即成菜肴。这种做法操作较方便，原料不易烫老，汤汁也不易混浊。但操作时不能忽视一个小环节：捞出原料后要用汤水冲一下，冲去黏附在原料上的浮沫。这种做法北方也叫汤爆或水爆。

2. 氽的运用——涮

涮是氽的应用，其形式就是火锅。涮是自助式的氽，即自取生料自烫食，赋予氽趣味性、增添饮宴的热闹气氛。涮对餐具和原料有特殊要求，餐具多为铜制、铝制火锅或不锈钢的盆，以煤炭、酒精或煤气为燃料，要始终保持锅中汤汁沸腾，以便于涮食。要求涮食的生料切得越薄越好。并且，原料必须十分新鲜。一般涮食的原料有羊肉、牛肉、里脊肉、鱼片、肫片、虾片、腰片等。素菜原料也应尽可能加工得形体小些，便于快速成熟。食时用筷夹住原料放开水锅中来回涮几下，待原料变色断生，始可蘸料进食。涮食的调料口味较丰富，一般都要求有一定的浓度。

（1）涮的类型。涮的汤底很重要，它能增进美味。一般有海鲜、鸡汤、浓汤、麻辣等几种。川式鸳鸯火锅即一半白汤一半红（麻辣）汤，也有将火锅与砂锅结合起来，将砂锅原料吃去大部分，腾出空间再涮。甚至有的在汤中加较多黄酒，上席后点燃，火焰升腾，成为带火的锅以烘托气氛，增加香味。涮的品种常见的有涮羊肉，四生、六生、八生火锅，菊花锅等，皆以鲜嫩、本味突出、热气腾腾见长。

（2）涮的操作。以涮羊肉的操作要点为例讲解涮的操作。

1）要精选原料。涮羊肉的羊肉最好是内蒙古集宁草原地区所产的大尾巴绵羊，以当年或两年内育肥的肥羊，体重宰后20 kg左右为佳，质量最好是阉割过的羊，俗称羯羊。符合这些条件的羊，能形成肉嫩、不膻、鲜美的风味。

2）加工要精细。羊肉一般要经过两道加工程序，一是冰埋选肉，二是加工切片。所谓冰埋选肉，即羊宰杀后，剔出骨骼，切成大小整块，用碎冰埋上冷冻。传统的做法是一层肉一层冰，中隔油布，层层埋好，冰冻两天左右，使肉内外冻实，其目的是清除膻味、改善肉质，为加工切片创造条件。冰埋以后，取出选肉，即把羊肉上不能涮的肉头、板筋、脆骨、碎茬等全部剔净。一般地说，体重20 kg的羊，经过选肉后，可用部分只能保留7.5～10 kg。

加工切片的要求：一是切出的肉片要求6.6 cm长、4.8 cm宽，厚度不能超过3.3 mm，而且越薄越好，每250 g肉要切40～50片，摆入盘内，片片整齐，达到“薄如纸，齐如线，形卷美观”的要求；二是按肥瘦不同部位，切出不同涮的品种，例如，以肥为主的“大三叉”肉片，半肥半瘦、肥瘦相间的“小三叉”肉片，以瘦为主的“上脑”“摩档”“黄瓜条”等肉片，不同肉片有不同风味。

3）把握好调味。涮羊肉的调料和副料丰富多彩，是其特殊风味的组成部分。调料一般不少于7～8种，如小磨香油、用香油炸制的辣椒油、用香油调稀的芝麻酱、卤虾油、腐乳汁、绍酒、特制酱油（加甘草、糖熬成）、香醋，以及细葱花、韭菜花等，分放在若干小碗内，由顾客根据爱好，自舀自调蘸食。另外配的副料，有特制的糖蒜、鲜嫩黄瓜、大白菜心、细粉丝、酸菜、冻豆腐等，还有现制现烙的热芝麻烧饼等。顾客在吃的过程中，先涮肉，蘸调汁，就糖蒜、黄瓜同食，肉鲜、味香、大快朵颐；当肉快吃完，汤汁肥浓，下入菜心、粉丝、冻豆腐等一涮，盛入碗内，喝鲜汤，吃蔬菜，就食烧饼，既清口，又鲜腻，另有一番风味。

三、煮（熬）

原料以水作为导热体，大火烧开后用中、小火作较长时间加热，成菜汤宽汁浓醇，这种烹调方法叫煮。煮的加热时间与烧焖相似，但水量大大超过烧焖。成菜汤与原料至少1∶1，大多在2∶1或3∶1左右。由于经过中、小火的焖烧，汤汁都有一定的浓度，或乳白（若加酱油为红中泛白），或清醇；原料或软嫩，或酥烂。煮菜强调汤菜并重。煮在北方也称为熬。

1. 煮的操作关键

要正确掌握火候。煮菜的火候直接关系到菜肴的质量。要求汤清的就不能用大火或中火，要求汤浓的就不应该用小火或微火。原料老韧的要用小火或微火慢慢炖熬；原料鲜嫩的就该用中火或大火。煮菜的质感和汤汁质量主要由火候决定。

(1) 要讲究原料的选择。煮菜以强调原料本味为主，经过一定时间的加热，令原料中呈鲜的风味物质析于汤汁中，汤菜并美，有时甚至汤重于菜。因此，原料的选择首先必须强调新鲜、含腥膻味少的。其次是要选含蛋白质丰富的原料。煮菜以老韧的动物原料为主。凡含有血腥异味的原料，在正式煮制前都必须经过焯水、过油等初步处理；一些不同质地的原料配合在一起时，也应借助于初步熟处理，使各种原料同步达到质感要求。

(2) 要正确添汤加料。为了增强汤汁的鲜醇度，许多原料在煮制前要以鲜汤辅佐；也有些原料为求突出本味，排斥添加鲜汤，比如鱼汤、鸡汤的熬煮都强调用清水。加汤一次准是煮菜加料的一大关键。待煮至一定浓度后再添入水或汤汁，势必冲淡原味使风味大减。为强调原味，煮菜的调味一般都比较轻，以单纯的盐加味精，或酱油加少量糖、盐、味精。口味多为单纯的咸鲜味。除非为突出某一种调料（比如糟卤等），一般反对煮菜口味多样化。

2. 煮的应用

炖和煨是煮的应用。因为两者都具备煮的所有特点，在某些环节上，又各有所长。以前有一种看法，认为炖有隔水炖、入水炖两种形式。隔水炖是将原料放入瓷制或陶制的容器中，加好佐料和汤，密封后放入水锅或蒸笼中加热，成品原汁原味，汤汁清醇。但从其加热程序来看，入蒸笼的，其导热体主要是蒸汽；入水锅的，导热体为蒸汽和水，所以这两种方法可看作蒸的应用。作为煮的应用的炖指的是入水炖。

(1) 炖。炖是原料放入陶器中，加好汤和调味料，大火烧开后持续小火加热至原料酥烂而汤汁清醇的一种煮法。它与一般煮菜不同之处在于使用陶器，一般佐料一次加准，特别强调小火长时间的加热。陶器既是加热器皿——“锅”，又充当盛器，烹制完毕后连锅上桌。陶器的特点是传导热量缓慢，但同时散失热量也慢。它能使锅内温度恒定在一定的范围，适于原料的酥烂脱骨。炖菜非常注重汤的质量，用陶器小火加热能使原料的风味物质缓慢而尽可能多地析出，汤汁风味大增，而一次加料加水（汤）又保证了汤汁的醇厚。

炖的操作要点如下：

1) 炖菜应选质地较老，富含蛋白质的原料，且原料大多应在入锅前通过焯水、过油等处理，除去部分血腥，保证汤汁的清醇。如鸡、甲鱼等，都经焯水，甚至焯水之后再洗净才入锅。

2) 一次性投料（佐料、汤）要注意准确性。炖菜在加热过程中汤汁的挥发不多。

3) 要正确用火。锅中加料后一般先用大火烧开，应特别注意防止溢锅，及时撇沫。炖制用锅一般是砂锅，溢锅易造成砂锅底爆裂。刚开锅时，汤面有浮沫，即使是事前已焯水甚至已制熟原料，浮沫也会出现。这时要及时将浮沫撇净，即转为小火，保持汤汁微滚样即可。浮沫若不撇净，会随着汤汁的翻滚而与汤水相混，影响汤汁的清醇。炖与烧焖不同，转小火后直至菜肴达到要求，不必转大火。清炖鸡、清炖蹄膀等都是炖菜。

（2）煨。煨是经过炸、煎、煸或焯水的原料放入陶制器皿内加调味品和汤汁，用旺火烧开，小火长时间加热的一种煮法。煨与炖很相似，区别在煨菜加热时间更长，一般都在两三个小时以上，甚至有长达十多个小时的（饭店供应一般都大批量预制，零星取用）。煨菜的汤汁浓，数量比炖菜少，原料与汤汁之比一般在1∶1到1∶2。传统的煨是将原料、佐料、汤同置瓦罐中，再把瓦罐埋入柴火的余烬里，慢慢焖酥原料。此种方法民间尚存，饮食店中多经改良，成为类似炖的模式了。

煨的烹制要点如下：

1）选老韧原料。多选用老、韧、硬而富含蛋白质、风味物质的原料，尤其是富含明胶蛋白质的原料更适于煨，其胶质能使汤汁浓稠。常用的原料有牛筋、乌龟、黄鳝等。

2）原料事先加工。为使汤汁浓稠，许多原料都先经炸、煎、煸等初步处理。加热时，火力和油温都可强于并高于作为烹调方法的炸、煎、煸。因为这时的加热只针对原料的表层，加热的时间也不可太久。初步处理过后，如原料脂肪含量不高的，还可留下一些余油作为调味品，在煨过程中，令油脂溶于汤汁，增强汤汁的肥浓度。

3）正确掌握小火加热的时间。原料入锅后也应先用大火烧开，随后盖严盖子，把火调至小火（火大于炖），保持容器内的汤汁似滚非滚状，慢慢加热。加热时要注意勿使汤汁溢出，并且掌握时间，防止原料过于酥烂。许多煨菜也是连锅上席的。

第5节　蒸、烤、焗

一、蒸

原料以蒸汽为导热体，用中旺火加热，成菜或熟嫩或酥烂，这种烹调方法就称为蒸。作为烹调方法的蒸，不同于作为初加工的蒸，它必须有调味的过程。绝大部分调味在蒸制前，少部分菜在蒸制后再另外调整口味。

1. 蒸汽导热特点

（1）热量稳定。蒸汽的热量比较稳定，操作时容易掌握成菜的质感与加热时间的关系。蒸汽是水的气态，在用旺火加热时，它的最低温度是100℃，盖严笼帽之后，实际上增加了笼内压力，使温度略有上升，一般情况下在105℃左右。温差小，加热时可变因素相对减少，所以只有蒸菜可以掐着时间烹调。

(2) 能更多地保存原料的原汁原味。蒸菜加热时，原料处于密闭的空间，笼内湿度呈饱和状态，不存在水分的内外交流，除了原料受热收缩挤出少量水外，不会产生大量脱水的情况，故成品原味俱在。但同时也存在一个问题，外加的调味料不可能在加热过程中为原料所吸收，亦即不入味。

(3) 不会破坏原料的形态。原料进蒸笼之后，到成菜出菜，移动位置，并不改变形态，与水煮相比，蒸既能达到成熟或酥烂的质感，又能不改变原料的外形。这个特点迎合了许多造型讲究的工艺菜。

2. 蒸的操作要点

选用新鲜的原料，并且事先调味蒸制的原料要特别新鲜。倘稍有异味，成熟后亦毕现无遗，蒸制的原料调味多不浓，对异味缺乏遮掩能力。蒸制的原料大致分为两类：成菜要求鲜嫩的，一般是些形体不大或者较易成熟的；要求酥烂的，一般是些富含蛋白质而质地又较老韧的。对于前者，调味之后可马上蒸制，以防调味渗入后水分排出，质地变老；而后者经调味后往往要腌制一定时间，使之事先入味。

(1) 要正确掌握火候。不同要求的蒸菜，火力的强弱及蒸制时间长短都不同，要掌握好质感、花色与火候的关系。一般来说，要求质感鲜嫩的菜肴，必须旺火、沸水、满汽速蒸，加热时间根据原料性质而定，短的 5 min，较长的 10～15 min，最长的 20 min，以断生为度，过火即失掉风味。要求质感酥烂的，火候条件大致相同，但必须延长加热时间，短的为 1～2 h，长的达 3～4 h。讲究花色造型的，只能用中火、小火来蒸，时间以实际需要为准，最重要的是防止蒸汽过大，冲散菜形。火候具体说来有四种情况：

1) 旺火沸水速蒸。这种方法适用于质地较嫩的原料。要求质地鲜嫩，只要蒸熟、不要蒸酥的菜肴，一般应采用旺火沸水速蒸，断生即可（5～6 min），如粉蒸牛肉片、清蒸鳊鱼等，如果蒸过头，则原料变老，口感粗糙。

2) 旺火沸水长时间蒸。凡原料质地老、体形大，而又需要蒸制得酥烂的，应采用这种方法。蒸的时间长短应视原料质地老嫩而定（一般需 2～3 h）。总之要蒸到原料酥烂为止，以保护肉质酥烂肥香，如荷叶粉蒸肉、蜜汁火方等。

3) 小火沸水徐徐蒸。原料质地较嫩，或经过较细致的加工，要求保持鲜嫩的质感或塑就的形态，就要用这种方法，如绣球鱼翅、兰花鸽蛋、白雪鸡等。

4) 微火保温蒸。这种蒸法并非为加热，而是在蒸制完成之后，不急于上席时用于保温。取用这种方法火不能旺，让笼水似滚非滚，产生一点热气。假如火太旺等于在不断地加热，极可能影响菜肴的质感，并且，这种保温蒸法只适用要求酥烂的菜肴。

(2) 要合理使用蒸笼。饭店里使用的是大蒸笼或蒸箱，有时几格相叠，蒸制时往往是同时几种菜肴一起加热。因此，在具体操作时应注意：汤水少的菜应放在上面，汤水多的菜应在下面；淡色的菜肴放在上面，深色的菜肴放在下面，万一上面的菜肴汤汁溢出也不至于影响下面的菜肴；不易熟的菜肴应放在上面，易熟的菜肴应放在下面，因为热气向上，上层笼格的热量高于下层。

(3) 要掌握好调味。蒸制菜肴调味的重要性并不亚于火候的掌握。这是因为在蒸制过程中，菜肴不像其他加热的方法那么容易和调料相结合，特别是在笼汽内气体达到饱和点时，菜肴本身汁浆不易溢出，同样调料也不易渗入。所以，蒸菜不能在加热中调味，主要靠加热前的调味，这就大大增加了调味的难度。一般来说，蒸菜前无论是用腌制浸渍方法，还是在容器内加入调味品方法，都要十分准确，定准口味，否则，在蒸热后较难调整。

(4) 要做好初步熟处理和半成品加工。很多蒸制菜，在蒸以前，都要经过初步熟处理和半成品加工，而且内容极其广泛。例如米粉肉，在蒸前要炒米粉和拌调料，这些环节做不好，就会严重影响蒸制后的风味。又如填瓤的蒸菜，其瓤料的调制，就很精细。八宝鸭的馅心，是用不同加工方法处理成的栗子丁、火腿丁、笋丁、鸡肫丁、肉片、莲子和江米饭，拌以黄酒、酱油、白糖、味精、高汤等调成，填入鸭肚内。冬瓜盅的馅心也是用多种多样的鲜料组成。有的瓤料还要经过炒、爆的过程。所以说，做好一味蒸菜，是多种技法的集中表现。

(5) 要掌握好刀工。蒸制菜肴，尤其是蒸制花式菜，还要具有相当好的刀工基础。例如，制作八宝鸭要有剔骨的技巧，把鸭子全部骨架取出来，连大腿的大骨也要剔掉，还要保持完整的鸭形，不能破一点皮。至于冬瓜盅除了将冬瓜刮皮、切盖、去籽清瓤、合缝处修成锯齿形外，还要运用凸雕、凹雕等刻刀法，在冬瓜表面刻出图案花纹。所有这些都需要有相当的刀工基础。

3. 蒸的运用

(1) 清蒸。清蒸是指单一主料、单一口味（咸鲜味）原料直接调味蒸制，成品汤清味鲜质嫩的烹法。这种方法主要应用于鱼类。蒸鱼最讲究一个清字，原料必须洗涤干净，沥净血水，有些鱼如鳜鱼还可放沸水中烫一下刮去黑衣再蒸。为便于快速成熟，缩短加热时间，形体较大的鱼一般都要剞上花刀，蒸时要火旺水沸，短时间内一气加热成熟，马上上席。代表菜为清蒸鳜鱼、清蒸石斑鱼等。

(2) 粉蒸。粉蒸是原料包上一层炒米粉再蒸。原料主要是肉类、禽类，有片状和块状两类；片状多为鲜嫩无骨的，蒸制时以旺火沸水快速蒸成；块状料一般要蒸酥。炒米粉是将大米用小火煸炒，至米粒发黄，再加花椒、茴香、桂皮炒出香味，拣去香料，将米磨成细粉。粉蒸的调味一般有甜面酱、豆瓣酱（也有不加的）、酒、酱油、白糖、葱、姜，拌匀后包上炒米粉。代表菜有小笼粉蒸牛肉、粉蒸肉等。

（3）包蒸。包蒸是原料包上菜叶、网油、玻璃纸、荷叶等料后蒸制，这样一则能使原汁不受损失，二来又可增加蒸菜的香肥味。代表菜肴为菜包虾仁、网包鲫鱼等。

（4）糟蒸。糟蒸是在蒸菜的调料中加糟卤成糟油，使成品带有特殊的糟香味。糟蒸菜肴的加热时间都不长，因为糟加热时间过长要发酸。代表菜肴如糟蒸凤爪、糟蒸鸭块等。

（5）上浆蒸。上浆蒸是鲜嫩原料用蛋清、淀粉浆后蒸成。原料上浆能使原料中的汁液少受损失，同时又增加一种滑嫩感，这类菜肴上浆时加的淀粉要比滑炒的原料加粉少得多，粉多易使原料的质感发硬。原料一般都加工得比较细小，如大块状的原料，一般都经剞花。蒸制时也要旺火速成。代表菜如三丝鱼卷、彩色鳜鱼等。

此外，蒸还常常被用来帮助炖、汽锅、干料涨发等完成加热过程。

二、烤

1. 烤的概述

以干热空气和辐射热能为导热体，直接将原料加热成熟的方法称为烤。烤的加热形式是将已经调味的原料直接放在明火上烤或放进烤箱里烤，因此，它的导热过程实际上是火将空气烧热，空气再将热传导给原料。另一方面在火烧原料时，火光强烈的辐射也给原料很高的热量。有些远红外烤箱就是利用辐射加热。烤制菜的燃料，常见的有柴、煤、炭、煤气和红外线。烤菜的加热过程，也是脱水的过程。烤既像炸一样能使原料脱水变脆，更比炸的香味浓，因为烤制时原料悬挂在空中或摆在烤盘里，并不像炸时原料浸没于油中，所以烤制时产生的香味全部扩散于空气中。烤制时外部除调味品外，没有任何东西与渗出的水分进行交流，故本味更浓。烤制的菜肴有的外表香脆内部肥嫩，有的肉质紧实，越嚼越香。

2. 烤的分类

根据烤炉设备及操作方法的不同，烤又可分为暗炉烤和明炉烤两类。

（1）暗炉烤。暗炉烤指使用封闭型的烤炉烤制。这种炉子烤制菜肴热量更为集中，可使原料周身同时受到高温烘烤，容易烤透。暗炉烤又分两种形式，一种是用钩子或烤叉将原料悬于火上，有些带卤汁的原料则多用烤盘。用暗炉烤的原料大多要经事先调味，并要腌渍一定时间，使之入味。烤菜口味宜淡不宜咸。因为黏附于原料表面的调味品，有些经火烤后颜色较易变深，故原料调味时要慎用酱油和糖。而有些菜肴讲究外表香脆，色泽红润，有时采取涂糖稀的办法。常用的方法有浇淋糖水、用刷子刷上糖水、用手像搽雪花膏一样搽擦上去等几种。不管采用哪一种方法，都必须注意涂得薄厚均匀，糖稀有薄有厚，便会出现颜色深浅不一。糖稀涂好后还应注意吊起来晾干，不晾干也会影响色泽和脆度。

1）暗炉烤要点。暗炉烤制时要掌握火候，在烤前先将烤炉烧热。原料形体大的，火要小一些；原料形体小的，火可大一些。烤制过程中要注意经常变换原料在烤炉中的位置。烤炉中，一般近火处、顶部温度最高。如果是悬吊着烘烤的，应在炉内多加转动，变换前后位置。如果用烤盘的，则要变化上下位置，以使不同烤盘内的原料同时达到要求。烤制品除用于冷菜之外，上席应越快越好。许多菜烤制时形体较大，烤好后再改刀上席。改刀时动作要快，著名的北京烤鸭等都属暗炉烤。

2）暗炉烤的应用。暗炉烤还有一种特殊的应用——泥烤。泥烤指的是原料裹上一层黏质黄泥，放入烤炉内加热成熟的烤法。泥烤最早的加热法是将糊上黄泥的原料放在炭火、柴火的余烬里加热，现在尽管仍有这种做法，但一般饭店没有这种条件，所以绝大部分的做法是放在封闭式的炉内烤。这种做法代表菜有叫花鸡等。

泥烤要点：泥烤的原料选择应是中等老嫩，否则，原料太老，烤制费时太多，质感嫌粗；原料太嫩，烤制后脱骨出水，口感也不好。原料在调味前一般要经焯水，去除表层血腥，以保证本味的醇正。调料的投放不能过咸。荷叶或玻璃纸要包得紧实，否则，里边汁液渗出为泥巴所吸收。外边的泥巴要先砸成粉末，加水之后多加夯砸，使之黏性增加；糊上原料时更应注意薄厚均匀，一般泥厚约 1 cm。最后在外边包上报纸，便于手拿。进烤箱后可先用旺火烤一会儿，随后转小火，烤至泥巴板结，里边原料成熟为止。

（2）明炉烤。明炉烤是将原料放在敞口的火炉或火盆上烤炙。火炉、火盆上方一般有铁架子，原料就放在铁架上烤。许多原料为便于翻转方便，还以铁叉或铁丝穿刺。明炉烤的特点是设备简单，火候较易掌握。但火力分散，烤制的时间较长。烤时火直接烧燎原料，脱水更多，干香味也更为浓郁。其要点为：明炉烤的原料，形体小的大多事先调味；形体大的，求其外表香脆质感，往往烤成之后另外蘸食调成的调味品。事先调味的要经过腌渍阶段，便于入味。烤时原料离火近一些，翻动勤一点，成品颇耐咀嚼。明炉烤原料以各种肉类为主。原料形体大的，烤时就得耐心，离火稍远些。缓缓地不停地转动原料，使每一部分均匀地受热。有些原料还在表皮涂以糖稀，使皮色棕红，质地香脆。这种烤菜烤时要掌握到外表脆时里边正好成熟。明炉烤的名菜有烤羊肉串、烤牛肉、烤乳猪、烤酥方等。

三、盐焗

以盐作为导热体的烹调方法只有一种，即盐焗。盐焗是原料经调味或包裹之后，埋入热盐中焖熟或烤熟，成菜讲究原汁本味的一种烹调方法。焗字本义为对原料施以压力使之成熟，为广东厨道行话。盐焗一法即起源于粤菜，现已流传到全国各地。以代表菜盐焗鸡为例，净鸡调味后，以玻璃纸将原料包裹起来。取数倍于原料的盐先在火上炒热，随后盛出 3/4 将原料放入，再盖上盛出的盐，埋没原料。锅底以小火加热，将原料焖熟。盐焗菜骨酥肉烂，香味浓郁，本味俱在。盐是热的不良导体，但一旦加热到一定温度，而且数量多，无数细小晶粒堆聚一起时，其散热相当缓慢。盐焗就是利用这个原理，慢慢将原料焖酥烂。

1. 盐焗操作关键

盐焗菜在操作时应注意几点：首先，选用的原料质地不能太嫩，鲜味要好。其次，包原料的纸应耐高温，且稍微大些，包裹一定要严密，倘有盐钻入势必影响菜肴的口味。再次，盐焗菜加热时不移动位置。故热盐要埋得厚一些，埋得匀一些。靠锅底的盐应中心多点，边上少些。锅底的火千万不能旺，应以小火或微火慢慢加热。最后，要根据原料形体和质地决定加热时间，一般都在 20～30 min。

2. 盐焗的应用

盐散热较慢，因此可用于某些菜的保温。比如盐焗虾，虾并不焗，烹熟之后，用铝纸包起来埋入炒热的盐堆里，或是埋入盐堆里进烤箱烤一下上席。形式别致，颇多食趣，开包之后，香味弥散，也能体现一种特色。

第 6 节　综合烹调方法

综合烹调法是相对于基本烹调方法而言的。基本烹调方法烹和调结合紧密，方式相对凝固，单一运用其中任何一种方法即可以制成菜肴。而这里所说的综合烹调方法，则是指烹和调结合得不那么紧密，在用某一种基本烹调方法或其中主要加热成熟的措施将原料烹制成熟以后，还要采取一些辅助烹调措施，才能制成菜肴的方法。所谓综合，就是把某一种基本烹调方法同某种辅助烹调措施综合起来运用的意思。综合烹调方法分熘和烹两种，这两种烹制方法及其成品都有一定的特色。

一、熘

1. 熘的概述

原料用某一种基本烹调方法加热成熟后，包裹上或浇淋上即时调制成的卤汁的方法称为熘。熘菜所用基本烹调方法和加热成熟措施有炸、蒸、煮、滑油，成菜口味特殊，往往是三四种以上的复合味。为了突出这种复合味，熘菜卤汁较多。炸本身没有卤汁，蒸、煮菜以咸鲜味为主；滑油炒菜虽有众多的口味，但都没有较宽的卤汁，有鲜嫩感却没有滑熘感。因此，也可以说熘是某些基本烹调方法的扩展和补充。

2. 熘的分类

着眼于熘的烹调方法及其主要加热成熟措施，可分为炸（脆）熘、蒸煮熘（软熘）、滑熘等几种。

（1）炸熘。炸熘亦称为脆熘或焦熘，是原料炸脆成熟之后浇淋或包裹上具有特殊味觉的卤汁的熘法。脆熘强调外脆里嫩。要使卤汁的美味既为表层所吸收，又不使脆硬的外表潮软。

1）炸熘的过程。炸熘的过程是先炸再烹制卤汁浇淋或包裹于炸脆的原料上。这里的炸，虽要求将原料炸脆，但与脆炸又有些小的差异，主要是它要求外表脆度还必须能维持一定的时间。因此，脆熘菜绝大部分要挂糊，且这种糊主要以淀粉为主，基本上没有面粉参与。鸡蛋的投入量也应少于脆炸菜。

2）炸熘菜的卤汁。炸熘菜的卤汁有两种：一种是在锅内调好后勾芡，倒入炸好的小型原料翻拌；另一种是调好卤汁后浇在炸好的大型或造型的原料上。不管哪一种形式，卤汁勾芡后都应推入沸油，令油与卤汁混为一体，以延缓水分对原料的渗透。包裹上去的卤汁中，推入的油不可多，以免使卤汁澥掉。一般下油后推搅几下至不见油时即可下料翻拌。浇淋的卤汁，推入的油要多一些。在推油之前，勾芡应厚一些，这样能包容更多的油脂，可分几次推入沸油。卤汁包容沸油的能力有限，所以尽管用油可多于前一种卤汁，仍应防过量。浇入沸油后要推打均匀，至不见油时再加，到油泡翻滚时即可将卤汁浇淋原料上。这种卤汁浇到原料上之后，油泡仍在翻滚不已，行业内称为“活汁”。卤汁的调制与油炸原料至脆必须同时完成。要做到原料与卤汁接触时有声响或有油泡翻起才符合要求。炸熘的代表菜有咕咾肉、松鼠黄鱼等。

（2）蒸煮熘（亦称软熘）。蒸煮熘是先将原料蒸煮成熟，另外调制卤汁浇淋于原料上的一种熘法。成菜质地非常软嫩。卤汁同样强调特殊口味。蒸煮熘的原料必须选择质地软嫩、新鲜的，以鱼为多。蒸煮时应注意一断生即离火，沥干汤汁装盘。调制卤汁的汤汁一般用蒸、煮原汤，卤汁宜多些，勾芡宜厚些，用油宜少些。蒸煮熘口感强调复合味中透露出清淡。代表菜为西湖醋鱼、五柳鱼等。还有一种用烧法作熘，调料多用醋糖，称为醋熘。

（3）滑熘。滑熘指原料上浆滑油成熟后再调以有特殊味觉的较多卤汁的熘法。滑熘菜肴以汁宽滑利鲜嫩见长。操作过程是先将原料滑熟，再另行在锅内烹制卤汁，勾芡后倒入原料，稍加拌和即成。滑熘的卤汁下芡不能太多，用油也不可太多。滑熘的代表菜如糟熘鱼片等。

二、烹

烹是原料用某一种基本烹调法烹制成熟之后，喷入已经调好的调味清汁的一种方法，成菜强调味感特殊而滑爽不腻。烹的前一过程所用的烹调方法主要是炸或煎，尤以炸的应用为最多，故有“逢烹必炸”之说。烹菜的原料多只是单纯拍粉，制品本味较浓。

1. 烹的方法及操作关键

烹有炸烹与煎烹两种，所有原料都是动物性的。前者一般都加工成段、块、条等形状；后者则多为扁平状的。在炸或煎时火一般要旺一些，以尽可能缩短烹制时间，保持成品外脆里嫩的质感，又可使原料易于吸收烹入的调料。烹菜的调味料都事先兑制，等原料加热完毕，即将兑汁倾入，略加颠翻即可出锅。兑汁不加芡粉，数量以成菜略带卤汁为宜。此外，烹制原料一般还要经过腌渍。经过腌渍的原料分清炸和拍干粉炸，但拍干粉炸的原料要现拍现炸，不能事先拍，否则，粉料会吸原料的水分，粉糊层变厚，炸后糊壳变厚，影响烹菜的质感，也使原料表面不光滑。

(1) 烹菜油炸的要领。第一，油量要多，全部淹没原料，最好用“清油”（即没有炸过东西的油）。第二，旺火热油，油温要在八成热以上，油温低了，不但炸不脆（因粉层薄），也影响烹汁的吸收，不能保证风味质量。第三，要采用复炸法。第一次下锅炸 3～4 min（要分散下锅，不能黏结，已黏结的要划开），看原料浮出油面，马上用漏勺捞出沥油。当油温升到八成时，再第二次下锅，炸至外皮呈金黄色。

(2) 烹菜调味要领。原料炸好，即应调味。锅内留少许油，放点葱花、蒜泥煸香，随即投入料块、“清汁”一烹，稍加颠翻淋些明油出锅。烹时要动作敏捷，出手利索，要像“油爆”那样的快捷。见汁一紧，立即出锅。

2. 烹和熘的区别

从烹的操作过程来看，与熘的技法相似，如都要经过初步熟处理，都要浇汁、滚汁等。但实际上有明显的区别，风味也完全不同。烹和熘的区别是：在初步熟处理上，烹的处理主要是炸（包括煎、煸）的方法；而熘的处理，除炸、煎外，还有蒸、焯、氽、煮等。在原料形态上，烹所用的料，只是小段、小块料；而熘所用的原料，既可以是小料，也可以用整块、整料和整条（如鱼等）。在用汁上，烹必用“清汁”，而熘大多数用“混汁”（即在调味品中加淀粉调制的汁），这是烹区别于熘的一个明显标志。由于初步熟处理和用汁的不同，烹菜质感酥脆，外香里嫩，口味醇厚；而熘菜的口味较多，有的香脆，有的焦酥，有的软嫩。烹菜的代表菜有烹带鱼背、炸烹明虾等。

第7节　特色热菜的制作方法

特色热菜是这样一类菜肴，它们在制作手法上、口味上、成菜后的色彩等方面都具有独特的个性，把在某个方面显示出独特个性的一大类菜肴集中在一起，归纳出在制作上的特点，就形成了方法。这些方法的归纳，着眼点是菜肴而不是烹调方法，所以，这些菜肴往往取用各种烹调方法。

一、瓤

瓤又作酿，是在一种原料中夹进、塞进、涂上、包进另一种或几种其他原料，然后加热成菜的方法。从词义上说，取瓜瓤之瓤比酿更确切。酿是传统习惯叫法。

1. 瓤菜的特色

一种瓤菜由两种以上原料合成，故瓤菜的特点之一是口感丰富。这种口感丰富有两层意思，一层意思是一菜可有两种原料的味道；另一层意思是一菜有时还可品尝两种菜肴的风味——有些酿入的原料本身已烹调定味。瓤菜的特点之二是美观，既然是两种以上原料相加，这就给厨师们提供了创作的余地，因此绝大多数的瓤菜在造型、色彩上比一般菜肴更具特色。瓤菜的特点之三是菜品丰富。这个特点得之于瓤菜所用的烹调方法多样，瓤菜多于任何一种烹调方法对应的菜肴数量。绝大多数的原料都可用来制作瓤菜，瓤菜的创新余地也最大。

2. 瓤料的制作

瓤菜的瓤料制作很有讲究。制瓤馅的原料多以去皮、去刺的净鱼肉，去筋膜的净鸡脯肉和净虾仁肉为主（猪里脊肉、豆腐等原料也能制作瓤子，但使用较少）。并且，在制作过程中工序较多，规程较严，要求较高。制出来的瓤子必须色泽光亮，软硬适中，油、盐、水、蛋适量，手感绵软，漂浮力强。

（1）瓤料制作实例

1）原料。净鸡脯肉500 g、熟猪油150 g、鸡蛋清90 g、盐3 g、黄酒2.5 g、味精少许、葱姜水400 g。以上各种调料的标准都不是绝对的，应以原料的吃水量、季节的变化以及原料老嫩差别不同对待，所以在制作中必须灵活掌握。

2）制作方法。将鸡脯肉去净筋膜，放菜墩上用刀背密密地反复排砸（菜墩必须干净不起渣），砸成蓉后再用刀刃密密地排斩几遍，使其更为细腻，同时把没有除净的筋膜斩进墩子里，然后用刀刃轻轻将鸡蓉刮下来，放盆中先加 100 g 水使其澥开，然后加入蛋清，待鸡蓉、蛋清融为一体时，再边加水边用力搅打（水不可一次加入，防止“伤水”），直到水加完，成软糊状时，下食盐快速用力搅打上劲，当感到黏性很强、搅打吃力、色泽白亮时，下味精、熟猪油搅匀，取一团放水中立即浮起，即成符合要求的瓤料。

（2）瓤料的种类。瓤料有水瓤料和油瓤料的区分。两者在选料、配料、制法上基本相同，区别在于水瓤料制作时加入的是砸成蓉的猪生板油或生肥膘肉，制好后还必须加入适量的熟肥肉丁和拍碎的荸荠。这种瓤料适用于做各种炸、煎、贴等菜肴，如炸芝麻鸡、金钱虾托等，其特点是一面焦香酥脆，一面软嫩味长。而油瓤料在制作时加入的是熟猪油，色白质纯，适宜做各种清汤、白扒、奶油等菜肴，如清汤瓤银耳、瓤燕菜卷、瓤三色发菜等，其特点是软嫩鲜香，油润清爽。

3. 瓤菜的烹制方法

瓤菜的烹调方法主要有四种，即蒸、烧、炸（氽）、煎。

（1）蒸制瓤菜。蒸制瓤菜多比较精细，利用了蒸这种方法对原料形态影响不大的特点。蒸制瓤菜应注意三点：一是要控制水汽的缓急。不同瓤菜对蒸制时的要求不一样，有的要求急火快蒸，有些表面瓤有形状，尤其是用蛋泡糊塑就的形状，汽不能急，急汽有一定的冲击力。二是要防止蒸汽化水后浸湿原料。有些瓤菜的底料怕水，如用面包做的底料。这种情况，可取用一个深汤盘，将原料放在盘的边沿上，这样蒸汽化水积聚在盘底不致浸湿原料。还有一种就是将这些原料直接放在笼底蒸，但要掌握蒸制的时间。瓤菜底料多为熟料或易熟料，加热时主要的目的往往是使瓤料成熟，而瓤料多为泥蓉状的，易成熟，所以蒸制时间通常较短。蒸制的瓤菜品种较多，如瓤菜心、盒子冬瓜等。

（2）烧制瓤菜。烧制瓤菜因为要经过一定时间的加热，故其原料一般不是很嫩，瓤制的形式多为以一种原料塞进、包进另一种原料。这类菜肴烹制时，要注意用小火加热，令外加的调料渗透到内部瓤料中去，这样瓤料、底料口味相同而质感不同，使菜肴别具特色。有些底料、瓤料在焖烧中容易脱离的，在烹制时可在面上压一个小盘子，限制原料在水中滚动。焖烧前汤汁不能多加。在锅中勾芡容易使原料散碎的，可以将瓤菜盛放盘中，卤汁勾芡浇上。烧制瓤菜品种如鲫鱼塞肉、明月红松鸡等。

（3）炸制瓤菜。炸制瓤菜品种较多。油炸是脱水性导热，因此底料、瓤料都不取含水量高的蔬菜。为达到香脆的质感，底料一般都是较易脱水的原料。油炸之后，含水分的原料都会收缩，因此，在制作时要特别强调瓤料粘住底料。边角部位一定要用刮刀多涂刮几次，这是因为一收缩就可能使瓤料脱离。油炸时还要掌握油温，一般不耐炸的原料以及造型比较细腻精致的要低温操作。代表菜肴有八宝鳜鱼、琵琶虾等。

（4）煎制瓤菜。煎制瓤菜所用瓤法的典型代表是贴，而其所用烹制方法则是煎。以前有将贴作为独立烹调方法的，实际上它只是以煎的方法烹制成的一种瓤菜。所谓贴，是指将几层原料相叠、黏合在一起。这些原料中，底层必定是肥膘，面上必定是蓉状动物原料。有时有好几层相叠的，所以贴只是制作过程。贴好的原料用煎的方法加热，不过是只煎有肥膘的一面。成菜原料多样，香肥鲜嫩，外形美观。贴的原料一般都先经调味并上浆。底层肥膘是熟的，批切成薄薄的一片，其他原料覆上时，肥膘面上必须撒干淀粉，瓤好后表面要涂光滑，在面上还有几种原料叠在一起。这就是贴法的最大特色。

加热时要注意煎制手法。在煎一面的过程中，为了使另一面成熟，要用小铲不断铲油，轻轻向主料一面淋浇。所以，贴菜的煎，油量比煎略多，而且还要在中途加些油，但加的油量只能淹没主料厚度的一半，不能全部淹没。有些贴菜，在淋浇后，也要翻身煎一下，但只能略煎，即要翻过去，不能像煎的一面那样酥脆，否则，就要失掉贴的风味。

由于只煎一面，在色泽上，一面金黄，一面白色，黄白相间，非常鲜明；在质感上，一面酥脆，一面较嫩，并具有浓郁的油香气，这与煎菜外酥里嫩是不同的，比如千层黄鱼。

4. 瓤制菜肴的操作要点

（1）主料与瓤料要紧密结合。这是保持成菜形态完整的先决条件。原料中夹入瓤料或在底料中填入瓤料的，要注意瓤料在各部位的薄厚均匀，夹好之后，要用刮板刮平四周；填入瓤料的要刮平填入口，使之平整、光滑；涂上瓤料的，瓤料要制得细，并搅拌上劲，涂上瓤料之后，还应用刮板刮光表面；包卷瓤料的，要将瓤料包裹得严密，以不致散包，每一个包裹成的原料，大小形态要一致。

（2）原料配伍要合理。瓤菜并非是简单地将两种或几种原料相加，底料和瓤料应合理地结合，起到互补作用。瓤料通常是泥蓉状的，应选用鲜嫩的动物原料，如虾泥、肉泥、鱼泥等，一般不使用颜色深或有异味的原料。底料选料范围较广，动植物原料都可采用，但一般以非动物原料为多，强调质地鲜嫩，口味平和清淡。这样底料、瓤料结合，荤素相配，口感好，营养也好。少数动物原料瓤动物原料的，则强调底料与瓤料不是同种原料，常见的是鱼中瓤肉或鸡上瓤肉。

（3）烹调时要保持瓤菜的外形完整。瓤菜多追求造型美。形态的瓤塑尚比较容易，难的是烹调成熟后仍保持原来的形态，所以烹制瓤菜从入锅到出锅装盘，动作要轻，烹制时尽量少翻动原料。

二、芙蓉

芙蓉是荷花的别称。自然界的荷花向来是清白、细嫩的象征。屈原的《离骚》中有“制芰荷以为衣兮，集芙蓉以为裳”，借以抒发自己清白孤高不与群小为伍的品格。现代散文家朱自清在《荷塘月色》中，把荷花比作出浴的美人。烹调中则把那些质地细嫩、颜色洁白的菜肴称为芙蓉。这白和嫩的特色，由蛋清来体现。因此，所谓芙蓉是以蛋清作为主要原料（主料或主要配料）、成菜强调白嫩的一类菜肴的制法。

1. 芙蓉菜的分类

蛋清在菜肴制作中的各种用法，就形成了芙蓉菜的多种形式。芙蓉大致可分为五种形式：第一种是蛋清调拌剁成蓉泥的原料，通过滑油炒成，代表菜肴如芙蓉鸡片、炒鲜奶等；第二种是在菜肴烹制将近完毕时，冲进打发了的蛋清（有时发蛋中还有蓉状料）翻拌均匀成菜，代表菜肴如雪花鱼肚、鸡蓉蹄筋等；第三种是在烹制完毕（多为滑炒菜）后，在面上适当部位放上一只蒸成的蛋清饼，饼面可摆图案，代表菜肴如芙蓉鸽松；第四种是以蛋泡糊塑型摆放在菜肴面上或以蛋泡糊与原料调拌后蒸熟、余熟后浮于菜肴面上，代表菜肴如雪塔银耳、鸡蓉豆花汤等；第五种是用于瓤菜，在原料表面层覆上或涂上一层发蛋后蒸熟，代表菜肴如白雪鸡。

2. 芙蓉菜的特色

芙蓉菜的上述五种制作方法在制作上各有特色。第一种成品质地柔软，呈片状或小块状。第二种发蛋与原料混合，成品似雪山，口感松绵。第三种蛋清饼图案美观，且因蛋清饼含水量多，非常软嫩，筷子一碰即碎，与炒菜混合后，增添一种柔嫩感。第四种蛋泡糊塑型以视觉效果见长，蛋泡糊与原料相调拌，原料与蛋泡颜色的反差一般都比较大，色彩鲜艳，对比明显；蛋泡本身松软的质感，又为菜肴增色。第五种因为发蛋涂于原料表层不是很厚，故特色主要在于颜色，一层白色与其他层次的颜色相配，起悦目的装饰作用。

3. 芙蓉菜的操作要点

芙蓉菜的制作，一要确保白嫩特色；二要保持菜肴的成品完整、别致、色彩和谐。做好芙蓉菜必须强调原料一定要新鲜。芙蓉菜调味时不加有色调料，调味较轻，故其口感大都是咸鲜味，可以充分体现原料的本味。

（1）蛋清拌蓉料滑炒成菜的芙蓉菜的操作要点

1）蓉状料要剁得细。这类菜肴的原料是鲜嫩的动物料，如虾、鱼、里脊肉、鸡里脊等，不可选择质地粗老的原料。这些原料要去净皮、筋、刺，用双刀排斩得越细越好，使成菜看不见所掺的蓉料，得其味而不见其形；另一种做法是原料切成片，与蛋清混合，成熟后能找到原料，这就要求片越薄越好，形状不能大。

2）蛋清要调匀。原料剁成蓉后，可与蛋清相混。这时不可直接将蓉泥倒入蛋清中混合，否则蓉料结团，很难再充分地分散到蛋清中去。正确的方法是先搅散蛋清，要做到蛋清碎而不起泡；蓉料先以水化开成稠粥样，随后分几次将蛋清倒入，用筷子搅，使两者充分混合；最后加盐和湿淀粉，湿淀粉的量以能恰好收住添加的水为度。

3）要正确掌握油温。滑油时注意锅要烧热搪滑，以防原料入锅粘底。用油量可多些，油温二三成时即可下料。将芙蓉拉成片的方法有三种：一是将浆状原料倾入油锅中，见边上的蛋清凝结成片略上浮起，即可用手勺将浮起部分勾拉成片；二是用手勺或羹匙将浆状料一匙一匙舀入，一匙即一片；三是将锅烧热后，用油搪滑，锅底放少量油，随后用手勺舀起浆料，从锅壁淋入，浆状料在滑向锅底的时候受热凝结正好成片。

4）要沥干油，炒时芡粉不可过多。拉成片的原料质地嫩，含油多，直接炒制势必肥腻，严重时影响勾芡，所以沥油要彻底。可将原料在漏勺上摊开；也可泡在水里，撇净水面上的油后在沸水中焯一下再炒。芡汁的数量以能包上原料而没有多余为好。芡粉多会影响清爽滑嫩的口感。

（2）冲拌发蛋的芙蓉菜操作要点

1）这种芙蓉菜多为烧菜，但汤汁较宽。勾芡时下芡略少，倒下发蛋后要轻轻地翻拌几下，待芡粉和发蛋成熟后马上出锅，发蛋多烧易化水。倒入发蛋后也不能多加搅拌，否则也易使发蛋化水。

2）掌握用油方式。发蛋入锅后略翻几个身即可加油，待油被发蛋中的微细孔隙吸收，再加第二次油，略拌后出锅，出锅前不再加油。

3）点缀恰当。这类菜一般都在面上撒些火腿末或菜叶末。要注意的是用量切不可多，并且要撒得均匀些。

（3）蛋清饼式芙蓉菜的制作要点

1）要掌握蛋清与水（鲜汤）的比例。蛋清饼的质地是越嫩越好，也就是说，只要蛋清饼能凝结成形加水越多越好。一般蛋清与水的比例以1∶1或2∶3为宜。蛋清应先搅散而不打起泡，加水后要充分拌匀混合，即上笼蒸。

2）要用小火慢慢蒸。旺火急蒸易使表面出现空洞或蛋水分离，因为蛋白质快速凝固会挤出水分。这类芙蓉菜一般都在饼面做有花或图案，可在蒸制到表面基本凝结时取出，撒上一些干淀粉，摆上图案后继续蒸到成熟。

3）蛋清饼下面的菜肴形体要细碎。与蛋清饼结合的菜肴一般都以鲜嫩的动物原料做成，原料多为米粒形。这样便于在菜肴上“挖”坑坐饼。挖的坑形要与蛋清饼一样。

（4）蛋泡糊塑型的芙蓉菜制作要点

1）要用小火加热。蛋泡糊易熟，又易变形，因此加热时不能用大火。塑就的蛋泡糊一般都取蒸法。

2）蒸制时火一定要小，必要时还可将蒸笼帽开启一点，不让蒸汽冲击原料。如取氽法，则汤不可太沸，否则发蛋可飞成碎末。

（5）在原料表面层涂发蛋的芙蓉菜制作要点

1）与发蛋结合的原料必须是鲜嫩或柔嫩的。这样可与发蛋的质感相统一。常见的多为已经成熟的原料，如鸡肉、蛋、鱼，片或泥蓉状的鲜嫩原料。

2）要注意使发蛋与原料紧密结合。方法是在原料表面先撒上一层干淀粉，堆上发蛋后要用刮板涂刮平整，尤其表面要刮光滑。发蛋的厚度要一致。

三、甜菜

甜菜以其全甜的口味区别于所有带咸口的菜。而它的烹调方法绝大多数与热菜烹调方法一样，个别如拔丝则体现出与众不同的特色。热吃的甜菜制法主要有拔丝、蜜汁等。

1. 拔丝

拔丝是将经油炸的小型原料，挂上熬制的糖浆，食用时糖浆能拔出丝来，这种烹制方法就是拔丝。拔丝的原料主要是去皮核的水果和干果、根茎类的蔬菜、鲜嫩的瘦肉等，原料都加工成小块或球状。含水分较少的根茎类原料一般炸前拍粉；含水分多的水果类原料要挂蛋糊油炸，有些拔丝菜为追求较脆硬的质感，选择蛋清糊，也有挂全蛋糊的，成品香脆酥嫩、色泽金黄、牵丝不断，能增添宴席的气氛和情趣。著名的拔丝菜如拔丝苹果、拔丝蜜橘、拔丝莲心等。

（1）拔丝的方法。拔丝的最大难点是熬糖，熬糖过程中稍有不慎，就有可能拔不出丝，甚至返砂、烧焦。拔丝有三种方法，即水拔、油拔、水油拔。

1）水拔。水拔是锅中加糖和水，先以小火熬，待水分将耗尽，转旺火，见糖色由米黄转为金黄色时，即倒入炸好的原料翻拌，包上糖浆，出锅装盘。

2）油拔。油拔是锅底加少许油、加糖。在火上用手勺不停地搅，待糖成浆并由黏性趋向稀薄时，倒入原料翻拌。

3）水油拔。水油拔是在油拔基础上略加些水，先以小火熬糖，待水分汽化时即以勺不停地搅拌，至糖浆色略转深，由稠变稀时倒入原料翻拌。油炒糖浆和水炒糖浆的大致用料比例为：油炒糖浆每 500 g 白糖用油 50 g 左右，每做一个菜，用 100 g 糖，10～15 g 油，切忌多放油；水炒糖浆每 500 g 白糖用水 150 g 左右，做一个菜用 100 g 白糖，最多 25～30 g 水。

水拔操作较为从容，拔出的丝颜色较浅；油拔操作一气呵成，直截了当；水油拔介于两者之间，较易掌握。这三种方法形式不同，拔丝的原理是相同的。拔丝用糖是白砂糖，即蔗糖。蔗糖溶化于水中，溶化度随温度增高而增加。当温度上升到 160℃时，蔗糖由结晶状态变为液态，黏度增加；如温度继续上升到 186～187℃时，蔗糖骤然变为液体，黏度变小，此时的温度即为蔗糖的溶点，也是拔丝熬糖的关键点位。当温度下降，糖液开始变稠，逐渐失去液体的流动性，如温度降到 100℃左右，糖变成既不像液体，又不像固体的半固体时，可塑性很强，加以撕拉，即可出现丝丝缕缕的细线，这就是拔丝效果。当温度继续下降，糖就由半固体变成棕黄色的固体物，光洁透明，似玻璃，质地脆硬，冷菜中的甜品琉璃即利用这个原理，在能拔丝时不拔，任其冷却结成玻璃体，取其独特的外观和质感。拔丝菜食用时通常要放冷开水中浸一下，一来不烫嘴，二来能使糖浆、糖丝骤然降温变松脆。

（2）拔丝菜操作要领。根据拔丝的原则，在具体操作时应注意以下几个要领：

1）熬糖恰到好处。糖由晶粒到拔出丝来，实际上经历了四个阶段：熔化→浓稠→稀薄→出丝。结晶体的糖经加热会熔化成液体。水拔法实际是让糖先溶化于水，然后再将水蒸发干，糖液由液体变成浓液体，糖液化得均匀而彻底。油拔是由结晶体直接变成浓液体，糖很可能液化得不彻底，解决的方法是不停地搅拌，油又使锅壁滑润，减少糖粘锅的可能。所谓熬糖恰到好处，是要让糖液顺利达到186℃左右（糖的熔点），使糖呈稀薄的液体，不结块，色泽棕黄色。拔丝最容易碰到的两种失败情况是返砂和烧焦。

返砂是糖变成液体后又变成砂糖。水拔法最可能出现这种现象，糖溶于水成糖液，当所加水蒸发完时，火不够旺，温度升不上去，搅动不及时即还原成砂糖，此时再搅，部分糖粘在勺上，底下部分快速变色烧焦。油拔炒糖必须使糖粒全部彻底地熔化，不能留下未熔化的颗粒，油拔虽不至于出现返砂，但有颗粒的存在，会影响出丝和出丝的长度。油拔时如火候掌握不当，很可能出现部分糖粒还来不及熔化，另一部分糖液已转色变焦的现象。

2）掌握火候。不管哪种拔法都应经过中小火及大火两个加热过程，糖下锅时都用小火，慢慢搅，目的使糖彻底熔化。见糖液变稠，颜色变米黄色时，要立即移到大火上快速搅炒5～10 s，使温度迅速由100℃左右提高到180℃左右。水拔开始用小火，让它慢慢耗干水分，到水少时再搅不迟；油拔先用中火，慢慢搅拌，见糖熔化即移大火快速搅炒。当糖液变稀，色呈淡棕色时，正是糖的熔点，是拔丝的最佳时机，这时可将原料倒入翻拌，马上出锅。

3）油炸熬糖同步进行。这也非常重要。最好是熬糖和油炸原料同时到达最佳状态，随后迅速将两者结合在一起。如果事先将原料炸好，糖热料冷，原料入锅消耗糖的热量，很可能加速糖液凝结，拔不出丝来。油炸原料入锅时还须注意沥干油，否则很可能使糖浆难以均匀地挂到原料上。

4）油炸原料应比炸菜更脆。拔丝的原料油炸一般都要经过复炸，第一次炸熟原料或使糊结壳黏裹原料表面；第二次复炸用高温油，一下炸脆外表。这样也能使原料有一较硬实的糊壳，不至于在包上糖浆时破碎。拔丝原料有一部分是水果，糊壳一破，水分流出，就会粘成一团，难以拔丝。油炸原料入锅后翻锅的动作要轻，翻身次数也不能多，速度要快，以能包上糖浆即可。

5）盛器应涂油，上桌要快，随带冷开水。盛放拔丝菜的盘子一定要事先涂上熟油，否则糖粘住盘底很难清洗；上菜速度要快，稍一迟缓，就可能拔不出丝来。

2. 蜜汁

原料以水或蒸汽为导热体，以糖作为主要调料，成菜软糯带甜汁的烹制方法称为蜜汁。蜜汁菜所用的烹调方法主要有蒸、烧、焖等几种，在烹制的最后阶段，都有一个收稠糖汁的过程。一方面，糖汁浓稠能使部分糖分渗入原料，或裹覆原料表面，起入味的作用；另一方面，糖浆浓缩后会产生一定的光亮。酥烂软糯是蜜汁菜的共同特征。故不管属于哪种烹调方法，其致酥原料的加热过程都经历一定的时间。

蜜汁菜的甜汁主要有两种类型，一种是清香细润型，另一种是浓香肥糯型。

（1）清香细润的甜汁。这类甜汁必须用冰糖，汁多、不稠，具有清、甜、嫩、润的特色，一般称为冰糖甜汁。其调汁方法十分细致，冰糖和水同时放入锅内（配料比例各地不同，大多每0.5 kg水加冰糖200～500 g），中火熔化（有的把冰糖和水放入大碗内，置于笼屉中蒸至熔化），化开后撇去浮沫，再用洁净白布过滤，清除杂质，使甜汁澄清，口感软滑润嗓。甜汁调制好后，如用银耳，按常规发好，放入甜汁中，用中小火炖烂，即为冰糖银耳。此菜有两种吃法：一是炖烂趁热上桌吃，适合冬季食用；一是炖烂晾透，并进冰箱速冻，适合夏季食用。但是，做冰糖甜汁的关键就是所用一切餐具器皿必须洁净。如所用的锅，在调制甜汁前，要刷洗得十分干净；甜汁调好后，出锅过滤，同时把锅再刷干净，才能和银耳同烧。如果不这样，就会严重影响甜汁的色泽和风味。

（2）浓香肥糯的甜汁。这类甜汁汁少、黏稠、香甜，色泽透亮，一般都用上等绵白糖调制。其调制方法也分为两种：一是锅内放少许油烧热后，加糖，用中等火力稍加煸炒，炒至糖色较黄（最多相当拔丝的炒糖火候），再加水熬融，改用小火熬至起泡、黏浓、变稠，即可浇在预制好的主料上，色呈淡黄，十分透亮。这种做法类似熘，有的地区叫作“糖熘”。另一种方法是把糖和水同时入锅烧开、熬熔、撇沫，加入主料同烧，至主料酥烂、甜汁变稠，取出主料盛入盘内，再将甜汁继续小火熬至浓稠（有的还要勾芡），浇在主料上。

3. 其他类甜菜的制法

制作甜菜的方法，除拔丝、蜜汁外，蒸、烧、焖、炸、氽、炒等方法也可运用于甜菜中。

（1）蒸类甜菜。蒸制的蜜汁菜是先将原料加糖蒸酥，然后将原料滗出糖水装盘，糖水在火上熬炒到稍稠厚，再浇淋于原料上。取蒸法，原料多为不易酥烂的，如蜜汁莲心、龙眼甜烧白等。有些菜肴为求外观漂亮，将原料扣于扣碗中，排列齐整或排出一定形状，蒸好后扣于盘中，不散不乱，蒸制的蜜汁菜制作时要注意以下几点：

第一，应用中旺火将原料蒸烂，且应一气呵成，不可蒸蒸停停，停停蒸蒸。第二，蒸时要防止汽水滴入，尤其有些原料酥烂后遇水而化或过于湿烂不成形，水多了也冲淡了甜味浓度。第三，原料出笼装盘后应将水滗尽。熬糖时不能过火，它与拔丝不同，一般熬糖至稠米汤状即可，熬时火不可太旺，一般取中火。有汁的蜜汁菜不要求过分甜，卤汁中糖分不够时，也可勾薄芡相助，但芡粉一定不能多。

（2）烧、焖类甜菜。烧、焖本身差异不大，取烧者，原料一般较易酥烂；取焖者，原料酥烂需要一定时间。烧焖类甜菜制法是先用少量油炒糖，随即加水（加些蜂蜜更好），将糖烧熔化，放下原料一起烧焖，至原料熟烂，即将糖汁稠浓成菜。烧焖类蜜汁菜难度比蒸制类大得多，稍有不慎就可能导致粘底烧焦。为了保证成品的质量，制作这类蜜汁菜必须注意几个问题：第一，要根据原料及成菜要求决定烧焖的时间及所用的火力。原料易酥烂的，应短时间中火加热，如蜜汁香蕉；不易酥烂的，要小火较长时间加热，如蜜汁山药。在烧焖过程中，一定要经常旋动炒锅，不易散碎的原料多加翻拌。第二，到糖汁将熬干时，不能再加锅盖，把铁锅握在手里，不停地旋动，如果原料酥烂易碎，可用手勺不停地将卤汁浇淋在原料上，稠浓糖浆至稠厚似芡且有光泽时即可出锅装盘。

（3）炸类甜菜。制甜菜一般都追求香脆的外表及酥嫩或鲜嫩的内部。因此，原料多取熟料，事先调有甜味。所挂的糊主要有水粉糊和全蛋黄糊，前者追求脆硬的质感，后者取其脆松香的口感。由于应用熟料，故在油炸时一般火较旺，油锅温度偏高。这又要求原料外表的糊浆要挂得牢，否则若表层部分糊浆不匀，内部原料暴露后，油炸易使甜味原料枯焦。炸制的甜菜如麻糖锅炸、玫瑰球等。

（4）氽类甜菜。几乎所有挂蛋泡糊的甜菜都属氽。氽制这类菜肴时，一要注意原料挂糊均匀，保持形态美观划一、外形完整。二要注意始终用低油温，待蛋泡糊结壳，里边原料温热或成熟即可出锅。氽制的甜菜，其原料绝大多数是熟料、易热料或可生吃的原料，调味料糖在挂糊前已经与原料结合。三要强调用清油，确保成品颜色洁白。例如炸羊尾。

（5）炒类甜菜。甜菜的炒只取煸炒，且其煸炒的时间比一般煸炒略长一些。炒制的甜菜主要是泥状料，如炒三样泥、炒三不粘等。这种煸炒的技术要求较高。这类菜的原料要加工得极为细腻，如这类菜的主体豆类泥，就应焯水或焖煮后用网筛擦成细泥，有时还应反复擦两遍。这种豆类原料不可选太嫩的，否则出不了沙。炒制时，锅一定要滑、烫，加油和加糖都应分几次。原料下锅后要不停地推炒，见油全部为原料吸收，可加些油继续推打。糖一般可分2～3次加入，每次加入要待其熔化并与原料混为一体才加第二次。糖加入后化为糖浆，会使泥状料变稀，炒完后堆不起来。故其用量一定要准。它不像一般炒菜，在出锅前加油以增光亮，这种甜菜要将油全部推打入原料中，最后不加油，使成品看上去并没有多余的油。而实际的口味是酥肥、软嫩不腻，香味浓郁，外表没有热气，里边温度很高。

思 考 题

1. 什么是氽？氽与炸有什么区别？
2. 烹与熘有什么区别？
3. 简述烩菜的操作要领。
4. 什么是瓤？瓤菜的烹调方法有几种？制作要点是什么？
5. 什么是芙蓉？做芙蓉菜必须掌握哪些要领？
6. 如何做好拔丝菜？
7. 简述滑炒与滑熘的异同。
8. 简述爆的操作要领。
9. 简述烧的操作要领。
10. 简述滑炒、炸、爆的异同。
11. 简述煮、氽、烩的异同。
12. 简述煎、塌、贴的异同。

第 7 章

凉菜制作

第 1 节　凉 菜 概 述

一、凉菜的特点

1. 滋味稳定

凉菜冷食，不受温度所限，搁久了滋味不会受到影响。这就适应了酒宴上宾主边吃边饮、相互交谈的习惯。它是理想的佐酒佳肴。

2. 常以首菜入席，起着先导作用

凉菜常以第一道菜入席，很讲究装盘工艺，优美的形、色，对整桌菜肴的评价有着一定的影响。

3. 风味独特

凉菜自成一格，所以还可独立成席，如冷餐宴会、鸡尾酒会等，都是主要由凉菜组成。

4. 可以大量制作，更可提前备货

由于凉菜不像热菜那样随炒随吃，这就可以提前备货，便于大量制作。若开展方便快餐业务或举行大型宴会，凉菜就能缓和热菜烹调方面的紧张。

5. 便于携带，食用方便

凉菜一般都具有无汁无腻等特点，便于携带，也可作馈赠亲友的礼品。在旅途中食用，不需加热，也不一定依赖餐具。

6. 可作橱窗的陈列品，起着广告作用

由于凉菜没有热气，又可以久搁，因而可作为橱窗陈列的理想菜品。这既能反映企业的经营面貌，又能展示厨师的技术水平。对于饮食部门营销，有一定的积极作用。

二、凉菜与热菜的异同

1. 烹制方式不同

凉菜与热菜相比，在制作上除了原料初加工基本上一致外，明显的区别是：前者一般是先烹调，后刀工；而后者则是先刀工，后烹调。热菜一般是利用原料的自然形态或原料的割切及加工复制等手段来构成菜肴的形状；凉菜则以丝、条、片、块为基本单位来组成菜肴的形状，并有单盘、拼盘、什锦拼盘以及工艺性较高的花鸟图案冷盘之分。热菜调味一般都能及时见效，并多利用勾芡以使调料分布均匀；凉菜调味强调“入味”，或是附加食用调味品。热菜必须通过加热才能使原料成为菜品；凉菜有些品种不需加热就能成为菜品。热菜是利用原料加热以散发热气使人嗅到香味；凉菜一般讲究香味透入肌里，使人食之越嚼越香，素有“热菜气香，凉菜骨香”之说。

2. 品种特点不同

凉菜和热菜一样，其品种既有常年可见的，也有分四季时令的。凉菜的季节性以“春腊、夏拌、秋糟、冬冻”为典型代表。这是因为冬季腌制的腊味，需经一段“着味”过程，只有到了开春时食用，始觉味美。夏季瓜果蔬菜比较丰盛，为冷拌菜提供了广泛的原料。秋季的糟货是增进食欲的理想佳肴。冬季气候寒冷，有利于羊羔、冻蹄烹制冻结。可见凉菜的季节性是随着客观规律变化而形成。现在也有反季供应，因为餐厅都有空调，有时冬令品种也放在盛夏供应，颇受消费者欢迎。

3. 风味、质感不同

总的来讲，与热菜相比较，凉菜以香气浓郁、清凉爽口、少汤少汁（或无汁）、鲜醇不腻为主要特色。具体又可分为两大类型：一类是以鲜香、脆嫩、爽口为特点；另一类是以醇香、酥烂、味厚为特点。前一类的制法以拌、炝、腌为代表；后一类的制法，则由卤、酱、烧等代表，它们各有不同的风格。

第2节　凉菜烹调制作方法

一、炝拌类

拌和炝这两种烹调技法有很多相似之处。例如，原料都要经改刀，切成丝、片、条、块等较小的形态；都要经过一定初步加工处理；都用调味料拌匀食用等。所以，有些地区的拌、炝不分，视为一种技法。实际上，这两种技法有一定的区别。从原料上看，两者多用熟料、易熟料及可生食的蔬果；但从熟料制法上看，拌以水焯、煮烫为主，炝除水焯外，还多使用油滑的方法。从调料上看，拌主要用香油（或麻酱）、酱油、醋、糖、盐、味精、姜末、葱花等；炝则多用花椒油加调料拌（也有用盐、味精、香油的）。因此，这两种技法在鲜香、脆嫩、爽口相同的特点下，又有不同的风味特色。

1. 拌

拌是把生的原料或晾凉的熟原料，经切制成小型的丁、丝、条、片等形状后，加入各种调味品调拌均匀的做法。拌制菜肴具有清爽鲜脆的特点。拌制菜肴的方法很多，一般可分为生拌、熟拌、生熟混拌等。

（1）生拌。生拌的主料多用蔬菜和其他生料，经过洗净、消毒（有的用盐暴腌一下）、切制后，直接加调味品，调拌均匀，如拌西红柿、拌黄瓜、拌海蜇皮等。

（2）熟拌。熟拌是原料经过水焯、煮烫成熟后晾凉，改刀后加入各种调味品，调拌均匀，如拌肚丝、拌三鲜、拌腰片等。

（3）生熟混拌。生熟混拌是将生、熟原料分别切制成各种形状，然后按原料性质和色泽放在盘中，食用时浇上调味品拌匀，如蒜泥白肉等。

2. 炝

炝的方法是先把原料切成丝、片、块、条等，用沸水稍烫一下，或用油稍滑一下，然后滤去水分或油分，加入以花椒油为主味的调味品拌匀。炝制菜肴具有鲜醇入味的特点。炝一般分为焯炝、滑炝两种。

（1）焯炝。焯炝是将主料用沸水焯一下，然后沥干水分，在冷水中投凉后沥干，加入调味品淋上花椒油。焯炝的菜品以脆性原料为主，如炝扁豆、炝腰花等。

（2）滑炝。滑炝是原料必须经过挂糊上浆处理，放入油锅内，滑熟滑透，取出沥油，再用热水冲洗掉油分，加调料拌，如炝鸡片、炝腰片等。

3. 拌、炝菜肴的质量要求

（1）脆嫩清爽。这是拌与炝菜肴的第一个要求，也是一个基本的要求。如果制作出来的拌菜与炝菜，又烂又腻，则先失掉它的风味特点。为了保证脆嫩清爽，在选料和加工处理上，都要认真对待。对于生料拌，一定要选择新鲜的脆嫩原料，这是保证质量的前提。对熟料拌，无论何种加热处理都要以保证脆嫩为出发点，例如用水焯法，只能在水开后下锅，在火上或离火迅速挑翻几下，使之均匀受热，一见转为翠绿，断掉生味，立即出锅，投入凉开水中浸泡，只有这样，焯后才能保持质地脆嫩、色泽鲜艳、清爽利口的要求。

（2）清香鲜醇。突出香味又是拌与炝的另一个重要要求。拌菜与炝菜的香，既要散发扑鼻香味，又要有入口后嚼的香味，并且越嚼越香，这是所有凉菜的共同特点。因此，在凉菜制作过程中，要运用各种增加香味的手段。在拌与炝的制法中，一方面是在拌、炝中使用香气浓郁的调料，如调汁中，要用花椒、大料之类的香料，有的要用姜丝、姜末和醋来增香，有的要以蒜泥、麻酱、芥末等拌和，有的用花椒油、有的淋香油等，使菜肴香味增强；另一方面，拌、炝的熟料在制作时要重用香料和味厚的调料，使之浸入原料内部，产生内部的香味，从而达到内外俱香，香气四溢。

4. 拌、炝菜肴操作要点

（1）刀工要精细。拌、炝菜在刀工处理上要整齐美观，如切条时长短大体要一致，切片时薄厚要均匀。此外，若在原料上剞出不同的花刀那就更好，如在糖醋小萝卜上剞出蓑衣花刀，这样既能入味，又能令人望而生津，增进食欲。

(2) 要注意调色，以料助香。拌、炝菜要避免菜色单一，缺乏香气。例如，在黄瓜丝拌海蜇中，加点海米，使绿、黄、红三色相间，甚是好看；小葱拌豆腐一青二白，看上去清淡素雅，如再加入少许香油，便可达到色、香俱佳；拌白肉中加点蒜末既解腻又生香，使白肉肥美味厚。

(3) 调味要合理。各种凉拌菜使用的调料和口味要求各有特色。如糖拌西红柿口味甜酸，只宜用糖调和，而不宜加盐；拌凉粉口味宜咸酸清凉，没有必要加糖和味精，只需加少许醋、盐。

(4) 生拌凉菜必须十分注意卫生。因为蔬菜在生长过程中，常常沾有农药等物质。所以，应冲洗干净，必要时要用开水和高锰酸钾水溶液冲洗。此外，还可用醋、蒜等杀菌调料。如系荤料，更应注意排除寄生虫。

二、煮烧类

煮烧类凉菜的烹制方法类似于热菜的烧、焖、煮诸法，但在具体的制法、用料上又有其个性特点。常见的煮烧类方法有酱、卤、白煮、酥等。

1. 酱

酱是冷荤菜肴中使用最广泛的一种技法，通常以肉类（如猪、牛、羊、鸡、鸭等）作原料，制品特点是：皮嫩肉烂，肥而不腻，香气馥郁，味美可口。它的制法是将原料先用盐或酱油腌制，放入用酱油、糖、绍酒、香料等调制的酱汤中，用旺火烧开撇去浮沫，再用小火煮熟，然后用微火熬浓汤汁黏附在成品的皮面上。制作酱制菜肴要掌握以下几个环节：

(1) 选料。酱所用的原料很多，诸如猪、牛、羊、鸡、鸭以及头蹄下水（猪头、心、肝、肚、肺、肠、蹄等），但要选好这些原料，却大有讲究。例如酱猪肉，讲究选用体重40 kg左右、皮嫩肉瘦的猪，并以五花肉、肘子为佳。再如酱牛肉，以无筋不肥的瘦肉为好，一般都用腿部的精肉，其他部位的肉风味不佳。酱鸡、鸭也要当年的1 kg重左右的小油母鸡或小公鸡等为宜，不按照这个要求选料，就酱不出具有风味特色的酱制品。

(2) 原料的整理。酱制原料的整理也是酱好制品的重要环节。原料的整理一般分为洗涤、切块、紧缩三道程序，它们都对质量有很大影响。

1) 洗涤。无论何种原料，都要先用清水浸泡，清除血水，彻底刷洗干净原料上的毛（最好用小镊子钳净，肉内不留根茬）和污物，酱后才无异味。特别是污秽的头蹄、下水等，洗涤是关系酱制品质量的关键。

2）切块。它也是酱制整理的重要内容，做酱肉的肉一般要切成0.5～1 kg重的方块和长方块（有的可切成250 g重的块），才能酱透入味。酱猪头要劈成两半，即先从猪头脑门上划一道刀口，再从下额骨缝中用刀跟（最好用斧头）一劈两开。酱鸡、鸭用整只，酱爪蹄、下水一般不用切开。

3）紧缩。紧缩又称焯烫，即把酱制原料在酱以前放入开水锅中焯烫一遍（10～20 min），其目的是进一步清除血污和“脏气”，特别是污秽重的肠、肚、头、蹄，紧缩是必不可少的一道工序。此外，还有一些品种，在酱制以前，要用盐、硝腌制，迫使原料内的血水溢出，并使原料色泽美观，香味浓郁。

（3）酱卤调制。酱卤调制是制作酱制品最关键的技术环节，酱制品风味质量好不好，酱卤起着决定性的作用。其要点有两个：

1）酱卤的配料。由于各地做法不同，酱卤配方差异很大，但各有特色，主要表现在香料的运用上。一般来说，基本配方的用料是盐、酱油、料酒、葱、姜、花椒、大料（八角）、桂皮等。复杂的除以上用料外，还有陈皮、甘草、草果、丁香、小茴香、豆蔻、砂仁等。此外，有的还加白糖、冰糖、红曲、糖色、味精等。下面以酱猪肉为例，介绍一个常用的配方和投料标准：开水5 kg，盐125 g，酱油1 kg，料酒0.5 kg，葱、姜各125 g，花椒、大料、桂皮三种香料各75 g（装入细布口袋内扎好，可以使用多次），经过熬煮，透出香味，即成酱汤。

2）老汤保存。老汤即酱制过的陈汤，酱汤酱制的次数越多，汤味越香，酱出来的制品味道越佳。有些企业的酱汤，保存10年，甚至上百年，“百年老汤”酱出制品，风味绝佳。保存好老汤，要用很多办法。一般来说，酱制以后，要清渣、撇油、过滤，以保证汤质洁净。每天要加热（夏季每天至少加热两次，晾凉，储放时不能随便摇动，更不能带入生水等），只有这样，才能长时间地保持老汤，酱出香味浓、鲜味足的酱制品。

（4）酱制火候。酱制过程中的火候运用也是酱制菜肴需要掌握的关键技术之一。原料入锅酱制，一般是先用旺火烧开，再改用小火酱煮，酱到上色、酥烂，即成成品。但是这个过程，也有许多要领，特别要注意以下几个方面：第一，开锅后（即酱汤达到100℃时）下料，不能在冷酱汤中下料。为防止黏底焦煳，汤锅内要垫上竹篦子。第二，小火酱煮时，要保持汤面微开，既不能冒大泡，又不能无泡，行话叫作“沸而不腾”。这时酱汤的温度，大体上控制在90～95℃最为合适。第三，经常撇除汤面冒出的油脂和污沫，保持汤汁洁净。在整个酱制过程中，原料上下翻动两次，使之均匀上色、成熟。第四，注意掌握生熟程度，在适当时间及时捞出。捞得过早，肉质发硬，咬嚼不动；捞得过晚，又太软烂，不但影响质量，而且减轻熟重，造成损失（即煮化了）。标准的酱制品熟重生料500 g应保持350～400 g，最少不能低于300 g。但具体酱制时间，随原料而异，如酱猪肉（包括头、蹄、肚、肠、心等下水）约 2 h，酱牛肉则要 4 h。大部分酱制品在酱煮后，从酱汤中捞出，晾凉冷透，改刀切块切片。但做酱汁肉的，捞出后，还要舀出一部分酱汤，加些色素（或糖色）、红曲等，小火熬浓，成为稠汁，浇或涂抹在制品上，这是酱制品的一个风味品种。

2. 卤

卤是将原料放入调制好的卤汁中，用小火慢慢浸煮卤透，使卤汁滋味慢慢渗入原料里，卤制菜肴具有醇香酥烂的特点。制好卤菜，突出卤菜的风味，必须掌握以下几点：

(1) 熬制卤汤。制原卤的方法，置较大的铁锅 1 只，铝锅也可，但最好用深颈的大砂锅。制卤汁的用料配方，各地口味均不相同，但在第一次制卤汁时，要用鸡、猪肉等原料（或用鸡肉、猪肉熬成的鲜汤）再配以清水、调味品和香料（香料要用洁白布包好扎紧下锅），先用旺火烧开，再改小火慢慢地熬制，行语称为“制汤”，到鸡酥、肉烂、汤汁稠浓时，即为原卤。这时，捞出鸡、猪肉和香料等，即可卤制各种菜肴了。

(2) 配方。在卤汁中，用的调味品各不相同，可分为红卤和白卤两种。红卤必须加酱油、白糖或冰糖等；白卤是加盐不加酱油，一般也不加糖，卤出的菜肴，保持原料的本色。加入香料要得当，对于香料的用法各地不尽相同，有的种类很多，有的种类较少。一般是使用茴香、桂皮、八角、草果、花椒、丁香等香料，但有的也增加红曲、香葱、生姜等，形成了不同的风味和特色。一般做卤汁时，可根据现有条件，简单一些。配料标准：鸡 1 只 1～1.5 kg、猪肉 1 kg、绍酒 250 g、酱油 500 g、茴香和八角各 25 g，用洁白布包好扎紧放入锅内，加清水 2.5～4 kg，熬成味道鲜香可口的卤汁即可。对于刚刚制好的卤汁，香气还比较淡，待卤得次数多了，卤汁香气变浓，卤汁越陈，香气越浓，鲜味就越大，即成老卤。

(3) 老卤的保存。第一，要将卤后的卤汁冷却放好，不能随便晃动，更不能掺入生水，否则，卤汁就会变质。第二，要经常加热烧开，特别是夏天，每相隔一二天就要上火烧开 1 次。这样才能保持卤汁常年不变质，而且原味越来越浓。第三，每次卤过菜肴后，要酌量加些调味品和热水同烧，使老卤不致减少；对卤过多次后的卤汁，还要加些香料，保持原有风味香味。第四，卤荤料（如肉类等）卤得多时，还要撇油、去沫、过滤、清卤，否则，就容易使卤汁变质。卤菜的原料很多，但以卤荤料的口味最佳，如鸭、鸡、鹅及野味，猪、牛、羊肉及各种禽畜内脏等。

(4) 原料的初步处理。特别是对污秽较重、异味较大的内脏，必须彻底翻洗干净，然后放入开水锅中焯去血水、浮沫和不良气味，加工成半成品，捞出待卤。有的原料还要经过油锅炸后，再入卤汁锅中烧开，撇清油沫，移小火卤制成熟。如卤制鸡蛋、鸭蛋等，先将蛋煮熟，取出放入冷水过凉，敲碎剥壳，用小刀在蛋上均匀划上间隔相等、深浅一致的纹，投入卤汁锅中，卤至入味即可。对于卤制禽畜内脏及豆制品，一定要调换卤汁，因为这类食物容易把卤汁弄坏，以致变质。故而一般不在原卤汁锅中卤制，而是从老卤中舀出卤汁，放入另外锅里去卤制，卤后的卤汁，也不能再放回老卤中，可另作别用。

（5）卤菜火候的掌握。要制作好卤菜，还要掌握好卤制时火候和卤制时间的长短，这样才能卤出好的卤菜来。卤制时的火候，必须先用旺火后改微火，缓缓地进行，使卤制原料入味；卤制的时间，要按原料的性质而定，老的原料时间要长一些，嫩的原料则可短一些，如鸡、鸭、猪肉等，一般要在小火上卤 1～2 h，并以筷子能戳动为度。而蛋类和豆制品，则以入味为好，不能过烂。同时，在卤制过程中，还要适当翻动，使之均匀受热、入味和防止粘底焦煳。对卤好的卤菜成品，如暂不食用，有些原料可浸放在卤汁中，如卤水牛肉、盐水鸭等。有些原料捞出后，可在身上涂香油以防风吹后肉质干硬，无光泽。

3. 白煮

白煮与热菜中的煮基本相同，区别在凉菜的白煮大多是大件料，汤汁中不加咸味调料，取料而不用汤。原料冷却后经刀工处理装盘，另跟味碟上席。白煮菜的特点是白嫩鲜香，本味俱在，清淡爽口。其制作要点是：白煮菜调味与烹制分开，故操作相对简单，容易掌握，但在煮的时候，仍须掌握火候，因为原料性质、形状各不相同，成菜要求也不同，所以要分别对待。比如有些鲜嫩的原料应沸水下锅，水再沸时即离火焖制，将原料浸熟；而有的原料形体较大，烧煮时就该用小火长时间地焖煮。一般来说，白煮菜以熟嫩为多，酥嫩较少，故原料断生即可捞出。大锅煮料时，往往是多料合一锅，要随时将已成熟的原料取出，为使原料均匀受热，还要注意不使原料浮出水面。有些原料煮好后也可任其浸在汤汁中，临装盘时才取出改刀。较为出名的白煮菜有白斩鸡、白切肉等。

4. 酥

酥也是热菜烹调法焖烧的变形。它是以醋作为主要调味料，经小火长时间加热，令原料骨肉酥软、鲜香入味的一种方法，以酥鲫鱼和酥海带为代表。其制作要点是：酥菜都是大批量制作，成品又要求酥烂，所以，首先要防止原料粘底。酥菜不可能在烹制过程中经常翻动原料，甚至有的菜从入锅到出锅根本就不变换位置。对策是加锅衬，原料松松地逐层排放。其次，加料及汤水要准，中途不可追加，以免影响其滋味的浓醇。酥菜的焖烧时间一般在两三个小时以上，故汤汁应比一般烧菜多一些。最后，质地酥烂的菜肴，焖烧完毕后要待其冷却才起锅，以防破坏菜肴的外形。

三、汽蒸类

汽蒸类即利用蒸汽来烹制凉菜。此类凉菜数量不多，代表品种是蛋糕、蛋卷以及某些瓤制类凉菜。用蒸汽法来烹制这些凉菜要注意的是正确掌握火候，蒸制时火一般不能太旺，以防蒸汽冲击原料表面，有时还可采取将原料放入密闭的容器中蒸制的办法来保持菜肴外形的完整。蒸制品强调本味，故咸味不能太重。

四、腌制类

腌制类凉菜的制作方法是原料浸渍于调味料中，或用调味料涂擦、揉搓、拌和，以排除原料中的水分和异味，使原料入味并使有些原料具有特殊的质感和风味。腌制类制品的调味中，盐是最主要的，任何腌菜都少不了它。因为盐具有渗透压，能“挤”入原料中而令原料的水分排出。其他调味料也有可能渗入。起码基本味的渗入就为菜肴的风味打下了基础。同时，经腌制后，有些脆嫩性的植物原料会更加爽脆；而一些动物原料经腌制一定时间脱水之后便会产生一种特有的干香味，质感也因此而变得硬紧耐嚼。

腌制类凉菜制作法根据腌制的方式大致可分为盐腌、腌风、腌腊、腌拌、泡腌五种。其中，泡腌还有糟、醉、泡三种具体应用。

1. 盐腌

生料或熟料拌上、撒上盐，静置一段时间直接食用的方法叫盐腌。盐腌之后直接成菜，腌制的时间短则几小时，多则月余，这是盐腌作为凉菜制法区别于盐腌用作某些烹调方法的初步加工的不同点。

操作要点：生料盐腌须鲜活，腌制时用盐量大有讲究，盐多太咸，盐少又不能形成盐腌特有的风味。熟料盐腌一般是煮、蒸之后加盐，这种原料在蒸煮时一般以断生为好，不可过于酥烂。腌制的时间要短于生料。盐腌原料放置的盛器一般要选陶器，盐腌时要盖严盖子，防止污染。如果大批制作，还应在腌制过程中上下翻动一两次，以使咸味均匀地渗入。盐腌菜有炝蟹、咸鸡等。

2. 腌风

腌风是原料以花椒盐擦抹后，置于阴凉通风处吹干水分，随后蒸或煮制成菜的方法。成菜质地硬香，有咬劲耐咀嚼。其特色的形成依赖于腌和风，而不是蒸和煮。腌风的原料全是动物性的，常见的是家禽和部分水产品。因为风制时间较久，故风制菜多在秋冬季节制作。在制腌风菜时应掌握以下要领：

（1）原料不够新鲜的话，往往经不起长时间的风制而变质。为防止细菌的污染，风制的原料一般不经水洗。如果是活杀的，甚至不去毛和鳞，掏去内脏用干布擦净血污即可进行腌制。

（2）擦透。禽类、鱼类如不去毛和鳞的，盐在肚中擦抹，一定要均匀。但同时还必须注意花椒盐的用量，也不可太多，否则会影响成菜的口感。

（3）背阳通风。悬吊时千万注意避免日晒雨淋。风的时间又根据原料质地和形体大小而定。一般禽类1个月左右、鱼类半个月左右即可烹制食用。风制的名菜有风鸡、风鳗等。

3. 腌腊

腌腊是动物原料以花椒盐或硝盐腌制后，再进行烟熏，或是取用腌制后晾干，再行腌制反复循环的方法。腌腊的原料主要是猪肉。腊与风较相似，但腊的腌制方法与风不同，腌制的时间也更长些。腊制后的成熟方法也是蒸和煮。腊的熏与凉菜制法之一的熏也不同。腊的熏一为咸中略带烟味；二为原料搁置时间较长，防虫蛀。

制作成功的腊菜，香味浓烈，咸淡适中，带有烟熏香味，其质地硬实，余味悠长。腊制原料应注意盐腌之后及时除去被挤压出来的水，同时勿使太咸太淡。再有一点是如取烟熏法，熏制时火不可太旺，烟气不可太急，防止熏焦原料。腊制菜肴一般在冬天制作。

4. 腌拌

腌拌是原料先经盐腌，再调拌入其他调料一起腌制，也可以将盐与其他调料一起与原料拌和腌制。成品特点是爽脆入味。其他调料是指糖、醋、味精、辣椒酱（包括辣椒油、干辣椒等）、葱油、麻油等料。它对应的原料，也是脆嫩性的植物料，如以萝卜丝为主的萝卜丝拌海蜇，以白菜为主的酸辣菜等。

制作要点：注意清洁卫生是腌拌类菜肴制作时首先应该强调的，因为腌拌的原料不经加热处理，腌制后直接装盘上席。其次，原料应加工得细致一些，最常见的是细丝状，形状小容易腌透。腌制的时间也可缩短。刀工要精，原料大小粗细要一致。最后，腌制时要注意盐的用量，盐太多，势必压抑了其他调料的味道，以腌制后口感略偏淡一些为好。盐腌之后，要用力挤干水分，随后再放入其他调料拌和、腌制，时间一般都不可太久，盐腌1～2 h，加入其他调料后再腌1 h左右。

5. 泡腌

原料浸泡于各种味觉的卤汁中腌制而成，使原料带有浓郁的卤汁味的方法叫泡腌。泡腌的原料有的先经盐腌，而一些质地脆嫩、调味易渗入的原料，一般可直接浸泡于卤汁中。泡腌的时间随原料质地及成菜要求而定，总的来说，泡腌菜要非常入味，又能保持一定的时间。泡腌有三种方法，即糟、醉、泡。

（1）糟。糟是将加热成熟的原料浸泡入以盐、糟卤等调制成的卤汁中的一种腌泡法。糟制菜强调特殊的糟香味，成品质地鲜嫩。糟料分红糟、香糟、糟油三种。糟卤的配方各地略有差异。大致做法是鲜汤加盐、葱、姜煮开晾凉，再将糟倒入，并将糟挤捏碎，随后用纱布过滤取汁，再在糟汁中加酒和味精。糟的制作要点如下：

1）糟制的原料应是极新鲜而且颜色白净的禽类和畜类及部分素料。为了突出糟香味，原料一般只选味感平和而鲜，没有大的特殊味感或腥味的。

2）除非原料质地十分老韧，一般煮到刚断生为好。鲜嫩原料煮得过于酥烂，糟制成品后质感不佳。

3）糟制的方法，一般都是先以盐将煮熟的原料腌制入味，随后泡入糟卤中，香糟糟菜只取糟卤，也可在糟卤浸制的同时，将过滤出的糟渣用纱布包着压在身上。红糟糟菜一般不经过滤，原料加盐、白酒等料腌制好，再放入稀释的卤汁中浸泡，成菜时还黏附少许糟粒，风味独特。

4）糟制品在低于10℃的温度下，口感最好，所以夏天制作糟菜最好腌制后放进冰箱。这样能使糟菜具有清凉爽淡、满口生香的特点。

（2）醉。醉是以酒和盐作为主要调味料浸泡原料的方法。醉菜酒香浓郁，肉质鲜美。醉料的酒一般是优质白酒和绍兴黄酒。醉制的原料通常是活的河鲜、海鲜，比如蟹、虾等及熟的畜禽类肉，如鸡、鸭等。还有个别植物类原料有时也可用来醉制。制作方法通常是先调制卤汁，卤汁中酒是主要成分，将原料放入浸泡，也有个别菜是依次加料，浸渍腌制。比较出名的菜如醉蟹、醉鸡、酒醉小竹笋等。

制作要点：用鲜活原料是醉制菜肴最基本的条件。原料醉制好后不再加热。全靠酒中的酒精杀灭细菌，有些熟料和素料还好一些，生的水产品如不够新鲜，加酒之后腌制时间又不长的话，很可能造成酒精不足以杀灭所有的细菌。选用鲜活原料还必须洗涤干净。有些活的原料最好能放在清水中静养几天，以使其吐尽污物。醉制时间的长短，当根据原料而定。一般生料腌制时间久些，熟料短些。长时间腌制的，卤汁中咸味调料不能太浓，防止菜品太咸；短时间腌制的，则不能太淡。另外，若以黄酒醉制，时间不能太长，防止口味发苦。醉制菜肴宜在夏天制作，尽可能放入冰箱腌制，但温度不能低于零度。

（3）泡。著名的四川泡菜属于泡制法。所谓泡是以时鲜蔬果为原料，投入经调好的卤汁中浸泡成菜的方法。除四川泡菜卤汁味为咸、酸、辣、鲜之外，常见的还有一种甜酸味的泡菜。四川泡菜的卤汁主要用盐、花椒、白酒、干辣椒、红糖等加水熬成，放入特殊的盛器——泡菜坛里，其酸味来自于生成的乳酸菌；甜酸味的卤汁主要用料是白糖、白醋、盐、香料等，加水熬成，其浓度很高。盛装的盛器也要求是陶制品。其制作要点包括以下几个方面：

1）原料新鲜，含有较多的水分，原料泡出的菜才会具有脆嫩爽口的质感。这些蔬果应洗涤干净，并沥干水分。不可将生水带入泡菜卤中，否则易使卤变浑甚至变质。

2）要按比例添加佐料。每次泡料应添佐料做到先泡先捞。泡菜的卤汁管理也是一门学问。因为泡菜跟卤制原料一样，卤汁泡制的原料越多、时间越长，口味越佳。泡菜坛内的卤汁如遇结白醭，可以白酒点入补救。若发缸（泡菜水溢出坛子）严重、出现异味时，应倒掉重来。初做泡菜卤最好在熬制好的卤汁中加入一定数量的老卤（甜酸味的不需要），这样能改善新泡菜的口感。

3）强调清洁。取泡菜时千万不能带入油腻和其他不洁物，要用干净的专用筷子夹取，绝不能用手抓。泡菜卤对不洁物较敏感，极易变质。

4）掌握时间。泡制时间的长短根据原料的形体大小、质地及季节而定，一般较厚实的原料泡制时间长一点，细、薄的原料稍短一些。为了使原料同时成“熟”，要求原料加工得形体大小一致。要么是薄片，要么是条状或块状。夏天泡制菜肴的时间较短，一般一天，最多两天即可食用；冬天一般需要泡制三天以上。糖醋卤泡料，一般一天即可，与季节关系不大。在夏天，为追求清凉的口感，甚至可将原料移进冰箱里泡制。

5）开发品种。四川泡菜的原料极广，几乎带脆性的所有原料都可泡制，如泡白菜、泡萝卜、泡黄瓜等；糖醋泡菜多用于泡花菜、卷心菜、胡萝卜、黄瓜等。

五、烧烤类

烧烤类凉菜的制作方法几乎与热菜的烹制方法一模一样，只是烤制后，要等冷却再切配装盘。烧烤类的凉菜制法分为明炉烤和暗炉烤两类，以后者为多。用于凉菜的烧烤在选料及调味上比热菜要求更高，比如，禽类或畜类不能选择过肥或过瘦的。又如热的烤制品，浓郁的香味会随热气散发在空气中；而凉菜的香味不足，要使香味充分为人们所感受，必须在烤后调味；冷食的烤制品则绝大多数是在烤前调味，且要重用香料，腌制一定时间。比如叉烧，就要用沙姜粉、茴香粉、白酒等呈香调料，加上其他调料拌腌一定时间后再烤。又因为是调好味再烤，要特别注意烤制时颜色的变化。调料中的糖、酱油等烤制时转色、变色很快，尤其是糖，很容易炭化发黑，所以要掌握烤制时间、火候。

暗炉烤有一种颇具特色的应用——烟熏。烟熏是将已经烹调成熟或接近成熟的原料，通过烟气加热，使菜肴带有特殊的烟香味，或同时使原料成熟的方法。它还是一种储藏食品的方法。

1. 烟熏的特点

熏过的食品，外部失掉了部分水分，较干燥，特别是熏烟中所含的酚、醋酸、甲醛等物质渗入食品内部，抑制了微生物的繁殖。所以，在保藏鱼、肉原料时，常用烟熏法。但是，烟熏的食品，除了上述作用外，还产生了一种烟香味。操作时，大都熏前调味，熏后抹油（香油），使用不同的熏料（如茶叶、香樟树叶、白糖），能熏制出具有色泽光亮、烟香鲜嫩特色的名肴。这里介绍的熏是将经过蒸、煮、炸、卤等方法熟制的原料，置于密封的容器内，用由各种物料的烟气熏，使烟火味焖入原料，形成特殊风味的凉菜。经过熏制的菜品，色泽艳丽，熏味干香，并可以延长保存时间，是常备的凉菜之一。

2. 熏料及熏法

熏的燃料可用锯末、糖、茶叶、糠、松枝、柏枝、竹叶、花生壳、向日葵壳等。熏制方法经许多厨师的实践与创新，现在比较典型的熏法有生熏法和熟熏法两种。

(1) 生熏法。生熏法的工艺流程较少，一般只有腌、熏两道工序，即将加工处理好的生料，用调味品浸渍入味，再经熏料烟熏成熟。在选料上，大多以肉质鲜嫩、体扁薄的鱼类为主。

(2) 熟熏法。熟熏法的流程就比较多，大多数要经过腌、蒸（或煮）、炸、熏四道工序（有的三道工序），但每个品种流程次序又不相同，有的是腌→熏→蒸→炸，有的则是煮→腌→熏等，情况比较复杂。在选料上，熟熏法以整鸡、鸭，大块肉品及固有形态的蛋品为多。

烟熏操作时应注意两点：一是原料在熏制前应擦干或晾干水分，便于烟味附着，有些初步处理时未成熟，靠烟气熏熟的原理，应加工得小一些、薄一些；二是烟熏时原料最好放在铁丝网上，使原料与烟源有一定距离又使烟能充分与原料接触。熏料加热时宜用中火，不能产生明火，又使烟保持一定的浓烈程度。烟熏的时间不能太长，一般在 5 min 以内。烟熏的名菜如烟鲳鱼、生熏白丝鱼等。

六、炸氽类

凉菜的炸氽类菜肴的制法与热菜完全相同，只是菜品远不及热菜那么多。热菜中许多炸氽菜也不适应于凉菜。

凉菜的炸氽一般分为脆炸和油氽两种。脆炸所挂糊种一般为发粉糊、全蛋糊、蛋清糊三种。发粉糊取其形体膨大，成品质感松软；全蛋糊取其质地松香而略脆；蛋清糊一般到完全冷却之后仍有一定脆度，因为是凉菜，烹调时炸脆，到装盘时已无脆硬度可言，但其特有的油香及黄色的色泽，仍具特殊的风味。油氽的菜一般是使原料脱水之后产生香脆质感，原料事先调味与否均可。炸氽类凉菜如面拖虾、油氽花生等。

七、糖粘类

凉菜中的甜制品虽不多，但其全甜的口味迥然不同于其他任何菜。因此在宴席中有它们的一席之地。糖粘类着眼于成菜的口味是甜的，并不像前面六类分别着眼于烹和调制的方法，所以归属于综合性的凉菜制作法。全甜菜的凉菜制法即糖粘制法，实际包括挂霜和琉璃两种。

1. 挂霜

挂霜是小型原料加热成熟后，粘上一层似粉似霜的白糖的一种制法。挂霜多取用果仁类、水果类及少量肉类原料。一般加工成片状、粒及小块状。加热的方式多为油氽或油炸。动物原料往往还挂糊。挂霜的制作过程大致在原料油炸成熟之后，另锅用糖及水熬煮，到糖全部溶化后倒入原料翻拌，冷却后原料表面即结糖霜。有的在冷却前再放在白糖中拌滚，使其再粘上一层白糖。称作挂霜制法的还有一种简单的方法，即在成熟的原料表面撒上绵白糖。现在也有在糖中掺入可可粉、芝麻粉的，丰富了挂霜的口味，但制法仍归属为挂霜。制作要点如下：

（1）正确熬糖。挂霜制作的最大难点是熬糖。熬糖一般多用糖水熬法，即锅内加水及糖，用小火熬，熬至糖全部溶于水，水泡由大变小且密，有一定黏稠度时，倒入原料翻拌。熬糖之前锅一定要洗干净，熬制过程中可用手勺对糖水多加搅拌，防粘底、促熔化。熬制时加水量一般可略少于糖，待熬至水分挥发将尽时，糖的温度达160℃，正是糖的熔点温度，也是下料时（这个比例只适用于原料在500 g以内的糖、水用量）。糖水比例很关键。水多，原料挂不上糖浆；水少，糖熔化后不起“霜”。

（2）重视加热成熟环节。挂霜菜除了外表似霜及口味全甜的特色之外，口感香脆也是主要特色。香脆的特点依赖于油炸、油氽原料时的火候及油温掌握。果仁都属油性原料，含水分较少，较易炸、氽得焦苦。所以，这类原料一般取小火慢氽法。有些原料在油氽前还可用开水泡一下，一方面去衣方便，另一方面使部分水分渗入，炸时较易掌握。原料油氽之后要冷却后才挂霜，否则糖浆遇热而化，不易挂上。倘是肉类原料，一般应挂水粉糊或蛋清糊以使成菜的质地脆硬度好一些。这类原料油炸时也应注意炸得比一般脆炸菜更脆一些。挂糖浆时则与果仁类相反，应刚离油锅即入糖锅。不用担心原料挂不上糖浆，原料表层的糊壳挂浆能力很强。炸脆的原料冷却后外表很可能不脆了。

（3）防止粘连。要趁热将原料分开，否则就会粘连在一起。有一种做法是将裹上糖浆的原料倒入炒熟的糯米粉堆里搅散，一来“霜”上加“雪”，外观更好；二来又可以马上做到粒粒分散。这糯米粉还可换成可可粉、芝麻粉等（也有将可可粉里拌入糖浆再下料拌匀的），使挂霜菜别有风味。挂霜名菜有挂霜腰果、可可桃仁、挂霜排骨等。

2. 琉璃

原料挂上糖浆后待其冷却结成玻璃体，表面形成一层琉璃状的薄壳，透明而光亮，酥脆而香甜，这种方法叫琉璃。琉璃之名，就取之于成菜特色。

（1）制法。与拔丝相仿，只是不拔丝而待其冷却成菜。糖的熔点是186～187℃。达到这个温度时，糖呈液体，冷却后会形成玻璃体。琉璃菜就是利用了糖的这一特性而制成的。琉璃菜的原料多为水果、根茎类蔬菜、果仁及动物原料。这些原料大都加工成小块或球状，油氽或挂糊油炸之后包裹上熔化了糖浆，冷却成菜。

（2）制作要点。琉璃菜的操作难点是熬糖。而它的熬糖技术与拔丝的熬糖技术完全相同。故可参照拔丝的操作要点。琉璃是冷食的，故挂上糖浆后要摊放于涂上油的盘子里，勿使相互粘连。另外，琉璃一般都是大批制作零星使用的。保藏琉璃菜也应强调防潮，表面的玻璃体很容易吸水受潮而影响脆度，加上有黏性，使口感不适。琥珀核桃、琉璃肉都是琉璃的名菜。

八、冻制类

冻是成熟的原料加上明胶或琼胶汁液，待冷却结冻后成菜的一种制法。冻制方法较为特殊。它借用煮、蒸、氽、滑油、焖烧等热菜的烹调方法，而成品必须冷却后食用。所用明胶蛋白质主要取之于肉皮，琼胶则取之于石花菜或其制品琼脂。菜肴冻结后形成特殊的味道、色泽、形态和质感。冻菜口感比较单纯，主要是咸鲜味，分加酱油和不加酱油两种。成品色泽晶莹透明，尤其是不加酱油的冻菜，透明度很高，亦称水晶菜。以明胶结冻的菜，其冻有一定的硬度，弹性很好，咬感极佳；琼脂结冻，则很嫩，舌尖一抵即碎，在口中化为满口鲜汤。以明胶结冻多取焖烧煮，品种如冻羊糕等；以琼脂结冻多取氽、滑油、蒸法，品种有水晶虾仁、冻鸡等。制作要点如下：

第一，要做纯净透明的冻菜，胶汁熬制是关键；而一般琼脂较易掌握，把握水（汤）与琼脂的比例即行，一般琼脂与水之比为1∶(70～100)。熬制时要先将琼脂浸泡至软，然后与水（汤）一起用小火熬至琼脂熔化即可。琼脂具有可以反复加热、结冻的特点，因此如果大批量生产，也可先将琼脂熬好，零星使用（但必须注意熬好的琼胶不可久放，因为琼脂是良好的细菌培养剂）。皮冻熬制相对比较复杂。猪皮最好选用背脊和腰肋部位的，要去净皮上的肥膘和污物，加水用小火煮烂。倘要做水晶冻，则最好将修净的猪皮加水上笼蒸烂；或是煮烂的皮冻用纱布过滤之后再用明矾吊清。一些经焖烧煮的冻菜，如色彩要求不高，也可将肉皮切碎与其他原料一起烧煮。

第二，做水晶菜一般胶质浓度不宜太高，成品以能结冻、不塌为原则，胶汁用量越少越好。

第三，正确选料。水晶冻菜的原料应选择鲜嫩、无骨、无血腥的原料，而且刀工处理得细小一些，一般以小片状为多。原料多经水煮，色泽白净，有些经上浆滑油的原料一定要尽可能多地除去油腻。配料应多从颜色搭配的角度考虑，选一些色彩鲜明、质地脆嫩的原料。在汤汁结冻前，还应将原料排列整齐或组合成一定的图案，以增加美感。

第四，水晶菜口味宜偏清淡，焖烧的品种也应用香料或其他调味料尽可能除去原料的异味。烹制完毕后可盛放在扁形盘子里，将原料均匀地分布在汤中，以便于冷却改刀后每片能均匀地带有卤冻和原料。

九、卷酿类

凉菜的卷酿类菜肴的制法与热菜的酿相仿，但在选料和口味上略有差异。所谓卷是以一种大薄片状的原料卷包入一种或几种其他原料，成品质感风味丰富，造型别致。酿是在一种原料的面上、中间涂上、夹进、塞入另一种或几种原料的制法。卷制的凉菜的片状料常用紫菜、菜叶、蛋皮、萝卜、笋、茭白、牛肉、猪肉、鸡肉以及剁成泥蓉状的其他动物料；包卷在中间的原料多为色彩鲜丽、口感脆嫩或鲜香味浓的丝、蓉、条状料。酿菜的底坯原料多种多样，但一般处理成厚片状，塞料的原料多为球状或较厚实的。酿料绝大多数是鲜嫩的，剁成泥蓉或小颗粒的动物原料。

1. 特点

卷酿菜肴除口味丰富外，更多的是着眼于它的色彩和造型。卷制类菜肴本身在卷包过程中就能捆扎成一定形状，为圆筒状、方形、六角形等，在色彩上，可以展现出不同原料的层次。最简单的做法如蛋皮包鸡泥，卷成筒状，当截切开时，就出现了黄和白两层颜色。包卷的原料可以多种多样，包卷方法也可以变化多端，故其色彩和形状就显得丰富多变，这为一些花色冷盘及一般冷盘的色彩和造型提供了菜品的原料。酿菜的可塑性更大，形态也更不受拘束。底坯可方可圆，可以仿造各种动植物形态，泥蓉状的酿料更可以根据要求变形。它的主要用途是作较高级冷盘的点缀或主料，能够美化整桌席面。

2. 要点

第一，原料之间要结合紧密。因为卷酿菜起码都由两种以上原料组成。有些泥蓉料较易摆弄；而有些带脆性的原料往往较难与底坯或包卷的纸状料结合在一起，因此，在包卷或涂酿时应包得紧实，粘贴得牢固。办法是在结合部撒上干淀粉或涂上蛋糊。有些脆性原料作包纸的，要经焯水，使之柔软。

第二，泥蓉状的酿料应剁得细，调制时要搅上劲，这样成品表面光洁度高，口感也好。包卷类的原料色彩搭配要鲜艳和谐，一般选用色差大一些、对比强烈一些的颜色，以求美观。比较常用的卷酿菜如如意蛋卷、金银肝等。

十、脱水类

脱水类凉菜制品亦称为松，是无骨、无皮、无筋的原料，采用炸、氽、烤、炒等方法脱水变脆或变得松软的制作方法。松类菜肴的原料大致有两类：一类比较容易脱水，如切成细丝的植物原料、鸡蛋液等；另一类不易脱水，如肉类、鱼类。前者可直接加热脱水，后者往往需经焖煮或蒸制，随后才能去除大部分的水分。脱水类凉菜质地疏松、酥脆或柔软，有些菜肴色彩悦目，又具可塑性，所以松类菜肴往往是被用来点缀装饰冷盘，或是以其独特的口感与其他凉菜相配合。松菜的代表菜品如肉松、鱼松、菜松、蛋松等。

松类菜肴几乎脱尽原料体内的水分，操作难度很大。稍有不慎或因脱水不足会产生皮韧的口感；或因脱水过度，而枯焦变味。取用炸汆方法的，多为细丝状易脱水的原料，这时油温掌握就很重要，特别是易脱水的，油温应高一些，七八成热，油量要大一些，炸制的时间极短，一般只需几秒钟，如菜松，只取菜叶切丝，一炸即脆。脱水稍慢的原料，油温就该适当低些，在四五成左右，炸制时间也可略长一些。如鱼松、肉松等一些不易脱水的原料多蒸煮至酥烂后取煸炒、烘烤法，火力都忌过猛，以防出现部分枯焦、部分结块发硬的现象。煸炒和烘烤原料都要多加翻动，使之受热均匀。除个别炸汆的松菜加热后调味外，一般松菜都要事先调味，有的在烧煮阶段，有的在生料阶段。调味要偏淡一些，调料用量应针对脱水之后成品的量而不是生料的量。

第3节 凉菜拼装

凉菜拼装，就是根据食用及美观要求把经过刀工处理的凉菜原料整齐地装入盘内。拼装的质量取决于刀工技术的好坏和拼摆技巧的熟练程度。凉菜是酒席上与食用者接触的第一道菜，素有菜肴“脸面”之称，具有先入为主的作用。因此，凉菜拼装的好坏直接影响着整个酒席的质量。

一、凉菜拼装的形式

凉菜拼装的形式，按拼装技术要求，可分为一般凉拼、艺术凉拼。下面分别进行介绍。

1. 一般凉拼

凡是用多种凉菜原料，经过一定的加工，运用一定的形式装入盘内，称为一般凉拼。一般凉拼是凉菜拼装中最基本、最常见的拼盘。从内容到形式比较容易掌握。常见的有单拼、双拼、三拼、四拼、什锦拼等几种形式。

（1）单拼（也叫单盘、单碟）。就是每盘中只装一种凉菜。要求整齐美观，具体可分为叠排单拼、排围单拼、叠围单拼、盘旋单拼、插围单拼等。

（2）双拼。就是把两种不同原料、不同色泽的凉菜装在一个盘内。双拼要注意色泽、口味、原料的合理搭配，讲究刀面的结合，总之要求美观、整齐、实用。具体可分为对称式双拼、非对称式双拼、围式双拼等。

（3）三拼。就是把三种不同色泽、不同原料、不同口味的凉菜原料装入一个盘内。这种拼法要求更高，色泽、口味、形态必须相互协调，达到美观、整齐。具体可分为非对称式三拼、围式三拼等。

（4）四拼。就是把四种不同色泽、不同原料、不同口味、不同荤素的凉菜原料装入一个盘内。这种拼法要求高，讲究组合，刀工精细且形式多样。具体可分为非对称式四拼、对称式四拼、立体四拼等。

（5）什锦拼。就是把8种或8种以上不同色泽、不同口味、不同荤素的凉菜原料，经过适当加工，整齐地拼装在一只盘内的冷盘。这种冷盘拼装技术要求高，外形要整齐美观，特别讲究刀工和装盘技巧，并且色泽搭配要合理，口味多变且互不受影响。

2. 艺术凉拼

艺术凉拼是指用几种凉菜原料，经过精巧设计和加工，在盘中拼摆成各种花鸟鱼虫景物等象形图案的一类凉拼。艺术凉拼素来以它优美的造型而取悦于人，它不仅给人以色美形美的享受，而且味美可口，深受欢迎。主要特点是：艺术性强、难度大，特别是图案的设计和拼摆的技术要求高。

二、凉菜拼装的手法

凉菜的拼装是较复杂的，但各地所采用的手法却大致相同，归纳起来一般有堆、覆、排、叠、摆、围六类。

1. 堆

堆就是把加工成形的原料堆放在盘内。此法多用于一般凉拼盘，也可以堆出多种形态，如宝塔形、假山风景等。

2. 覆（扣）

覆就是将加工好的原料先排在碗中再覆扣入盘内归盘内或菜面上。原料装碗时应把整齐的好料摆在碗底，次料装在上面，这样扣入盘内后的凉菜，才能整齐美观，突出主料。

3. 排

排就是将加工好的凉菜摆成行装入盘内。用于排的原料大多是较厚的方片或腰圆形的块（形如猪腰子的椭圆形的块）。根据原料的色形、盛器的不同，又有多种不同的排法，有的适宜排成锯齿形，有的适宜排成腰圆形，还有的适宜排成整齐的方形，还有的适宜排成其他花样。总之，以排成整齐美观的外形为宜。

4. 叠

叠就是把切好的原料一片片整齐地叠起来装入盘内。一般用于片形，是一种比较精细的操作手法，以叠阶梯形为多。叠时要与刀工密切结合，随切随叠，叠好后铲在刀面上，再盖在已经垫底围边的原料上；另外也有一些将韧性的原料切成薄片折叠成牡丹花、蝴蝶等，其效果也很好，这要根据需要灵活运用。

5. 摆

摆又称贴，就是运用精巧的刀法把多种不同色彩的原料加工成一定形状，在盘内按设计要求摆成各种图形或图案。这种手法难度较大，需要有熟练的技巧和一定的艺术素养，才能将图形或图案摆得生动形象。

6. 围

围就是把切好的原料在盘中排列成环形。具体围法有围边和排围两种。所谓围边是指在中间原料的四周围上一圈一种或多种不同颜色的原料。所谓排围是将主料层层间隔排围成花朵形，在中间再点缀上一点原料。如将松花蛋切成橘子瓣形的块，既可围边拼摆装盘，又可用排围的方法拼摆装盘，这可根据菜肴的要求灵活运用。

三、凉菜拼装的要点

1. 食用第一

制作凉菜的目的是食用。拼摆装盘的目的是更好地食用。所以，不管拼摆制作什么样的凉菜，首先都应以食用为前提，同时兼顾色、香、味、形的合理组合，防止拼摆一些华而不实的冷盘。

2. 协调美观

拼装要注意不同颜色原料间的搭配和映衬。不同的凉菜原料有不同的颜色，但因其原料本身的性能、形态和口味的不同，又不能随意搭配调和。这就要在拼装时充分利用各种原料具有的颜色，合理地进行搭配间隔。整个凉菜如果把颜色相近的几种原料拼在一起，必然显得单调。反之，在拼摆时有计划地进行选择，合理排列使各种色彩浓淡相间，互相映衬，自然显得整个冷盘色彩鲜艳柔和，给人以美的感受。拼装中的原料色彩不同于绘画，绘画可以根据需要把几种原色按比例调合成各种需要的颜色，而拼装却不能把几种颜色搅和在一起，而是把几种不同颜色的原料拼摆到一个盘子里，所以必须进行合理搭配。例如把熏鱼、松花蛋、酱猪肝拼摆在一个盘子里，就显得色彩深暗而单调；如果换上一种或两种白色、黄色、绿色的原料，冷盘就变得鲜艳夺目。

3. 硬面和软面结合

所谓硬面，就是用质地较为坚实、经刀工处理后具有特定形状的原料排列而成的整齐而具有节奏感的表面。所谓软面，是指不能整齐排列的、比较细小的原料堆砌起来所形成的不规则的表面。在各种凉菜中，硬软面都应当结合使用，以达到互相衬托的作用，例如红肠与海米炝芹菜，酱牛肉与冻粉拌鸡丝，分别拼摆在两个盘里，其中的红肠和酱牛肉是硬面，海米炝芹菜和冻粉拌鸡丝是软面，这样互相搭配就比较合适。反之，把红肠和酱牛肉拼在一个盘里，而把另两种拼装在另一个盘里，其效果就很不理想了。

4. 花样手法富于变化

一桌酒席中一般都有几个冷盘，拼装时不能千篇一律，否则会单调呆板，必须运用多种刀法和手法，拼装成多种花样图案的冷盘。适当运用食品雕刻技术装饰美化冷盘也很受欢迎；但不可过度摆布，给人以堆砌庸俗的感觉。

5. 选好盛器

俗话说“美食不如美器”，说明盛器的选用对于凉菜拼摆是很重要的。盛器的外形同原料拼摆成的形状、图案要协调，盛器的颜色同原料本身的色彩要和谐，这对于整个冷盘的外观都有很大影响。所以，要很好地选择盛器，该用鱼盘的就用鱼盘，该用圆盘的就用圆盘，用红花盘显得美观的就不用蓝花盘。特别是某些拼摆成动物、花卉等的象形冷盘，盛器的选用更为重要。如孔雀开屏，拼在鱼盘内就不如拼在大圆盘里显得生动逼真。

6. 防止“串味”

例如，把辣白菜与肉丝炝芹菜同装在一盘中，就会相互串味，两种菜的味道就都不清爽纯正了，影响质量。

7. 注意营养，讲究卫生

凉菜不仅要做到色、香、味、形、器具美，同时还要注意各种原料之间的营养成分的搭配和拼装时的卫生。因为凉菜装盘后就要食用，没有再加工的过程，所以要特别注意卫生，不能使原料在手中长时间地摆弄，更不能生熟不分地拼装。应该使拼装后的冷盘完全符合营养卫生的要求。

8. 物尽其用

在拼摆的过程中要合理用料，在保证质量、形态的前提下，应尽量减少不必要的损耗，注意处理好下脚料，使原料达到物尽其用。

第4节　刺身的制作

刺身（日语音“杀西米”）是将新鲜的鱼、贝、牛肉等原料，依照适当的刀法加工，享用时佐以酱油与山葵泥（wasabi）调和的酱料的一种生食料理。以前，日本北海道渔民在供应生鱼片时，由于去皮后的鱼片不易辨认其种类，故经常是取一些鱼皮，并用竹签刺在鱼片上，以便于识别。这刺在鱼片上的竹签和鱼皮，当初被称作“刺身”，后来虽然不使用这种方法了，但“刺身”这个名称却保留了下来，变成了泛指各类生鱼片。现在，刺身已从日本料理店走向数量众多的中高档次中餐馆，跻身于凉菜间，鲜艳夺目地吸引着人们的注意力。色彩鲜艳，口味清淡，不油腻，精致，营养，注重视觉、味觉与器皿的完美搭配，是刺身最大的特色。刺身不仅是一种吃法，更是一种情调。

一、刺身的选料

刺身最常用的材料是鱼，而且必须是最新鲜的鱼。常见的是海里的金枪鱼、鲷鱼、比目鱼、鲣鱼、鲕鱼、鲈鱼、鲻鱼等；也有鲤鱼、鲫鱼等淡水鱼、螺蛤类（包括螺肉、牡蛎肉和鲜贝），还有虾和蟹，有海参和海胆，有章鱼、鱿鱼、墨鱼、鲸鱼，以及鸡肉、鹿肉和马肉、生鱼子等。在日本，吃刺身还讲究季节性。春——北极贝、象拔蚌、海胆（春至夏初）；夏——鱿鱼、鲕鱼、池鱼、鲣鱼、池鱼王、剑鱼（夏末秋初），三文鱼（夏至冬初）；秋——花鲢（秋及冬季）、鲣鱼；冬——八爪鱼、赤贝、带子、甜虾、花鲢、鲕鱼、章红鱼、油甘鱼、金枪鱼背、金枪鱼腩、剑鱼（有些鱼国内没有）。

刺身并不一定都是完全地生食，有些刺身料理也会稍微地经过加热处理，例如蒸煮（大型的海螃蟹就取此法），炭火烘烤（将鲔鱼腹肉经由炭火略为烘烤，鱼腹油脂经过烘烤而散发出香味，再浸入冰中切片而成），热水浸烫（生鲜鱼肉以热水略烫过后，浸入冰水中，让其急速冷却，取出切片，即会呈现表面熟但内部生的刺身，口感与味觉上会是另一种感觉）。

二、刺身的加工

刺身的形状不外乎片、块、条，一般要根据材料而定。鱼肉细腻的可切成薄片。一些大鱼，肉质较粗的就切成较厚的片或小长条。这些鱼的皮一般都去掉。牡蛎、螺肉、海胆、寸把长的小鱼儿、鱼子之类，则可以整个地进行装盘。

刺身的基本切法有退拉切、削切、抖刀切，下面分别进行介绍。

1. 退拉切

右手执刀，从鱼的右边开始切。将刀的刀跟部轻轻压在鱼肉上面，以直线往自己方向退拉着切。切好的第一片使其横倒、靠右边，第二片倾斜靠在第一片上，第三片靠在第二片上……这样一边切，一边顺手摆整齐，直到切完。

切时最好一刀切完一片，这样切出的鱼片刀面放光，动作潇洒利落，给人以美感。切忌切到一半又回刀重切，否则切出的鱼片中间有波痕，鱼片显得既不光洁，也不美观。

2. 削切

这种刀法和中菜加工的正批相似。把整理好的一块鱼肉放在砧板上，从鱼的左端开始下刀。刀斜切进鱼肉，再向自己方向拉引，直至一片鱼肉批切完，再用同样的刀法将整块鱼肉切完。每切好一片，用左手将鱼片叠放整齐，方便装盘。

3. 抖刀切

把鱼肉放砧板上，从鱼肉的左端开始切。刀斜切进鱼肉，立即开始均匀抖动刀，向自己的方向拉引。左手随即将切好的鱼肉叠放整齐。此刀法多用于切章鱼、象拔蚌、鲍鱼、日式煎鸡蛋等。

无论运用哪种刀法都要顶丝切，即刀与鱼肉的纹理呈90°夹角。这样切出的鱼片，筋纹短，利于咀嚼，口感好。切忌顺着鱼肉的纹理切，否则筋纹太长，口感不好。

刺身的厚度以咀嚼方便、好吃为度。这里讲的“好吃”有两层含义：一是容易入口。二是鱼片的厚薄能充分体现出该鱼的最佳味道。一般鱼片厚约5 mm，例如三文鱼、鲔鱼、鲥鱼、旗鱼等。这个厚度，吃时既不觉腻，也不会觉得没有“料”。当然这只是一般标准。有的鱼要切得更薄一些，如鲷鱼，肉质紧密、硬实，切得更薄一些才好吃。

4. 花色切法

花色切法指切一些素菜原料，起到装饰点缀作用，如黄瓜、柠檬、胡萝卜等。至于用到的白萝卜丝，往往是用工具刨出来的。如需刀切，要先批成大薄片，再切成丝。

三、刺身的佐料

刺身的佐料主要是酱油，山葵泥或膏（浅绿色，类似芥末，日语称为 wasabi），醋，姜末，萝卜泥，酒（一种“煎酒”）。在食用动物性刺身时，前二者几乎是必备的，后面几种则视乎地区不同以及各人爱好和饭店特色增减。

四、盛刺身的器皿

盛刺身的器皿一般用浅盘、漆器、瓷器、木板、竹编或陶器，形状则五花八门，有方形、圆形、船形、五角形、仿古形等。刺身造型多以山、川、船、岛等为图案，并以三、五、七单数摆列，品种多，数量少，自然和谐，高雅大方，实用又具观赏性。根据器皿质地形制的不同以及刺身批切、摆放的不同，可以有各种命名。讲究的，要求一菜一器，按季节和不同的菜式选用，甚至盛器上的花纹也因季节而异。

五、刺身的装盘方法

刺身装盘原则上强调正面视觉。例如，山的造型装盘方法，盘子前面的原材料要堆放得低一点，品种可以多些，强调山上有小的点缀物，似水在流，而下面犹如海水缓缓流过的境界。山可以用白萝卜丝、京葱丝等小点缀物堆放而成，加上盛器的搭配点缀物围边原料，再加上有季节感的辅助材料，全体的均衡感就体现出来了。还有，黑色的东西能够配合整体盘子的视觉效果，如海藻、海带、干紫菜等的使用，也具有很好的效果。

装盘方法有平面拼摆、四角形拼摆、薄片拼摆和花色拼摆等。原料的数量用三、五、七奇数的方法盛放，这是做刺身的最有特色的装盘方法。哪怕原料再多，一定是以奇数装盘。这样左右对称没有了，但不均衡的、生动有趣的感觉却立刻体现出来了。

另外，还有在薄片平面拼摆的基础上，堆放拼摆成圆锥体的图案以及各种各样新颖造型的混合拼盘方法。

提供刺身菜肴时，原料要求有冰凉的感觉，可以先用冰凉净水泡洗；也可以先以碎冰打底，面上铺生鱼片。或考虑卫生，在碎冰上铺上保鲜膜后再放生鱼片。

1. 单拼

单拼是用单一原料进行拼摆的方法。具体可分为以下几种方法：

（1）圆锥形拼摆法。圆锥形拼摆法，是用刺身的原料做成圆锥形形体，在案板上做好形状，然后直接铲到盘子中，侧面斜看上去，中间上面部分微向前倾。在四角形较深的容器里，圆锥形的拼摆法是最合适的，正面看造型较好；而在弧度较平的容器里，圆锥形拼摆法原料底下部分可以多摆放原料；在平面的方盘或圆盘中，可以增加点缀物和围边，表现出生动活泼之趣。

（2）薄片拼摆法。薄片拼摆法使用于平盘，而且能看到盘底的底色，所以盘子的颜色搭配相当重要。盛器的颜色调和全体色彩的平衡感，在需要摄影的场合，用彩绘的盘子，色彩最生动；四角形盘子中间颜色深些，也留些空白，有空旷的感觉；圆形盘子，因为主体都看得较清楚，故用翠绿的圆盘子装刺身，有新鲜灵活的气息。

装盘的盛器也有阴阳之说，圆盘子、平盘子是阳；四角形盘、孤度深的盘是阴。对应的规律是，量少色深的原料对应阳；量多色浅的原料对应阴。

（3）平面拼摆法。前面低、后面高是平面拼摆的典型装盘方法。做鲕鱼刺身时，沿盘子曲线摆放，中间身体高些；做金枪鱼刺身时，点缀物垫底下，块数以 5 等分、3 等分等顺势摆放。

使用平面拼摆法，原材料的刀功处理效果是其成败关键。比如鲕鱼用腹部鱼肉制作时，稍微批得薄些，轻轻地压一下。金枪鱼，比较柔软，切得稍微厚些，咬起来较有口感。

（4）四角形拼摆法。四角形拼摆法适用于金枪鱼、三文鱼等肌肉柔软的材料，和平面拼摆法一样，刀功的处理和快速地拼装盛盘很重要。

用圆盘装四角形拼摆法原料，有对称的均衡感觉；而其他形状的各种器皿，不是非常适合运用四角形拼摆法。另外，在做此造型时，可以多使用卷曲状或直丝状胡萝卜丝，将其垫在原料底下或铺在盘子里，能够体现出四角形的效果。

2. 双拼

双拼指的是两种原料呈对称等量形的拼摆方法。

3. 三拼

三拼指的是三种原料的拼摆方法，以一种刺身原料为主料，另外两种为辅料。以不等三角形为主要图案方法，添加各种点缀和辅助物，产生整体效果。

4. 多种原料拼摆法

多种原料拼摆法是以一种刺身原料为主料，固定好龙骨及头尾后，再用多种辅助材料一起拼摆装盘。头尾接缝处可以用点缀物掩盖，靠近面前的一边做得略低些，后面可高些。另外，还有迎合哪里下筷方便的拼摆方法，即厚片形大的原料放外层，细小的放里面。多种原料的拼盘法也经常使用点缀物及围边物，以体现出造型的气势。

5. 造型拼摆法

造型拼摆法是以单一刺身原料鲜活形态摆造型，拼上头尾、主骨，加上处理后的原料，在接缝处可以用点缀物和围边物掩盖，体现刺身原料原来的鲜活姿态。

6. 刺身的色彩配置和点缀装饰

刺身的色彩配置，既是对自然的写真，又是对自然的夸张，主色调的选择要适合食用环境。浓重温暖的色调（红、橙、黄）适用于喜庆集会、大型冷餐会；明快洁净的中性色调适用于一般宴请；而冷色调（浅黄、绿、蓝、紫、白）常用于配菜较多、色彩丰富的筵席。

刺身的装饰物是刺身的重要组成部分，原料排列之后，点缀往往可以起到画龙点睛的作用。并且，点缀、装饰物的滋味、香味和刺身原料口味的协调性，对刺身最后的成品有很重要的作用。根据刺身的口味平衡原理，装饰物在有助消化、杀菌消毒、体现季节感上有很大的辅助作用。点缀和装饰讲究的是一个“巧”字，并无定律可循。一味地为了装饰而添加各种饰物，有时效果适得其反；反之，不同的刺身品种都用同样的装饰物了，也会使得菜肴没有新意，整体附加值下降。

六、刺身制作的注意事项

在日本，制作刺身的厨师是要有上岗证书的，以确保食品安全和成品质量。制作刺身所用的食材，选购时必须注意新鲜度与肥美，储藏必须注意方法。厨师刀工要好，处理与调理、加配佐料、摆饰的技巧必须非常纯熟，方能制作出一盘在视觉上与味觉上都令人啧啧称赞的刺身。具体来说，刺身制作必须掌握以下要点：

1. 选料注意防寄生虫

做刺身尽量不用淡水鱼。淡水鱼鱼肉中可能寄生着颚口线虫。这种鱼虫生长于淡水鱼的肌肉中，鱼片生吃后，鱼虫也随肉下肚，在肠道中钻入血管，可以到达皮肤，在皮肤内它能凭借其“打隧道”的本事在皮肤内移动，于皮肤表面形成一条条红线，这些红线就是人体对虫的反应。值得注意的是，海鱼也并非全部安全，如鳕鱼，虽属海水鱼，但它含有异尖线虫，对人体的危害也很大。

猪肉、羊肉不适合生吃。猪肉中有猪肉绦虫，它的成虫可寄生在人的小肠中，其幼虫可寄生在人的肌肉及皮下组织内；猪肉绦虫的囊尾蚴可以造成人皮下及肌肉囊尾蚴病、眼囊尾蚴病，会导致感染者出现癫痫、失明等。

羊肉中有一种可以导致旋毛虫病的虫子，能引起人发热、肌肉痛、咀嚼吞咽困难、浮肿，严重者甚至会因心力衰竭、呼吸系统感染而死亡。

2. 操作要严格符合卫生要求

进行刺身加工制作时，必须严格遵守相关卫生规范，防止因交叉污染或处理不当，将细菌、病毒等引进食物中。刺身必须在一个通风良好、温度适宜、清洁卫生的独立工作范围配制。所有刺身制作人员必须严格注意个人卫生，制作前要彻底洗净双手，尽量减少直接触碰食物，可使用机器或佩戴清洁的手套；用具必须专一，在使用前后清洁和消毒。

3. 以最佳方式储藏刺身原料

刺身原料的冷冻温度必须为－18℃或以下，冷藏温度必须为4℃或以下。冷藏库或冷却装置的温度必须定期观察，并保存适当的记录。未经烹煮的材料必须与经过烹煮的食物分开存放，以免交叉污染。经配制后和在运送及展示期间，刺身必须包装、覆盖并保存在4℃或以下，以减低交叉污染及细菌繁殖的可能。剩余的已做好的刺身必须在当天的营业时间结束后处理掉。

思考题

1. 凉菜的特点是什么？
2. 凉菜与热菜的不同点是什么？
3. 腌制类凉菜有哪些种类？简述其操作要点。
4. 凉菜拼摆有哪些要求？
5. 什么是刺身？
6. 刺身最常选择的原料有哪些？
7. 刺身的调料有哪些？
8. 制作刺身要特别强调哪些要求？

第 8 章

烹饪营养

第1节　营养与营养素

营养是烹饪工作者的必修课。烹饪是否符合科学性，非常重要的内容就体现在烹制的菜肴对人体是否有营养。

一、营养的概念

食物是人类生存的重要物质基础，食物由各种化学成分组成。人们每天通过饮食从食物中获得身体所必需的各种化学成分，以满足人体生长发育、维持健康和从事各种活动的需要。食物中所含的人体生长发育和维持健康等所需的化学成分称为营养素或营养成分。人体为了满足生理活动的需要，从食物中摄取、消化、吸收和利用食物中养料的整个过程统称为营养。食物的营养价值由食物中所含营养素的种类、数量及其生理价值决定。

二、营养素的分类

人体所需要的营养素有六种，即蛋白质、脂肪、糖类、无机盐、维生素和水。这些营养素也就是组成人体的物质。由于生命的新陈代谢，组成人体的物质也不断消耗，人们只有通过食物的营养，不断得到补偿，才能保持机体平衡，维持健康。

三、营养素的功能

食物中所含的各种营养素，对人体具有各种重要的生理功能，可概括为三个方面：

1. 构造机体，修补组织

人体是由细胞构成的，新细胞的增生，被损坏的旧组织的修复，都必须有蛋白质、无机盐等营养素充当原材料。

2. 维持体温，供给热能

人的体温保持在37℃左右。人在生活、工作和学习中所消耗的能量，主要靠糖、脂肪等营养素在体内氧化生热供给。

3. 调节生理机能

人体的正常生理活动如生长发育、消化吸收、心脏搏动、神经反应、免疫防病等，都受蛋白质、无机盐、维生素等营养素以及它们所构成的激素、酶和抗体等的影响和调节。

四、各种营养素的功用

1. 蛋白质

蛋白质是一种复杂的高分子化合物。它同糖类、脂肪相同之处是都含有碳、氢、氧三种元素，其含碳量在50％～55％；不同之处是蛋白质还有氮元素。蛋白质的种类很多，分完全蛋白质、半完全蛋白质、不完全蛋白质等，但各种蛋白质都由氨基酸组成。蛋白质的主要功用有以下几个方面：

（1）构造机体，修补组织。蛋白质是生命的基础，是细胞的重要成分，也是人体各种器官和组织的基本成分。人体的肌肉、血液、皮肤、毛发都含有蛋白质。此外，人体的发育、抵抗疾病也都需要有蛋白质来参与。

（2）调节生理功能。这是因为调节生理机能的激素和调节新陈代谢的酶等都直接或间接来自蛋白质。

（3）供给热能。由于蛋白质在人体内能氧化，因此蛋白质又能产生热量。人体所需要的蛋白质主要来自乳类、蛋类、肉类和大豆以及米、麦等。成人每天需要蛋白质约80 g。应该指出的是，蛋白质的摄取量既不能不足，也不能过量。不足，人体会出现发育迟缓、体重减轻等症状；过量，则加重消化道、肝脏和肾脏的负担。

（4）蛋白质的互补作用。人们在单独食用某种食物时，由于该类食物中所含蛋白质中几种必需氨基酸含量不足或比例不合理，营养价值就低；如果把几种不同来源的蛋白质混合使用，就能有效地互补不足或调剂比例，从而提高了蛋白质的营养价值。这就是蛋白质的互补作用。比如山珍海味多含胶原蛋白，这是一种不完全蛋白质，烹制时辅以富含全价蛋白的鸡、肉或由鸡肉熬成的高汤，这些原料就能具有全价蛋白的品质，成为名副其实的高档菜。

2. 脂肪

脂肪是由脂肪酸和甘油组成，因甘油没什么营养价值，所以人体只是吸收脂肪酸。脂肪含碳、氧、氢元素。由于脂肪的含氧比例小，因此它比糖的发热量要高。脂肪的主要功用如下：

（1）供给热量。脂肪除一部分储藏体内；另一部分则通过血液经氧化产生热能。

（2）能优化食物的形状和口感，引起食欲。脂肪不但能带给食物滋润、光滑、油亮等形态上的美感，更给食物带来口味上的肥、柔、滑爽等感觉，是菜点特色的重要组成部分。

（3）产生饱腹感。进食含有脂肪的菜肴，由于胃对脂肪消化慢，脂肪在胃内停留时间长，能产生一种饱腹感。

（4）保护和固定体内器官，并起润滑作用。

（5）溶解营养素。脂溶性维生素A、维生素D、维生素E、维生素K只有溶解于脂肪后才能被人体吸收。

脂肪来源于动植物油脂以及乳制品、蛋黄等。成人每天需要脂肪约50 g（包括食物中所含的脂肪在内）。值得提醒的是脂肪摄入不能太多也不能太少。太多，会妨碍肠胃的内分泌活动，引起消化不良，并且能引起肥胖症；太少，会妨碍脂溶性维生素的吸收，发生皮肤干燥病。

3. 糖

糖又称碳水化合物，主要以单糖（葡萄糖、果糖）、双糖（乳糖、蔗糖、麦芽糖）、多糖（淀粉、食物纤维）的形式存在。糖的主要功用有：

（1）供给热能，维持体温。

（2）辅助脂肪的氧化。

（3）帮助肝脏解毒。人患肝炎时，需适当多吃些糖，就是根据这个道理。

（4）促进胃肠蠕动和消化。

糖类主要来源于五谷、豆类、块根类蔬菜和块茎类蔬菜以及瓜果。由于糖是人体的主要热能来源，所以成人每天需要糖400～500 g，以满足肌体需要，避免分解体内的蛋白质和脂肪。

4. 矿物质

矿物质又称无机盐。目前，人体内已知的无机盐有60多种，首先含量最多的是钙和磷，其次是铁、碘等。除此以外，还含有极少的铜、锌、钴等微量元素。矿物质的主要功用有：

（1）构成骨骼和牙齿。

（2）构成血管、肌肉等软组织。

（3）调节生理机能，维持体内酸碱平衡。

矿物质主要来源于水、蔬菜、水果、乳类、水产品及肉类等。

5. 维生素

维生素是维持身体健康所必需的一类低分子有机化合物。维生素种类繁多，根据发现的先后，在维生素后面加字母A、B、C、D等命名。根据维生素溶解性质，可分为脂溶性和水溶性两大类。维生素种类繁多，其功用也各不相同，现将主要维生素功用介绍如下：

（1）维生素A。维生素A可促进体内组织蛋白质的合成，加速生长发育，还能参与眼球内视紫质的合成或再生，维持正常视觉。

（2）维生素B。维生素B分维生素B_1、维生素B_2、维生素B_6。维生素B_1能预防和治疗脚气病，增进食欲，帮助消化和促进碳水化合物的代谢。维生素 B_2 用来维持肌体健康，促进生长发育。

（3）维生素 C。维生素 C 能促进肌体新陈代谢，增加对疾病的抵抗力，并且具有解毒作用。

（4）维生素 D。维生素 D 能促进肠内对钙、磷的吸收和骨内钙的沉积功能，保证骨骼、牙齿的正常钙化。维生素 D 主要来源于蔬菜、水果、乳类、蛋类、肝和鱼肝油等。

6. 水

水是人体的重要组成部分。人体内的各种生理活动，如新陈代谢等都需要水。水约占人体体重的 65%，占血液的 80%。食物原料中，水主要来源于蔬菜、水产品和肉类等食品。蔬菜含水 90%，水产品含水 80%，肉类含水 60%～70%。成人每天需水约 3 000 mL。水的主要功用是：

（1）作为营养素的溶剂，便于营养素被人体吸收。

（2）在体内形成各种体液来润滑器官、肌肉、关节。

（3）随血液循环来调节体温。

（4）输送营养素和氧气，排泄废物。

第 2 节　食物的消化和吸收

一、消化道的功能

1. 消化道的运动

消化道的运动包括咀嚼和吞咽，以及食管、胃、十二指肠、小肠和大肠的蠕动，即推进食糜或食糜转化产物向前运动。咀嚼过程有一部分是随意运动；而吞咽动作则相反，它是一次性完成的反射性动作。吞咽反射引起食管蠕动，食物在几秒钟之内就被推向胃部，推进速度取决于食物的稠度。在进餐时进入胃中的食糜一层层堆积，使胃充满食物。胃有三种形式的运动，即蠕动、收缩和整个胃体大小变化。通过这些运动，胃内容物可被充分混合。胃排空的速度主要取决于胃中食糜的理化性质和十二指肠的情况。这些理化性质包括食物的粉碎程度、渗透压、pH 值和体积。液体和颗粒小的食物通过幽门（环状括约肌）的速度最快，较大块的食物先经胃运动粉碎后才能被推进。胃内容物体积越大，开始排空的速度越快，排空速度随胃的体积缩小而减慢。成人每天有 300～500 mL 经过消化的食糜由小肠末端进入盲肠，这种食糜中有未被吸收或难以消化的食物残渣，如植物纤维素。进入盲肠的食糜通过细菌的作用还会发生一些分解。在大肠（升结肠、横结肠、降结肠）中，未消化的食物残渣经揉动混合，同时由于水分被吸收而浓缩，盲肠、升结肠和横结肠中的部分内容物会被推到降结肠或直肠（每天有3～4次）。直肠不断膨胀引起排便。

2. 分泌功能

消化道有许多腺体，它们具有分泌功能。这些腺体或存在于黏膜中，或为独立存在的器官（唾液腺、肝、胰腺）。这些腺体的分泌液含有许多消化酶。覆盖于整个消化道的黏液具有润滑作用，可保护消化道免受食物的机械损伤。

二、三大营养素的消化

1. 糖的消化

在咀嚼过程中糖受到唾液中的α-淀粉酶的作用。α-淀粉酶被氯离子激活，最适pH值为6.9。α-淀粉酶能将淀粉分解成糊。由于食物在口腔中停留的时间很短，淀粉不可能完全分解。唾液α-淀粉酶在胃中继续起作用，直到渗进食糜的胃液盐酸使之失去活性为止。此时有50%～60%的淀粉已被分解。胰液和肠液中也含α-淀粉酶，此外还有另一种淀粉酶，能将糊精分解成麦芽糖。麦芽糖又被麦芽糖酶分解成葡萄糖。最后，全部低聚糖（如双糖）也都被转化为单糖。在此过程中所需的酶主要存在于小肠黏膜中，当双糖通过肠黏膜时，这些酶才发生作用。

2. 脂肪的消化

分解脂肪的酶称为脂肪酶。最适于脂肪酶作用的环境pH值在7.5左右，即在偏碱范围。唾液中不含脂肪酶。胃脂肪酶对脂肪的消化作用不大。只有在十二指肠内，脂肪才在胰脂肪酶作用下开始被大量消化，并由小肠脂肪酶继续作用直至消化完毕。胆汁含有胆汁酶及胆汁酸盐，在脂肪消化中具有重要作用。

3. 蛋白质的消化

蛋白质的分解也是经过多步完成的。食物蛋白质在胃中与胃蛋白酶发生接触。胃蛋白酶对蛋白质进行初步消化，使蛋白质的细胞壁结构变松，如使吞下的小肉块变小。此外，胃液盐酸还能使溶解蛋白变性。测定结果表明，在胃中只有不足15%的蛋白质被分解成氨基酸。食糜通过胃后蛋白质才开始被大量消化。

由于蛋白质在胃中的消化并不完全，所以进入十二指肠的蛋白质分子大小相差悬殊。其中有未消化的肌纤维素、溶解性天然蛋白质和大小不等的多酞乃至氨基酸的各种中间产物。在十二指肠中参与蛋白质消化的主要有胰蛋白酶和糜蛋白酶，胰液对蛋白质的消化具有极为重要的意义。

三、三大营养素的吸收

经过消化，食物一般都发生了化学分解，肠内容物中主要是低分子水溶性物质，其中多糖分解成单糖；蛋白质分解成氨基酸；脂肪分解为其组成成分，并且与具有乳化作用的物质生成乳浊液。上述这些低分子水溶性物质必须透过肠壁才能供器官、组织的细胞进一步利用，可溶性物质透过肠壁的过程称为吸收。

1. 糖消化产物的吸收

在糖类中只有单糖才能被肠黏膜吸收。在小肠内容物中，淀粉的分解产物——各种戊糖等，在肠内容物中的含量很少。半乳半糖和葡萄糖吸收速度较快。

2. 脂肪消化产物的吸收

脂肪水解生成的水溶性甘油很容易经血液吸收。而不溶于水的脂肪酸的吸收却比较复杂。在吸收过程中，在肠黏膜细胞内又发生甘油和脂肪酸生成甘油三酯的合成反应。此种甘油三酯由含有 16 个和 8 个碳原子的长链脂肪酸分子组成，先被吸收入肠绒毛的淋巴管，再由此转运到其他部位。在通向肠绒毛血管的血液中也有乳糜微粒，有部分被吸收的脂肪经血液途径转运。脂肪的吸收和转运过程比糖复杂，其主要原因是脂肪具有疏水性质，需要借助于机体自身的各种乳化剂以及随食物摄入的乳化剂形成乳浊液后，脂肪才能在体液的水环境中被酶分解。

3. 蛋白质消化产物的吸收

蛋白质消化产物的吸收过程比脂肪的吸收过程简单，在某些方面可与单糖的吸收相比拟。食物蛋白质最后被水解成氨基酸，这种氨基酸被释放出后立即被吸收，并不在小肠内容物中积聚。在吸收过程中氨基酸积聚于黏膜细胞中，这是因为从肠内容物中吸收氨基酸进入黏膜细胞的速度比氨基酸从黏膜细胞放到血液中的速度要快。绝大多数氨基酸在黏膜细胞中不发生重大变化。已吸收的氨基酸经动脉转运到肝脏，肝脏参与大部分蛋白质组织的代谢。

第 3 节　合理营养与烹调

一、合理营养的原则

1. 因人制宜选择食物营养

人体需要的各种营养成分，对于每个人来说，是各不相同的。青年人和体力劳动者活动量大，热量和营养成分消耗多，因此，应适当增加含热量的脂肪性食物肉类、豆制品、蔬菜等菜肴。儿童因处在发育时期，应注意增加含维生素和无机盐丰富的食品，如豆腐、水产品和蛋类。脑力劳动者则不宜过多地食用脂肪含量高的食品，因脂肪过多由于消耗不了而造成皮下积累，使人发胖。人到中年以后，由于活动量减少，若不相应改变食物构成，也会发胖，应多食用一些含蛋白质、糖、维生素、无机盐较多的蛋类、豆制品、蔬菜、水果等。

2. 合理配菜，恰当地搭配营养成分

常用的菜肴原料中，其所含的营养成分是不全面的，各有侧重。如猪肉含蛋白质、脂肪、无机盐较为丰富，但缺少糖与维生素；豆制品中含蛋白质、无机盐较为丰富，但缺乏维生素 B_1。合理配菜，能使各种原料的营养成分互为补充，提高菜肴的营养价值。具体是：一要少配“单料菜”，在主料中搭配副料，特别是搭配蔬菜、瓜果类，这样能弥补主料所含营养成分的不足和缺陷，如红烧肉加土豆、萝卜，炒鸡蛋加葱头、番茄。二要适当改变“主副料”的比例，主要是酌情增大蔬菜在整个菜肴中所占的比例，充分发挥蔬菜的营养特点。

二、烹调对营养素的影响

1. 煮

煮对糖类及蛋白质起部分水解作用，对脂肪影响不大，但会使水溶性维生素（如维生素 B、维生素 C）及矿物质（钙、磷等）溶于水中。

2. 蒸

蒸对营养素的影响和煮相似，但矿物质不会因蒸而损失。

3. 炖

炖可使水溶性维生素和矿物质溶于汤内，只有一部分维生素遭到破坏。

4. 焖

焖的时间长短同营养素损失大小成正比。时间越长，维生素 B 和维生素 C 损失越大，反之则小，但焖煮后的菜肴有助于消化。

5. 卤

卤能使食品中的维生素和部分矿物质溶于卤汁中，只有部分遭到损失。

6. 炸

由于炸的温度高，一切营养素都有不同程度的损失。蛋白质因高温而严重变性，脂肪也因炸而失去其功用。

7. 熘（脆熘、滑熘）

熘因食品原料外面裹上了一层糊，从而保护了营养素使其少受损失。

8. 爆

因食物加热时间短，故营养素损失不大。

9. 烤

烤不但使维生素 A、维生素 B、维生素 C 受到相当大的损失，而且也使脂肪受到损失。如用明火直接烤，还会使食物含有苯并芘等致癌物质。

10. 熏

熏会使维生素（特别是维生素 C）受到破坏及使部分脂肪损失，同时还存在苯并芘问题。但熏会使食物别有风味。

三、减少营养素损失的措施

1. 上浆挂糊

原料先用淀粉和鸡蛋上浆挂糊，不但可使原料中的水分和营养素不致大量溢出，减少损失，而且不会因高温使蛋白质变性，防止维生素被大量分解破坏。

2. 加醋

由于维生素具有怕碱不怕酸的特性，因此在菜肴中尽可能放点醋。烹调动物原料时，醋还能使原料中的钙被溶解得多一些，从而促进钙的吸收。

3. 先洗再切

各种菜肴原料，尤其是蔬菜，应先清洗，再切配，这样能减少水溶性营养物质的损失。并且应该现切现烹，这样能使营养素少受氧化损失。

4. 加热时间要短

烹调时尽量采用旺火急炒的方法。因原料通过明火急炒，能缩短菜肴成熟时间，从而降低营养素的损失率。据统计，猪肉切成丝，用旺火急炒，其维生素 B_1 的损失率只有 13%；而切成块用慢火炖，维生素 B_1 损失率则达 65%。

5. 勾芡

勾芡能使汤、料混为一体，使浸出的一些成分连同菜肴一同摄入。

6. 烹调时忌用碱

碱能破坏蛋白质、维生素等多种营养素。因此，在焯菜、制面食过程中，要使原料酥烂时，最好避免用纯碱或苏打。

思考题

1. 营养素有哪些？各营养素对人体有哪些功用？
2. 各种营养素是如何被人体吸收利用的？
3. 烹调对各种营养素有哪些影响？
4. 减少营养素损失的措施有哪些？

第 9 章

菜肴成本核算

第1节　菜肴的成本

一、菜肴成本的概念

成本核算是成本管理的基础。在了解成本核算之前，应该先了解菜肴的价格构成。饮食企业兼有加工生产、产品销售、服务消费三种职能，把生产、销售、服务三个过程统一在一个店内实现。因此，饮食产品的价格应当包括从生产到消费的全部成本费用和各个环节的利润、税金，从理论上说，饮食品价格包括“本”“费”“税”“利”四要素，但是各种饮食品在加工和销售过程中，除原料成本可以单独按品种核算外，工资和经营费用等很难分开核算，所以长期以来，人们在核算饮食品价格时，只把原料成本作为成本要素，把生产经营费用、利润、税金合并在一起，称为“毛利”，用来计算饮食品价格。因此，从计算角度讲，饮食品价格是由原材料成本和毛利两部分构成，用公式表示就是：

价格＝成本＋毛利

毛利＝费用＋税金＋利润

菜肴的价格由原材料成本和毛利两部分构成。因此其价格的制定方法，要以正确地核算原材料成本与掌握毛利为基础，再运用统一的计算公式，即可计算出饮食品的销售价格。

二、菜肴成本的构成

如前所述，由于饮食业的核算惯例，将费用、利润、税金合并在一起，称为“毛利”，因此菜肴成本就显得非常“纯”。以前只包括主料、副料、调料，现在也可以加入燃料。但是，除非特别需要慢火长时间加热的菜，一般菜肴的燃料价格占菜肴成本的比例很小，所以习惯上的计算方法中，成本中仍不包括燃料。

1. 主料

主料是一道菜的主体。有主副料构成的菜，一般主料的数量占70%，价格也是最贵的。有些不分主副料的菜，计算的时候，可以理解为全是主料。

2. 副料

副料是配角，所用数量不多，但有些原料价格不菲，不能粗估。

3. **调料**

一般菜的调料只占成本的10%以内，但有许多菜甚至调料价格超出了主料价格，因此核算的时候要注意把关。

4. **燃料**

倘要计入成本，可按成本价的10%核算。

用公式表示如下：

菜肴成本＝主料成本＋副料成本＋调料成本（＋燃料成本）

【例 9—1】 红烧鲳鱼一盘，用净整鲳鱼一条 420 g，另耗用副料 0.40 元，调料 0.30 元。已知鲳鱼进价每千克 40 元，净料率为 85%，试计算这盘菜所耗原材料成本。

解：菜肴成本＝40/85%×0.42＋0.40＋0.30＝20.46（元）

答：红烧鲳鱼的原材料成本为 20.46 元。

（倘燃料也计入成本，则成本为：20.46＋20.46×10%＝22.51 元。）

第 2 节　净料成本的计算

一、净料成本

烹调原料在加工之前称为毛料，经过加工则称为净料。经过加工处理，原料的质（重）量会发生变化，其单位成本也发生变化，净料是组成菜点的直接原料，因此在进行菜点成本核算之前，首先要进行净料单位成本的核算。

净料单位成本的计算方法有一料一档和一料多档两种方法。

1. **一料一档的计算方法**

一料一档即原料加工后得到一种净料，不再进行分档的情况。

原料加工后只有一种净料，没有可作价利用的下脚料，则净料单位成本的计算公式为：

$$净料单位成本＝\frac{毛料总值}{净料质量}$$

【例 9—2】 芹菜 5 kg，每千克 0.77 元，经过拣洗损耗 1.5 kg，求净芹菜每千克成本。

解：$净芹菜每千克成本＝\frac{5\times0.77}{5-1.5}＝1.10$（元）

答：净芹菜每千克成本为1.10元。

2. 一料多档计算方法

原料加工后得到一种净料，同时还有可作价利用的下脚料、废料，则净料单位成本的计算公式为：

$$净料单位成本=\frac{毛料总值-下脚料、废料总值}{净料质量}$$

【例9—3】 猪腿肉20 kg，每千克10元，加工后得净瘦肉18 kg，碎肉作价每千克5元，求净瘦肉每千克成本。

解：$净瘦肉每千克成本=\frac{20\times10-(20-18)\times5}{18}=\frac{200-10}{18}=10.56（元）$

答：净瘦肉每千克成本为10.56元。

二、净料率

原料经过加工处理后由毛料变为净料，质（重）量发生了变化。净料质量与毛料质量之间存在一定的比例关系，当原料规格质量和净料处理技术相对稳定时，这个比例关系也比较稳定。在生产经营过程中，应用这个比例关系可以解决很多实际问题。

1. 净料率的计算

净料率即净料质量与毛料质量的比率（或比值）。其计算公式为：

$$净料率=\frac{净料质量}{毛料质量}\times100\%$$

从净料率的计算公式可以看出，所谓净料率实际上就是净料质量占毛料质量的百分比，即原料经过加工后的质量占加工前质量的百分比。习惯上把净料率也称为出成率。对于干货涨发的情况，也称净料率为涨发率。

【例9—4】 青椒5 kg，加工后得净椒3.5 kg，求青椒净料率。

解：$青椒净料率=\frac{3.5}{5}\times100\%=70\%$

答：青椒净料率为70%。

【例9—5】 鱼肚1.2 kg，涨发后得4.2 kg，求鱼肚涨发率。

解：$鱼肚涨发率=\frac{4.2}{1.2}\times100\%=350\%$

答：鱼肚涨发率为350%。

2. 净料率的应用

（1）净料的计算。在进行原料加工处理前，利用净料率可直接根据毛料质量计算出净料质量，根据计算出的净料质量，可预测净料单位成本。其计算公式是：

$$净料单位成本=\frac{毛料总值-下脚料、废料总值}{毛料质量\times净料率}$$

【例 9—6】鳜鱼 8 kg，每千克 50 元，去内脏后加工成净鱼，净料率为 80%，鱼子作价 1.50 元，求净鱼每千克成本。

解：$净鱼每千克成本=\frac{8\times50-1.50}{8\times80\%}=62.27$（元）

答：净鱼每千克成本为 62.27 元。

没有可作价利用的下脚料、废料总值非常小，可忽略不计时，可用公式：

$$净料单位成本=\frac{毛料总值}{净料质量}$$

或 $$净料单位成本=\frac{毛料单价}{净料率}$$

在这种情况下可以直接根据某种原料的毛料进价和净料率计算其净料单位成本。

【例 9—7】土豆单价每千克 0.70 元，去皮加工成净土豆，净料率为 85%，求净土豆每千克成本。

解：$净土豆每千克成本=\frac{0.70}{85\%}=0.82$（元）

答：净土豆每千克成本为 0.82 元。

另外，还可以根据某种原料加工后的净料质量，利用净料率推算出这种原料被加工前毛料的质量，即：

$$净料重量=\frac{净料质量}{净料率}$$

【例 9—8】制作爆腰花 8 份，每份用净猪腰 200 g，猪腰净料率为 80%，问需要准备多少鲜猪腰？

解：$\frac{8\times0.2}{80\%}=2$（kg）

答：需要准备鲜猪腰 2 kg。

（2）掌握净料率，保证菜肴质量。净料率是影响净料单位成本的主要因素之一。净料率越高，净料单位成本越低。因此，要降低净料单位成本，必须提高净料处理技术，提高净料率。对于某些原料，净料率要求比较严格。净料率过高过低都会对菜点质量产生不良影响，要适度掌握，例如，刺参的净料率（涨发率）一般为 400%～500%，净料率（涨发率）过高，菜肴不易成形，不易入味；净料率（涨发率）过低，菜肴口感不软绵。

相关链接

常见原料出成率表

名称	出成率	名称	出成率	名称	出成率	名称	出成率
青菜	90%	小红尖椒	94%	冻牛里脊	90%	青鱼肉	43%
香菜	80%	青尖椒	93%	鲜牛柳	72%	青虾仁	65%
荠菜	36%	红椒	93%	牛仔骨	98%	西班牙肋排	98%
地瓜	87%	小青尖椒	94%	牛筒骨	98%	新鲜牛腩	61%
芹菜	96%	黄彩椒	87%	黑棕鹅	95%	牛肋排	98%
蒜肉	100%	清水笋	80%	鹅翼	97%	鱼尾巴	32%
洋葱	85%	百灵菇	100%	光鸭	96%	去根猪舌头	100%
京葱	90%	日本南瓜	94%	鸭下巴	98%	火腿心	98%
香葱	90%	茭白肉	100%	乳鸽（光）	70%	新鲜后猪爪	100%
姜肉	95%	带皮大蒜头	94%	凤爪	95%	新鲜膻骨	100%
西芹	92%	马蹄肉	100%	冻鸡	90%	五花肉	98%
胡萝卜	90%	菠菜	90%	老豆腐	100%	赤肉	95%
长白萝卜	59%	芥兰	35%	烤麸	84%	一号肉（梅肉）	85%
去皮干葱头	100%	韭菜	85%	香干	84%	肥牛	98%
鲜沙姜	95%	天菜心	95%	毛蟹	29%	鸡中翅	72%
鲜南姜	95%	老南瓜	66%	鸡蛋	90%	新鲜仔排	80%
香茅草	100%	娃娃菜	50%	西班牙猪肘	95%	冻虾仁（200粒）	80%
豇豆	98%	糖桂花	95%	猪三号肉	80%	掌中宝	90%
韭黄	100%	梅干菜	200%	水发金钱肚	100%	法式羊排	84%
干黑木耳	800%	苔菜粉	90%	中黄鱼肉	40%	新鲜猪颈肉	90%
水发香菇	440%			黑鱼肉	43%	开洋	95%

第 3 节　毛利率和售价

一、毛利率

菜肴的售价应是成本与毛利的和。毛利包括费用、利润和税金。

在实际的经营中，菜点价格不可能固定不变，因此每个菜的毛利都是不一样的。要控制盈利水平，就要设定一个利润的百分比。这个百分比就是毛利率。

毛利率是毛利额与销售价格或原材料成本的比率，即：

$$\text{销售毛利率（内扣毛利率）}=\frac{\text{毛利额}}{\text{销售价格}}\times 100\%$$

$$\text{成本毛利率（外加毛利率）}=\frac{\text{毛利额}}{\text{销售价格}}\times 100\%$$

毛利率关系到菜点品种的毛利水平和价格水平，决定着企业的盈亏，同时还关系着消费者的利益。在菜点原料成本不变的情况下，毛利率高，菜点的销售价格和毛利额也高；反之，毛利率低，价格和毛利额也相应降低。

对一家饮食企业来说，销售的有时不仅仅是菜点，还包括香烟、酒水等，费用也不止厨房里发生的那部分。因此，要求有一个综合毛利率，也就是某一类型饭店的平均毛利率。其计算公式为：

$$\text{综合毛利率}=\frac{\text{销售总额}-\text{原材料成本总额}}{\text{销售总额}}\times 100\%$$

综合毛利率是掌握和考核某一饮食企业在一定时间内销售价格总水平的指标，也是检查饮食企业经营管理水平的重要尺度。

相对于综合毛利率，各类菜点的毛利率及其他产品的毛利率就叫作分类毛利率。其计算公式为：

$$\text{某类菜点毛利率}=\frac{\text{某类菜点销售总额}-\text{某类菜点原材料成本}}{\text{某类菜点销售总额}}\times 100\%$$

分类毛利率是按菜点的不同类别规定，是饮食企业具体计算和制定各类饮食品销售价格的依据。菜点的分类毛利率，可以反映不同饮食企业经营的同类饮食品的价格，便于企业定价时作为参考依据。

综合毛利率和分类毛利率是相互联系、相互制约的。它们之间的关系是：在分类毛利率的基础上形成综合毛利率。综合毛利率一经确定，又控制着分类毛利率。

饮食企业应当根据企业经营结构、产品质量、消费者承受能力等情况，合理地掌握综合毛利率和分类毛利率。

二、售价的计算

在正确地核算成本和毛利的基础上，就可以核算出售价。有两种毛利率，即销售毛利率（又称内扣毛利率）和成本毛利率（又称外加毛利率），售价也可以用两种方法进行计算，即销售毛利率法和成本毛利率法。

1. 销售毛利率法

销售毛利率法计算公式为：

$$销售价格=\frac{原材料成本}{1-销售毛利率}$$

也可写作：

$$销售价格=\frac{成本}{1-内扣毛利率}$$

【例9—9】 炒虾仁一盘，原材料成本为30元，核定销售毛利率为42%，试求售价。

解：$销售价格=\frac{30}{1-42\%}=51.72$（元）

答：炒虾仁的销售价格应为51.72元。

用销售毛利率计算价格，与会计核算中的毛利率计算方法口径一致，有利于核算管理，故为各饮食企业财会人员计算价格时普遍采用的方法。

2. 成本毛利率法

成本毛利率法计算公式为：

$$销售价格=原材料成本\times（1+成本毛利率）$$

仍以前例题为例，炒虾仁的原材料成本为30元，核定成本毛利率为72.4%，代入计算公式：

$$销售价格=30\times（1+72.4\%）=51.72（元）$$

用成本毛利率计算价格，以原材料成本为基数，利用乘法加成计价，简单明了，容易掌握。但到底用成本毛利率还是用销售毛利率计算价格，有个习惯的问题。最好不要同时用两种方法，以免混乱。

在实际工作中经常会遇到先知道销售价然后求成本的情况。比如预订宴席每桌1 000元，4人就餐，每人50元标准等。配菜时先要算出原材料成本。其计算公式实际上是原有

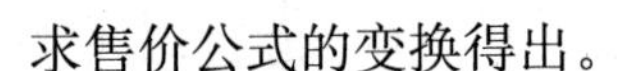

求售价公式的变换得出。

$$原材料成本=销售价格\times(1-销售毛利率)$$

$$原材料成本=\frac{销售价格}{1+成本毛利率}$$

3. 销售毛利率与成本毛利率之间的换算

由上述例题可知，同一菜点销售毛利率虽然不同，但计算出来的价格却是相同的。一般是以销售毛利率形式来规定毛利幅度的。为了在不同条件下，都能计算价格，使价格水平控制在规定的毛利幅度内，就需要将销售毛利率和成本毛利率进行互相换算，销售毛利率与成本毛利率的换算表见表 9—1。

（1）销售毛利率换算为成本毛利率

其计算公式如下：

$$成本毛利率=\frac{销售毛利率}{1-销售毛利率}\times100\%$$

【例 9—10】 已知销售毛利率为 42%，求成本毛利率为多少。

解：$成本毛利率=\frac{42\%}{1-42\%}\times100\%=72.4\%$

答：成本毛利率是 72.4%。

表 9—1　　销售毛利率和成本毛利率的换算表

销售毛利率（%）	成本毛利率（%）	销售毛利率（%）	成本毛利率（%）	销售毛利率（%）	成本毛利率（%）
21	26.6	39	63.9	57	132.6
22	28.2	40	66.7	58	138.1
23	29.9	41	69.5	59	143.9
24	31.6	42	72.4	60	150.0
25	33.3	43	75.4	61	156.4
26	35.1	44	78.6	62	163.2
27	37.0	45	81.8	63	170.3
28	38.9	46	85.2	64	177.8
29	40.9	47	88.7	65	185.7
30	42.9	48	92.3	66	194.1
31	44.9	49	96.1	67	203.0
32	47.9	50	100	68	212.5
33	49.3	51	104.1	69	222.6
34	51.5	52	108.3	70	233.3
35	53.9	53	112.8	71	244.8
36	56.3	54	117.4	72	257.1
37	58.7	55	122.2	73	270.3
38	61.3	56	127.3	74	284.6

（2）成本毛利率换算成销售毛利率

其计算公式：

$$销售毛利率=\frac{成本毛利率}{1+成本毛利率}\times100\%$$

【例 9—11】将72.4%的成本毛利率换算成销售毛利率。

解：$销售毛利率=\frac{72.4\%}{1+72.4\%}\times100\%=42\%$

答：销售毛利率为42%。

第4节 餐饮成本管理概要

一、抓好进货管理

厨房生产从进货开始。进货不仅与原料的老嫩、大小、新鲜与否密切相关，从而直接影响菜肴的质量，进货更与成本关系密切。现代的餐饮业之所以要建中心厨房和连锁店，其主要目的之一就是能统一进货以降低成本。进货又是保证菜肴品种丰富多样的前提。因此，一般较大的饭店，采购员始终围着厨师转，以便随时出发去买客人点到而店内没有的原料。从降低成本角度来说，采购员必须是内行，吃透行情，可大批量地进货，利用冷藏设备保存起来。这样可降低进货成本，倘遇到调价，更能赚取差价。所进原料的质量无疑是最为关键的。中国菜特别强调原料质地与成菜特色之间的对应关系，所以采购进来的原料必须得到厨师的验收。从价格上说，则应避免质次价高的现象发生。

二、建立成本核算的制度

成本核算应有专人负责，一般是餐饮部经理或厨师长司其职。要建立厨房生产记录制度，对每天购进验收或向仓库领用的原材料、调料等一一登记造册。月末按规定进行盘点，核对厨房的存料和半成品，为成本核算提供准确的资料数据。

三、制订产品成本计划

实施产品成本计划管理，必须制订成本计划。厨房产品成本计划是由财会部门会同餐厅、厨房等有关部门共同研究制订的。它包括以下四个方面的内容：

1. 计划期产品总成本额

计划期产品总成本额是一个综合性的成本指标，它是由计划期产品销售额和计划期的成本率来计算的。成本率是根据核定的销售毛利率幅度选定一个毛利率倒算出来的。销售价格减去成本后的那部分余额，就是毛利。

2. 品种的计划单位成本

品种的计划单位成本一般是通过编制品种成本核算单来计算的。

3. 主要原材料耗用成本

主要原材料耗用成本是由计划期主要原材料的耗用总量和购进成本组成。

4. 百元销售成本降低额

百元销售成本降低额是根据计划期百元销售成本额与上期百元销售成本额（预计数）比较而定的。

四、餐饮成本控制措施

在实际工作中，日常的成本核算并不需要计算具体菜肴的理论成本。因为确定菜肴成本计划的时候，销售价格和理论成本就已经确定了。厨房成本管理的关键，在于菜肴成本控制，即在生产过程中，严格按照规定的成本投料，使菜肴的实际成本符合理论成本。这样能够做到售价已定的情况下，保证计划毛利率的实现。否则，将会出现毛利率过高或者过低的现象。过高的毛利率，侵犯了消费者利益；过低的毛利率影响企业效益，二者都不利于发展企业，拓展市场。过去，餐饮行业常采用在厨房悬挂“水牌”的办法来控制成本。“水牌”是一块大黑板，上面写有本店经营的品名、售价、毛料分量、配料分量、调料分量等内容。厨师操作时可以一目了然地从“水牌”上找到投料标准。现在绝大多数厨房不设“水牌”，但在操作时同样要求按规定的标准投料操作，才能保证成本准确。

思考题

1. 菜肴成本核算的概念是什么？
2. 简述各种成本计算的方式及换算关系。

第 10 章

烹调操作实例

第1节　刀工操作实例

一、基础刀工

1. 切鱼丝

（1）选料。黑鱼或青鱼。

（2）初步处理

1）鱼去头、尾、龙骨、肚、鱼皮。

2）将鱼肉修成80 mm长（宽度随鱼肉）的净肉，共250 g。

（3）操作过程

1）用平刀法将鱼肉批成厚2.5 mm的片。

2）将鱼片整齐叠放好（每片间隔是鱼片宽度的一半）。

3）用直刀法中推切法，将鱼片切成2.5 mm见方的鱼丝，整齐堆放。

（4）质量标准。规格为80 mm长、2.5 mm粗细；长短一致，粗细均匀，不连刀，无碎粒。

（5）要点分析

1）鱼肉要略冰冻一下，这样容易批切。

2）刀刃要锋利，否则鱼丝易碎或截面不光洁。

2. 切豆腐丝

（1）选料。嫩豆腐1盒。

（2）初步处理。把豆腐从盒中取出，修去四周老皮，达到宽度50 mm，再把豆腐一劈为二。

（3）操作过程

1）把豆腐横向平放于砧墩上。

2）用直刀法中直切将豆腐从右向左切一遍，刀距保持在0.5 mm左右。

3）用刀轻轻把切好的豆腐片摊平，再用直切法将豆腐从右向左切一遍，刀距保持在0.5 mm左右。

4）把切好的豆腐轻轻抄起放在盛水的盛器中。

（4）质量标准。规格为50 mm长、0.5 mm细，粗细均匀无碎屑。

（5）要点分析

1）豆腐质量要好，不能有气孔。

2）切时刀要锋利，刀身要薄。

3）直切时速度要均匀，不能用力过大，否则豆腐易碎。

3. 切豆腐干丝

（1）选料。方白豆腐干 4 块。

（2）初步处理

1）用刀修去四周硬边。

2）用刀修去表面硬皮。

（3）操作过程

1）用平刀法中的平批法将白豆腐干批成 1 mm 厚的片。

2）将批好的片从右向左依次叠放整齐。

3）用直刀法中的直切法将豆腐干切成 1 mm 见方的丝。

（4）质量标准。粗细 1 mm，长短一致，粗细均匀，不连刀，无碎粒。

（5）要点分析

1）白豆腐干先要放冷水（加少许盐）煮至即将沸，取出平放用重物压至冷却，豆腐干不易有气孔。

2）切时刀要锋利，刀身要薄，进刀速度要平稳，刀要放平。

4. 切肉丝

（1）选料。猪瘦肉（250 g）。

（2）初步处理

1）将肉去筋膜。

2）改刀成长 70～80 mm 的长方块。

（3）操作过程

1）将肉顺长度平放于砧板右面。

2）左手掌心轻压肉块，右手握刀用平刀法中推拉批，将肉批成厚 2.5 mm 的片。

3）将肉片整齐叠于砧板下方，表面淋上少许水。

4）用直刀法中的推翻切刀法将肉片切成 2.5 mm 粗细的丝，整齐堆起，放于盛器中。

（4）质量标准。70～80 mm 长、2.5 mm 粗细。粗细均匀，长短一致，不连刀，无碎粒、断丝。

（5）要点分析

1）选料时要选纤维长的精肉。

2）刀要快，批片时刀运动幅度要大。

3）叠片时切忌叠得过高，否则会影响肉丝粗细。

4）要顺纤维长度批片切丝。

二、剞花刀

1. 剞菊花肫

（1）选料。鸭肫4副（8只）。

（2）初步处理

1）将鸭肫洗净后用刀去除两边及底部老皮。

2）把去皮后的鸭肫用刀修整齐。

（3）操作过程

1）把鸭肫顺长平放在砧墩上。

2）在右上角用直刀推剞，剞至原料底部1 mm左右，刀距为3 mm。

3）左上角与右上角一样剞一边，放入水中浸去黏液。

（4）质量标准。形如菊花，深浅、粗细一致。

（5）要点分析

1）原料要新鲜，储存时间长则肉质无弹性。

2）剞左上角时，左手指不能用力，否则影响质量。

2. 剞菊花鱼

（1）选料。青鱼1条。

（2）初步处理

1）鱼去头、尾、龙骨、肚后洗净。

2）把鱼中段修整齐，取净肉500 g。

（3）操作过程

1）把鱼肉顺长平放于砧墩上。

2）在右上角用直刀推剞，剞至原料底部1 mm左右，刀距为3 mm，完成一面。

3）把鱼肉横放于砧墩上，再在左上角与右上角一样将鱼肉重新剞一遍。

4）把鱼翻身皮朝上，改刀成正方形或三角形。

5）用清水浸洗一下，放于盘中。

（4）质量标准。成品4个，形如菊花，大小形状一致；花瓣精细，每瓣宽3 mm左右。

（5）要点分析

1）青鱼要新鲜，略冰冻一下。

2）刀口要锋利，推刨时一推到底，不能推拉，否则鱼丝易断。

三、整料出骨

1. 选料

光鸡 1 只，1 500 g 左右。

2. 初步处理

（1）光鸡洗净后，放入冰箱速冻 1～2 天。

（2）加工前取出自然解冻为宜。

3. 操作过程

（1）用手捏紧鸡头颈皮，在背部离鸡肩约 15 mm 处用刀横割 10 mm 刀口，再向上用刀尖割 40 mm 左右长的刀口。

（2）在刀口处取出鸡颈骨，在鸡头连接处将鸡头与颈斩断（鸡头与皮相连）。

（3）在刀口处将一边鸡翅与鸡身连接的关节露出，用刀根割断，使其分离，另一边也做相同处理。

（4）手指从刀口处伸进，在鸡肉与鸡壳相连处将它们分离。

（5）将鸡皮与肉一起向下剥离鸡壳至腰脊骨处，将弹子肉抠出。

（6）把胸突骨先剥离出，将两边大腿从内侧，让其露出关节，再把大腿骨与鸡壳连接处分离开，用刀尖将它们割断。

（7）将整鸡从鸡壳中剥出，至鸡尾骨处留 15 mm 用刀在背部连骨一起将其割断。

（8）在整鸡内侧，拆两边鸡翅的第一节骨，再把鸡大腿的大腿与小腿骨拆出。

（9）将鸡重新翻转过来，看是否有破洞，刀口是否超过肩膀。

（10）将鸡壳上的里脊肉拆出，放进鸡内。

4. 质量标准

（1）鸡形完整，刀口在肩膀以上。

（2）不破皮，骨不带肉，肉不带骨。

5. 要点分析

（1）鸡要挑选好，不能太肥，要冰冻一定的时间。

（2）要熟悉各个关节点，落刀要准，用刀时要紧贴骨骼。

（3）向下剥离时，用力不能太大，要恰到好处。

整鸭出骨与鸡基本相似，只是割颈皮时离肩膀约 25 mm 处横割一刀，再用刀尖向上割约 40 mm 的刀口。

四、凉盘制作

1. 选料

方腿100 g、黄瓜75 g、蛋黄糕75 g、素火腿100 g、胡萝卜75 g、猪舌100 g，红肠100 g、叉烧100 g、里脊100 g、油爆虾100 g、海蜇丝100 g、蛋白糕100 g、酱牛肉100 g。

2. 制作过程

把前8种原料分别修成9 cm长、上宽2.5 cm、下宽1.8 cm的扇形，然后按长度切薄片不得少于12片，也按扇形排列，剩下的原料垫底用（面是什么原料，底也应是什么原料），8个面放好后，先用油爆虾围成圆形，中间放海蜇丝。

3. 质量标准

8个刀面的大小要相等，高低要一样，颜色要隔开，接缝要平齐。

4. 要点分析

8个刀面原料切片时薄厚一定要一致。

五、食品雕刻

1. 雕月季花

（1）选料。白萝卜、胡萝卜、心里美等。

（2）工具。尖刀或水果刀。

（3）刀工处理。刀工处理如图10—1所示，操作步骤如下。

1）先将原料修成扁圆柱状。

2）再将原料修成碗状。

3）采用从外往里剥的方法，在原料底部分出五等份，分别削出5个斜切面。

4）修去斜面上的角，使花瓣呈圆形。

5）用尖刀分别钎出5片上薄下厚的花瓣。

6）挑去每两个花瓣之间的三角形余料，出现第二层斜平面，再在斜平面上做花瓣，如此重复，共刻三层五瓣式花瓣。

7）从第四层开始，每挑去一块三角形余料即做一个花瓣，直至中心。

8）中心花瓣呈包拢状。

（4）质量标准。层次分明，形体逼真。

（5）要点分析。用力均衡、花瓣薄而完整。

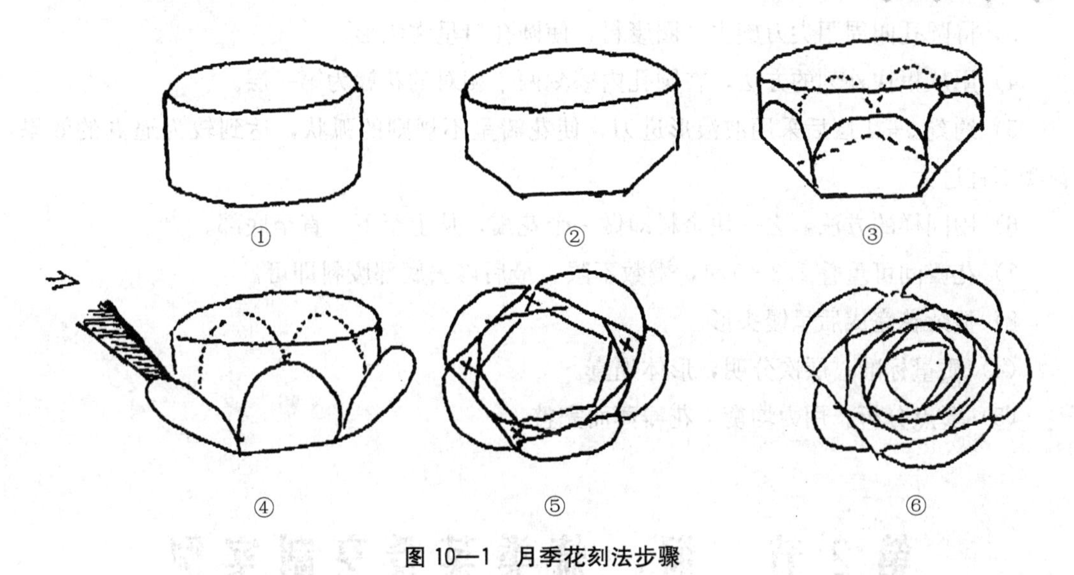

图 10—1 月季花刻法步骤

2. 雕牡丹花

（1）选料。白萝卜、心里美、南瓜等。

（2）工具。尖刀、圆口刀。

（3）刀工处理。刀工处理如图 10—1 所示，操作步骤如下。

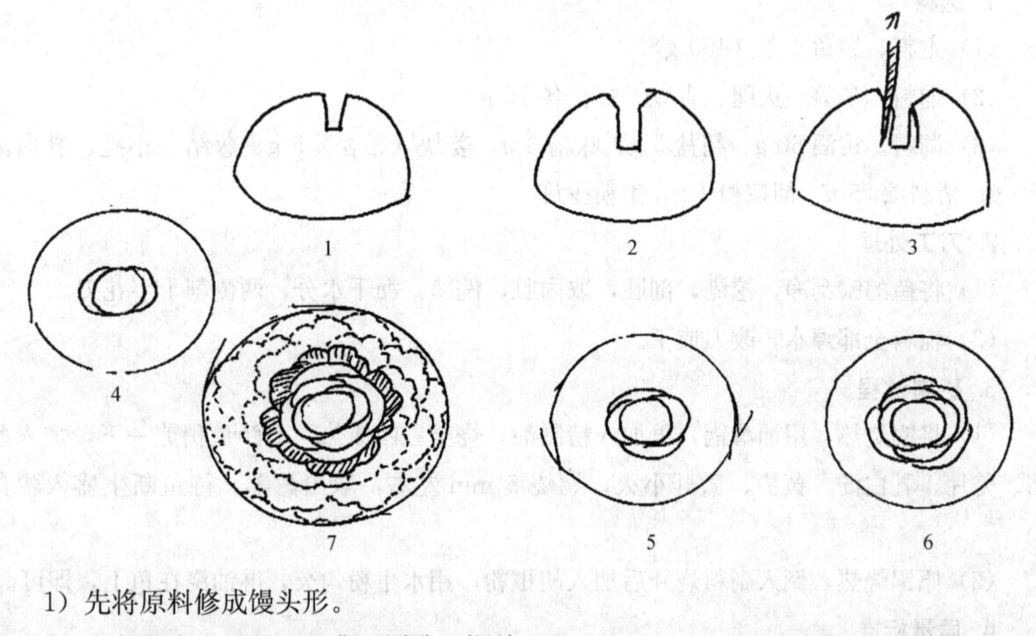

1）先将原料修成馒头形。

2）在顶部中央用圆口刀凿一圆孔，深约 2 cm。

3）将圆孔四周用尖刀旋去一圈废料，使圆孔口呈喇叭形。

4）用从里往外刻的方法，在圆孔内壁刻两个相对的花瓣为第一层。

5）约刻3—4层后采用波浪形进刀，使花瓣呈不规则的弧状，达到较为逼真的效果，花瓣不宜过大。

6）用同样的方法，去一块余料即做一个花瓣，从上至下，直至底部。

7）花瓣间可重叠1/3—1/4，瓣数不限，最后修去底部废料即可。

8）整朵花完成后呈馒头形。

（4）质量标准。层次分明，形体逼真。

（5）要点分析。用力均衡、花瓣薄而完整。

第2节 焖、烧类菜肴烹制实例

一、白汁鲈鱼

1. 选料

（1）主料。鲈鱼1条（400 g）。

（2）辅料。冬笋、火腿、青豆、虾仁各15 g。

（3）调料。黄酒50 g、精盐5 g、味精3 g、姜块（拍松）5 g、葱结一小扎、乳白汤250 g、精制油75 g、胡椒粉1 g、生粉少许。

2. 刀工处理

（1）将鱼的鳞刮净，挖鳃，剖肚，取内脏，洗净，沥干水分，两侧剞十字花刀。

（2）辅料全部焯水，改刀成丁。

3. 烹制过程

（1）将锅烧热，用油滑锅，再加入精制油，烧至三四成热，下鲈鱼稍煎一下，加入葱结、姜片、乳白汤、黄酒、微开小火，焖烧5 min左右，取出葱姜，待鱼断生盛入腰盘中。

（2）原锅烧热，倒入副料烧开后加入胡椒粉，用水生粉勾芡，淋油浇在鱼上，即可。

4. 质量标准

色，卤汁浓白；质，鱼肉鲜嫩；味，咸鲜。

5. 要点分析

(1) 煮鲈鱼的时间要控制好。

(2) 勾芡不能太厚。

二、红烧黄鱼

1. 选料

(1) 主料。黄鱼 1 条，400 g 左右。

(2) 调料。葱结 30 g、姜片 20 g、黄酒 10 g、老抽 5 g、生抽 5 g、白砂糖 10 g、味精 2 g。

2. 刀工处理

黄鱼去头盖皮，从肛门处横割一刀，用两根竹筷从鱼口中插入，转动筷子，从口中去除内脏，洗净，剞十字花刀，表皮涂少许酱油。

3. 烹制过程

(1) 锅烧热用油滑锅，放少许油，将黄鱼两面略煎后，喷黄酒（加盖），加生抽和老抽、白砂糖、水、葱结、姜片，大火烧开，小火焖至断生。

(2) 去除葱结、姜片，加味精，转大火收汁勾芡，四周淋油，晃锅大翻身，淋油出锅装盘。

4. 质量标准

色，酱红光亮；质，鲜嫩；味，咸鲜带甜。

5. 要点分析

(1) 破腹洗鱼，注意鱼体容易碎。

(2) 煎鱼时鱼身需略干，否则鱼皮易脱。

(3) 烧鱼时间不能过长，否则鱼肉容易碎。

三、红烧狮子头

1. 选料

(1) 主料。五花猪肉 600 g（四成肥 360 g、六成瘦 240 g）。

(2) 副料。菜心 200 g。

(3) 调料。黄酒 25 g、葱姜汁 20 g、酱油 40 g、精盐 5 g、味精 4 g、生粉 20 g、精制油和白砂糖少许。

2. 刀工处理

肥肉细切成石榴米大小，瘦肉细切成火柴梗头，将肥瘦肉拌匀，合起来粗斩几下，使其黏合，放入不锈钢盛器内，加入葱姜汁、黄酒、精盐、味精、白砂糖、酱油拌匀上劲，再在手上蘸一些水生粉，把拌好的肉泥捏成四个大肉球，下油锅两面煎黄，待用。菜心头削尖，洗净待用。

3. 操作过程

烧热锅，放入精制油，油热后，放入煎黄的大肉球，下调料，加锅盖用小火炖 0.5 h 左右，起锅。原锅洗净，加精制油煸炒菜心，再加精盐、味精，炒熟后垫底装盘，即可。

4. 质量标准

色，金黄色；质，肥糯；味，咸鲜略甜。

5. 要点分析

（1）肥瘦肉比例要严格控制，焖的时间不宜短。

（2）卤汁要稍薄些。

四、红烧马鞍桥

1. 选料

（1）主料。大黄鳝 5 条（1 kg）。

（2）副料。五花猪肉 500 g。

（3）调料。大蒜瓣 50 g、酱油 100 g、黄酒 50 g、白砂糖 10 g、精盐 4 g、味精 5 g、葱 50 g、姜 50 g、芝麻油 50 g、精制油 100 g。

2. 刀工处理

大黄鳝宰杀后，斩去头尾，洗净血秽，切成 5 cm 长的段，五花猪肉切成 1 cm 厚、同鳝段相等长的片，分别下开水锅焯一下，捞出洗净。

3. 操作过程

烧热锅放入精制油，待油温达六成热时，把大蒜瓣下锅炸成金黄色时捞起。随即投入葱、姜煸香后，放入五花猪肉片略煸一下，烹入黄酒，加入酱油，待肉炒上色后，再加入白砂糖和适量的水，用小火将肉焖至三成酥后，再放入黄鳝段、大蒜瓣，继续用小火焖 1 h 左右，加入精盐、味精，转用大火收浓汤汁（不可勾芡），淋入芝麻油推匀，起锅装盘便成。

4. 质量标准

色，酱红；质，糯、嫩；味，咸鲜微甜。

5. 要点分析

（1）黄鳝不宜太小。

（2）焖制时间要适宜，时间过短肉质不酥烂。

五、干烧鱼块

1. 选料

（1）主料。青鱼中段 300 g。

（2）调料。酒酿 25 g、黄酒 25 g、郫县豆瓣酱 50 g、姜 20 g、葱 100 g、精盐 2 g、白胡椒粉 1 g、味精 2 g、白砂糖 10 g、米醋 3 g、红油 5 g、酱油 3 g、生粉。

2. 刀工处理

将青鱼肉加工成长 7 cm、宽 2.5 cm 的长条块，不少于 6 块。用酱油、酒腌渍，放少许淀粉，葱切成 0.5 cm 的粒，姜切成碎粒，泡红椒、郫县豆瓣酱剁成细粒。

3. 烹制过程

炒锅置旺火上，下少量精制油烧至四成热，分别将青鱼条块入油锅略煎倒入漏勺。锅内留余油 50 g，烧至六成热，下姜末、郫县豆瓣酱煸香，加酒酿，炒出味，掺入清水 350 g 烧沸，将青鱼块放入锅内，加酱油，再加入白砂糖，升温至沸，移至小火上焖至汁将干。鱼熟加入味精，把锅提起轻轻摇动，同时，不断地将锅内汤汁舀起，淋在青鱼身上，勾少许芡，淋油大翻身，撒上葱花，滴上一点米醋，淋上红油，盛入盘子即成。

4. 质量标准

色，红亮；质，鱼肉鲜嫩；味，咸鲜香辣，略带甜酸。

5. 要点分析

（1）青鱼必须顺长改刀成块。

（2）煸葱时先用葱白，葱绿多了容易发黑。

（3）收汁要恰如其分，不能过紧。

六、干烧大虾

1. 选料

（1）主料。大虾 250 g。

（2）调料。葱花 75 g、姜末 10 g、精盐 2 g、郫县豆瓣酱 50 g、酒酿 25 g、白砂糖 50 g、黄酒 25 g、红油 10 g、番茄沙司 30 g、味精或美极鸡粉适量。

2. 刀工处理

将洗净的大虾剪去腿、须和头尖，去掉沙包和沙线。郫县豆瓣酱斩细。

3. 烹制过程

炒锅置旺火上，放入精制油加热到四成热时，将大虾下锅煎至虾壳颜色变红时捞起。锅内下精制油烧至三成热，下姜末、郫县豆瓣酱，炒香，出色，加入酒酿煸香，加入清水

100 g、黄酒、白砂糖、鸡粉，下大虾入锅，烧至汤汁剩一半时，加盖小火焖3～5 min，再用大火收干，放入番茄沙司勾芡，加入葱花、醋，淋上红油，起锅装盘即成。

4. 质量标准

色，红润光亮；质，虾肉鲜嫩；味，香辣略带甜酸。

5. 要点分析

（1）大虾要新鲜，必须去除沙筋。

（2）要煎透，否则容易出水。

七、干贝冬瓜球

1. 选料

（1）主料：冬瓜750 g。

（2）副料：干贝75 g。

（3）调料。葱和姜各15 g、高汤300 g、精盐10 g、味精10 g、黄酒10 g、胡椒粉5 g、精制油15 g、水生粉适量。

2. 刀工处理

（1）将干贝洗干净，剥去老皮，放入汤盆内，加入黄酒、葱结、姜块、清水，上笼蒸20 min取出，拿去葱结、姜块待用。

（2）冬瓜用圆印球模子挖成约20个小圆球形，用沸水煮1 min待用。

3. 操作过程

烧热油锅，放入10 g精制油，放入少许葱段，加入高汤及蒸好的干贝及原汤，加上精盐、味精、胡椒粉调味，同时放入冬瓜球，待冬瓜球煮透，加水生粉勾芡，淋上熟精制油，即成。

4. 质量标准

色，白；质，软糯；味，咸鲜。

5. 要点分析

（1）干贝一定要蒸酥。

（2）冬瓜球要完整，芡汁薄厚适度。

八、泰式咖喱蟹

1. 选料

（1）主料。大花蟹1只（约400 g）。

（2）副料。鸡蛋1个，洋葱块20 g。

（3）调料。油咖喱 5 g、美极鸡粉 2 g、洋葱末 15 g、盐 2 g、香椒油 10 g、白胡椒粉 1 g、黄酒 3 g、生粉 8 g、糖 2 g、椰子酱 10 g、三花淡奶 50 g、牛奶 50 g、高汤适量。

2. 刀工处理

（1）剥去蟹壳和蟹脐盖，去净鳃、胃，洗净后，剪去脚尖，再将其斩成 8 块。

（2）将洋葱、姜、蒜头切成米。

3. 烹制过程

（1）蟹放在碗中加少许淀粉，先将蟹壳入清油锅内，炸至金红色捞出，再将蟹块入锅煎至断生捞出。

（2）锅中留少量的油、蒜泥、油、咖喱炒香，加入三花淡奶、牛奶、椰子酱、黄酒、高汤、盐、白胡椒粉、糖、洋葱块，再放入蟹，加盖烧 2～3 min，揭盖后放入香椒油，捞出的蟹肉放在盘中，蟹壳放在上面。

4. 质量标准

色，金黄光亮；质，嫩滑；味，香浓微辣。

5. 要点分析

（1）调味料较多，要突出主味咖喱。

（2）装盘应将蟹壳盖在面上，再浇汁。

九、虾子锅㸆豆腐

1. 选料

（1）主料。嫩豆腐 1 盒。

（2）副料。虾子 15 g、鸡蛋 3 枚、面粉 50 g。

（3）调料。芝麻油 15 g、精盐 3 g、酱油 2 g、味精 2 g、高汤 50 g、黄酒 15 g、葱姜末 10 g、青蒜段 5 g。

2. 刀工处理

将嫩豆腐改刀切成长 3.3 cm、宽 1.2 cm 的长方块，放入盘中，加葱姜末、精盐、酱油、味精、芝麻油略腌入味，然后逐块蘸上面粉，放入打散的鸡蛋碗内。

3. 操作过程

（1）炒锅置火上，放入精制油，烧热油锅至六成热时，放入嫩豆腐炸至表面皮鼓起，倒入漏勺，沥去油，拣去碎屑，整齐地码在盘内。

（2）用原热锅，葱姜末炝锅，烹入黄酒，加精盐、味精、高汤，推入嫩豆腐，撒上虾子，小火煨烧，待汤汁将收干时，撒上青蒜段，淋上芝麻油，装盘即成。

4. 质量标准

色，金黄；质，外软里嫩；味，咸鲜、虾子香。

5. 要点分析

豆腐要嫩，炸时要掌握好火候。

十、雪花鱼肚

1. 选料

（1）主料。油发鱼肚 150 g、火腿末 5 g、鸡蛋清 120 g。

（2）调料。黄酒 5 g、盐 3 g、味精 1 g、生粉适量。

2. 刀工处理

（1）将鱼肚切成 60 mm 长、10 mm 宽的条。用高汤煨透后，沥干汤汁。

（2）鸡蛋清打成蛋泡糊，放少许干淀粉拌匀。

3. 烹制过程

（1）锅中放入高汤、黄酒、盐，再放鱼肚焖 10 min 左右。

（2）加入味精，勾薄芡，放入蛋泡糊，翻拌均匀，淋油，装盘成宝塔形，表面撒上火腿末。

4. 质量标准

色，白、黄相映；质，软、糯；味，咸鲜。

5. 要点分析

（1）油发鱼肚先用食碱水略煮，去掉油腻后再用清水漂洗去除碱味。

（2）蛋泡糊要现打现用，时间不能放置太长，否则蛋清回缩、化水。

（3）蛋泡糊下锅时火不能太大，否则容易使鸡蛋清过于散碎。

第3节　爆、炒类菜肴烹制实例

一、生爆鳝背

1. 选料

（1）主料。黄鳝片 200 g。

（2）副料。青椒片 40 g。

(3) 调料。葱 10 g、郫县豆瓣酱 25 g、花椒粉 2 g、精盐 2 g、黄酒 15 g、白砂糖 10 g、味精 1.5 g、姜片 10 g、酱油 5 g、湿生粉 20 g、米醋 10 g、肉汤 25 g、蒜蓉 25 g。

2. 刀工处理

(1) 将活杀黄鳝用布擦尽血污，用斜刀批成蝴蝶片，取碗一只放入精盐、黄酒、湿生粉少许上浆，待用。

(2) 将青椒片加工成长 3 cm、宽 2 cm 的片。

3. 烹制过程

(1) 取小碗 1 只，放入酱油、白砂糖、黄酒、味精、米醋、湿生粉，成竞汁芡。

(2) 炒锅置在旺火上，倒入 750 g 精制油，加热至七成热，将青椒片略烫一下，再将黄鳝逐片拍上干淀粉，放入油锅中炸至断生后即倒入笊篱，事先在笊篱里放入青椒片。

(3) 留余油 25 g，投入姜、蒜、郫县豆瓣酱、水、糖、醋勾芡，煸出红油，倒入黄鳝片、青椒片，炒匀，开大火，放入葱花，颠翻几下，即可出锅装盘。

4. 质量标准

色，褐红；质，脆嫩；味，香辣带甜酸。

5. 要点分析

(1) 鳝背不能用水洗，否则影响质量。

(2) 拍粉要随炸随拍。

(3) 回锅翻炒，速度要快。

二、芫爆腰花

1. 选料

(1) 主料。猪腰子 200 g。

(2) 副料。香菜梗 40 g。

(3) 调料。葱段、蒜片和青蒜段共 25 g，黄酒 5 g，米醋 2 g，精盐 3 g，味精 2 g，芝麻油 20 g。

2. 刀工处理

猪腰子用刀批去腰臊，剞成麦穗花刀后，改刀成宽 3.5 cm、长 5 cm 的条形，用清水漂净血水。香菜除去老根洗净，切成 4 cm 段放入碗内，加蒜片、葱段、青蒜段、精盐、黄酒、米醋、味精兑成小料。

3. 烹制过程

分别将沸水锅和炒锅置火上，放入精制油，热油锅至八成热，事先将腰花倒入沸水锅内略烫，沥干水分，即入热油锅内略爆，迅速倒入漏勺。原热油锅内加入芝麻油，倒入香菜小料后即倒入腰花，迅速翻炒均匀，装盘即成。

4. 质量标准

色，淡褐；质，脆嫩；味，咸鲜。

5. 要点分析

（1）腰子一定要去尽腰臊。

（2）焯水与油爆尽可能顺接。

三、芫爆双花

1. 选料

（1）主料。鸡肫 100 g、净墨鱼 100 g。

（2）副料。香菜梗 40 g。

（3）调料。葱段 10 g、蒜片 5 g、姜 3 g、青蒜段 25 g、黄酒 5 g、米醋 2 g、精盐 3 g、味精 3 g、白胡椒粉 1 g、芝麻油 20 g。

2. 刀工处理

墨鱼用刀剞成荔枝花刀后，再切成 3 cm 见方的块。鸡肫剔除黄皮，剞成菊花肫。香菜除去老根，切成 4 cm 段，碗内，加精盐、麻油、黄酒、味精、米醋，兑成小料。

3. 烹制过程

分别烧开水锅和热油锅至五成热时，将墨鱼、鸡肫分别入沸水锅内略烫，捞出，挤干水分，即入热油锅内略爆，迅速倒入漏勺。原热锅加入葱、姜、蒜，倒入香菜、青蒜，兑汁，并迅速翻炒均匀，装盘即成。

4. 质量标准

色，黑鱼白净、鸡肫褐色；质，脆嫩爽口；味，咸鲜蒜香。

5. 要点分析

（1）原料过油不宜时间过长，动作要协调，一爆即起。

（2）墨鱼与鸡肫大小要一致。

四、酱爆墨鱼卷

1. 选料

（1）主料。鲜墨鱼 250 g。

（2）调料。葱白 5 g、蒜泥 3 g、黄酒 10 g、甜面酱 50 g、糖 30 g、味精 3 g、芝麻油 10 g、酱油 3 g、白胡椒粉 1 g。

2. 刀工处理

鲜墨鱼剞荔枝花刀，沸水焯水。

3. 烹制过程

(1) 锅内放油加热至五成热时，倒入焯过水的墨鱼卷一爆即倒出沥油。

(2) 锅内留少许油，煸葱白、蒜泥、甜面酱，加酱油、黄酒、糖、味精、白胡椒粉，炒至酱稠浓，倒入墨鱼卷翻匀，淋芝麻油出锅装盘。

4. 质量标准

色，酱红；质，脆嫩；味，咸鲜带甜。

5. 要点分析

(1) 购买墨鱼时不能使用涨发过的墨鱼，否则会影响质量。

(2) 墨鱼焯水与爆油之间间隔时间不能长，否则影响质感。

(3) 炒酱时控制火候，防止炒焦。

五、虾仁爆脆鳝

1. 原料

(1) 主料。鳝背。

(2) 副料。虾仁。

(3) 调料。葱、姜、盐、味精、酱油、糖、醋、芝麻油、胡椒粉。

2. 刀工处理

(1) 鳝背下少量盐、味精、胡椒粉、生粉拌透。

(2) 虾仁洗净，吸干，上蛋清浆。

3. 操作过程

(1) 锅放油烧至五成热，将鳝背下锅，炸至浅黄色捞出，升高油温再复炸至金黄色捞出装盘，再用干净油将虾仁划油至断生倒出。

(2) 锅内留少许油，煸葱、姜出香味，加水、糖、盐、味精烧透，勾芡，加醋、芝麻油打匀，再放入虾仁，淋油，将它浇在鳝背上即可。

4. 质量标准

色，色泽褐红；质，外脆里嫩；味，甜酸。

5. 要点分析

鳝丝炸好后与成菜时间不能间隔太长，否则容易回软。

六、鱼香腰花

1. 选料

（1）主料。猪腰子400 g。

（2）调料。郫县豆瓣酱35 g、葱花15 g、泡椒片5 g、蒜末10 g、姜末10 g、米醋12 g、白砂糖12 g、味精1 g、湿生粉8 g、精盐3 g、肉汤40 g、黄酒10 g、胡椒粉少许、红油10 g。

2. 刀工处理

将猪腰子剖开去除腰臊，在腰子里面剞花刀，成麦穗花，加工成片，装入盛器，倒入黄酒、胡椒粉腌渍一会。然后，用清水冲洗干净，沥干水分。

3. 操作过程

（1）炒锅置旺火加入清水1 kg烧沸，后推入腰花，搅拌后即倒出沥去清水，将锅内倒入1 kg精制油，置旺火上加热至七成时，将腰花过油后即倒入油笊篱，沥去油。

（2）锅留余油50 g，小火，加入蒜、姜末，煸香后，加入泡椒片、剁细的郫县豆瓣酱，煸到出红油，加入肉汤、白砂糖、精盐、味精，调好味后下湿生粉，加入米醋，倒腰花、葱花，淋上10 g红油，翻几下即可装盘。

4. 质量标准

色，红亮；质，嫩脆；味，甜酸辣味均衡。

5. 要点分析

（1）腰花剞花刀时，刀口间距、深度要均匀。

（2）腰花进沸水、过油速度要快，一烫即起。

七、西芹花枝片

1. 选料

（1）主料。净墨鱼片400 g。

（2）副料。西芹100 g。

（3）调料。高汤60 g、精盐10 g、味精10 g、胡椒粉5 g、葱段5 g、姜片5 g、生粉10 g、芝麻油10 g。

2. 刀工处理

将墨鱼切成约4 cm宽、6 cm长的薄片，西芹切成指甲片。

3. 操作过程

（1）锅中放清水500 g，待煮沸后将西芹、墨鱼片下锅一汆即捞起，沥干水分。

(2) 烧热锅后，放精制油 500 g，待油温至五成热时，将西芹片、墨鱼片入锅滑油，熟后即捞起，沥干油。

(3) 留底油锅，放入葱段、姜片煸透，加入高汤、精盐、味精、胡椒粉调味，再将墨鱼片、西芹倒入，用生粉勾芡，淋上芝麻油，推匀即成。

4. 质量标准

色，白绿相映；质，滑嫩脆；味，咸鲜。

5. 要点分析

墨鱼片加工时薄厚要均匀，滑油时动作要快捷。

八、香菜梗炒鳝丝

1. 选料

(1) 主料。大黄鳝（活）750 g。

(2) 调料。香菜梗 50 g、蒜泥 10 g、黄酒 15 g、酱油 10 g、白砂糖 0.5 g、精盐 2 g、味精 4 g、胡椒粉少许、生粉 20 g、芝麻油 25 g。

2. 刀工处理

先将大黄鳝宰杀后，剖腹去净内脏，拆去脊椎骨，不要用水洗，用刀顶头切成细丝，盛在碗内，加入精盐 1 g、生粉拌匀待用。香菜梗洗净，切成约 3 cm 长的段。

3. 操作过程

(1) 取小碗放入酱油、黄酒、白砂糖、精盐、味精、生粉，调匀成卤汁。

(2) 锅烧热，放入精制油，待油温达七成热时，倒入黄鳝丝迅速划散，倒出。原锅放下蒜泥煸香后，倒入小碗内的卤汁，放入黄鳝丝、香菜梗段翻两下，淋上芝麻油，取出装入盘中，随即撒上胡椒粉即可。

4. 质量标准

色，金黄色；质，爽脆；味，咸鲜香。

5. 要点分析

滑油动作快捷，时间不宜过长，否则质地容易变老。

九、芙蓉鸡片

1. 选料

(1) 主料。鸡蛋 6 枚。

(2) 副料。鸡蓉 50 g、火腿片 15 g、菠菜或鸡毛菜 20 g、黑木耳 20 g。

(3) 调料。清汤 500 g、精盐 7 g、湿生粉 50 g、味精 4 g、胡椒粉 1 g、葱姜汁 10 g。

2. 刀工处理

取盛器加入鸡蓉 50 g，逐个加入鸡蛋清，再加入清汤、湿生粉拌匀，再加入盐、味精、胡椒粉拌上劲。火腿加工成 3 cm 长、15 cm 宽的薄片。

3. 烹制过程

（1）炒锅置火上，加入精制油 1 kg，加热至二三成热，用炒勺舀鸡蓉糊（约 30 g），稳而快地顺锅边倒入锅内，使油浸过鸡蓉糊，待鸡片凝固浮起时捞出沥油。如法逐一制定，将铲起的鸡片放在 500 g 清汤中漂去油质。

（2）炒锅置火上，添入 50 g 肉汤，加入葱姜汁 10 g，放入火腿片，加精盐 4 g、味精 2 g、胡椒粉 1 g，烧沸撇去浮沫，放入鸡片，加入氽过水的小菜心、黑木耳，推匀，用湿生粉勾芡，颠翻几下盛入盘内。

4. 质量标准

色，洁白；质，鲜嫩滑润；味，咸鲜。

5. 要点分析

（1）鸡蓉糊要调好，锅要洗干净，否则会粘锅。

（2）制鸡片时开小火，每次舀入约 30 g 鸡糊，端起锅转动摊成鸡片，用清汤漂去油质，否则太过油腻。

十、香油素鳝丝

1. 选料

（1）主料。水发冬菇 250 g。

（2）副料。熟胡萝卜 25 g、青椒 25 g。

（3）调料。酱油 30 g、白糖 20 g、味精 2 g、姜米 1 g、精盐 1.5 g、黄酒 1.5 g、胡椒粉 1 g、干生粉 30 g、鲜汤 150 g、芝麻油 15 g。

2. 刀工处理

（1）冬菇用剪刀剪成 1 cm 宽、8 cm 长的条放入碗内，下黄酒、精盐、味精、姜米，拌匀，拍上干生粉。

（2）将胡萝卜切成筷梗条后焯水，青椒也切成筷梗条。

3. 操作过程

（1）锅内放油，烧至七成热时，投入冬菇条炸至深金色时捞起。

（2）锅内留余油，下胡萝卜条、青椒条，加酱油、白糖、味精、鲜汤，烧开后用水生粉勾芡。最后倒入冬菇条抹上黄酒、芝麻油、胡椒粉翻匀出锅装盘。

4. 质量标准

色，酱红；质，香酥软；味，咸中带甜。

5. 要点分析

(1) 冬菇剪成丝后，水分要控干。

(2) 掌握冬菇油炸的温度和炸制程度。

十一、小煎鸡米

1. 选料

(1) 主料。鸡脯肉 200 g。

(2) 副料。香菇 20 g、青豆或青椒 30 g。

(3) 调料。泡椒粒 10 g、郫县豆瓣酱 25 g、花椒粉 3 g、米醋 2 g、白砂糖 2 g、精盐 1 g、黄酒 10 g、姜末 5 g、蒜末 5 g、葱白末 5 g、酱油 3 g、红油 5 g、味精 1.5 g、高汤 25 g、鸡蛋 1 枚，湿生粉适量。

2. 刀工处理

(1) 将鸡脯肉洗净后，加工成 0.3 cm 大小的粒。香菇和青椒加工成 0.3 cm 大小的粒。取一只盛器，将加工好的鸡米，放入盛器，投入精盐、味精、胡椒粉、黄酒、鸡蛋清，调匀后加入湿生粉，上浆。

(2) 取小碗加黄酒、酱油、白砂糖、米醋、味精、高汤、水淀粉调成兑汁。

3. 烹制过程

(1) 炒锅置于旺火上，添入精制油，加温至四成热时，推入鸡米，用炒勺轻轻推动，笊篱内倒入焯过水的香菇粒、青椒粒，将滑好的鸡米和热油同时倒入笊篱，沥去油。

(2) 炒锅留余油 60 g，加入姜末、蒜末、泡椒粒煸香，加入郫县豆瓣酱，煸出红油后倒入滑好油的鸡米翻匀，烹入酒、糖、醋、高汤、酱油勾芡，撒上葱花兑汁，边翻边撒上花椒粉，淋上红油出锅。

4. 质量标准

色，金红；质，滑嫩；味，香辣小麻带甜酸。

5. 要点分析

(1) 鸡脯肉加工成米粒后，应用清水浸后再上浆，成品可更光洁。

(2) 鸡米滑油时，油温不能过高，否则容易结团。

十二、芹黄鱼丝

1. 选料

（1）主料。黑鱼或青鱼肉 200 g。

（2）副料。芹黄 50 g。

（3）调料。泡椒丝 10 g、姜末 5 g、葱在 5 g、蒜泥 3 g、精盐 1 g、味精 1 g、米醋 5 g、白砂糖 15 g、鸡蛋 1 枚、生粉 50 g、湿生粉 10 g、黄酒 5 g、高汤 50 g、郫县豆瓣辣酱 25 g、红油 5 g。

2. 刀工处理

将鱼肉切成 7 cm 长、0.3 cm 粗的丝，盛入碗内，放入鸡蛋清、生粉、黄酒、精盐拌匀上浆。取碗，放味精、白砂糖、米醋、湿生粉、高汤调成兑汁，芹黄切成 3 cm 长的段。

3. 烹制过程

炒锅置旺火中，下精制油烧至四成热，放入鱼丝，立即将锅端离火口，用筷子轻轻拨散鱼丝断生，倒入漏勺。原锅中留余油 20 g，煸芹黄、姜末、蒜泥、郫县豆瓣辣酱煸出红油，加糖、酒、味精，放入鱼丝和芹黄，翻匀，勾芡加香醋，淋上红油，颠翻几下，起锅装盘即可。

4. 质量标准

色，金红；质，滑嫩；味，鲜香轻辣，略带甜酸。

5. 要点分析

（1）鱼丝切得粗细要均匀，滑油时油温要控制好。

（2）加入兑汁时，火要旺，颠翻出锅速度要快。

十三、翡翠鱼丝

1. 选料

（1）主料。黑鱼或青鱼肉 200 g。

（2）副料。橄榄菜 100 g。

（3）调料。鸡蛋清 30 g、精盐 10 g、葱姜汁少许、生粉 20 g、胡椒粉 3 g、黄酒 10 g、味精适量、高汤适量。

2. 刀工处理

将鱼净肉切成长 8 cm、粗 0.25 cm 的鱼丝，然后用鸡蛋清拌和，生粉上浆，淋上少许精制油后，放入冰箱醒涨 20 min。橄榄菜剥去老皮修整得大小均匀，洗净待用。

3. 烹制过程

(1) 烧开水锅，放入精盐 5 g、精制油 5 g，将橄榄菜放入，成熟后捞出；再起热油锅，放入橄榄菜加味精、葱姜汁调味煸炒一下，围放在盘子四周。

(2) 烧热锅，放入精制油，至油温四成热时，将鱼丝放入，滑油断生后捞出，沥干油，锅内加高汤调味勾芡，倒入鱼丝翻锅，淋上熟油盛在橄榄菜上即成。

4. 质量标准

色，鱼丝洁白，橄榄菜碧绿；质，鱼丝滑嫩；味，咸鲜适中。

5. 要点分析

(1) 鱼需要用清水浸去血水，冰冻半天再切鱼丝，肉收缩力少。

(2) 油温不能过高，否则鱼丝易结团发黄。

十四、泡椒鸡花

1. 选料

(1) 主料。鸡脯肉 200 g。

(2) 副料。泡椒片 15 g，鸡蛋 1 枚。

(3) 调料。黄酒 5 g、葱节 5 g、姜末 5 g、蒜泥 3 g、糖 5 g、盐 2 g、味精 1 g、胡椒粉 0.1 g、红油 5 g、淀粉适量、高汤适量。

2. 刀工处理

(1) 把鸡脯肉去皮剞成十字花刀，改刀切成 15 mm 见方的块，放入碗内上蛋清浆。

(2) 泡椒去籽，切成菱形片。

3. 烹制过程

(1) 锅烧热，放油烧至三成热时，将鸡块投入油锅内滑油至断生，倒出沥油。

(2) 锅内留余油，放姜、蒜，煸香，再煸泡椒片，放入葱节、汤，加糖、美极鸡粉，倒入鸡花勾芡翻几下，淋上红油翻匀，出锅装盘。

4. 质量标准

色，白中带红；质，嫩滑；味，咸鲜带泡椒香味。

5. 要点分析

(1) 剞花刀深度要控制好，太浅太深都影响成形。

(2) 滑油时油温不宜过高。

十五、荷花鲜奶

1. 选料

（1）主料。鸡蛋清 180 g。

（2）副料。鲜牛奶 150 g。

（3）调料。鸡蛋 1 枚、番茄 400 g、精盐 10 g、味精 10 g、高汤 50 g、生粉 25 g。

2. 刀工处理

（1）将鸡蛋清加入鲜牛奶 25 g，盐与味精放在鲜奶中溶化。

（2）将番茄切成 6 片荷花形，排列在盘子周围，再将蛋液下锅摊成一张蛋皮，放在盆子中间。

3. 烹制过程

烧热炒锅，放入精制油，加热至二成热，将和鸡蛋清拌匀的鲜牛奶徐徐倒入，待其结成片状的鲜奶，捞出沥干油，锅内加入高汤、鲜牛奶，加入调味，水生粉勾芡，放入制成的鲜奶片，推匀，倒入盘子中蛋皮上即成。

4. 质量标准

色，洁白；质，爽滑；味，咸鲜。

5. 要点分析

（1）油温要掌握好，蛋皮不要过大，装盘时不要盖没蛋皮，以留出 0.2 cm 蛋皮边为佳。

（2）鲜牛奶加入比例要适当，不宜过多。

十六、瓜姜鱼丝

1. 选料

（1）主料。黑鱼或青鱼肉 200 g。

（2）副料。扬州小酱瓜 30 g、酱生姜 25 g。

（3）调料。鸡蛋清 30 g、黄酒 25 g、精盐 5 g、味精 4 g、白胡椒粉 1 g、清汤 25 g、生粉 70 g。

2. 刀工处理

将鱼肉洗净，浸去血水，切成 8 cm 长、0.25 cm 见方的细丝，沥干水分，盛在碗内，加入鸡蛋清、精盐、味精、生粉上浆，放些精制油待用。小酱瓜、酱生姜洗净后，切成细丝。

3. 烹制过程

（1）烧热锅后，放入精制油，待油烧到四成热时，将鱼丝下锅用筷子划散，倒入酱瓜丝、酱生姜丝，划散，断生，倒出沥油，将酱瓜丝、姜丝放在鱼丝上。

（2）原锅内加高汤、酒、盐、味精勾芡，颠翻拌匀、淋油，起锅。

4. 质量标准

色，鱼丝白；质，滑爽鲜嫩；味，咸鲜可口。

5. 要点分析

（1）切丝要均匀、细心。

（2）酱瓜丝、酱生姜丝要先浸去咸味。

十七、松仁鱼米

1. 选料

（1）主料。鱼肉 200 g。

（2）副料。松仁 50 g、圆青红椒 30 g。

（3）调料。鸡蛋清 30 g、黄酒 20 g、精盐 5 g、味精 4 g 或姜极鸡粉 2 g、清汤 25 g、水生粉 50 g。

2. 刀工处理

将鱼肉切成 0.3 mm 大小的米粒，用清水、洗一下，沥干水分，盛入碗内，加入黄酒、鸡蛋清、精盐、味精、生粉拌匀，加入精制油，醒一下。圆青红椒洗净，去蒂、籽、筋分别切成鱼米大小，待用。

3. 烹制过程

烧热锅，加入精制油，投入松仁划散至熟滤油，原油仍倒入锅内，约三成热时，投入鱼米划散至断生，倒入圆青红椒粒，倒入漏勺内。原锅倒入高汤、盐、味精或鸡粉勾芡稠厚时，倒入鱼米、松仁等，推匀，颠翻几下，起锅装盘。

4. 质量标准

色，鲜艳，鱼米洁白；质，鱼米滑嫩，松仁脆；味，咸鲜可口。

5. 要点分析

（1）松仁必须与冷油一起下锅氽，小心防焦。

（2）鱼米滑油时油温不能高，否则易结团。

（3）鱼米切好后需放入清水中浸一下后沥干，上浆。

十八、青椒鱼丝

1. 选料

（1）主料。黑鱼或青鱼200 g。

（2）副料。青椒75 g。

（3）调料。黄酒5 g、盐5 g、味精或姜极鸡粉2 g、白胡椒粉1 g、高汤、蛋清、生粉。

2. 刀工处理

（1）鱼肉批成80 mm长、2.5 mm粗细的丝，上蛋清浆。

（2）青椒去两头，批成70 mm长、2 mm见方的丝。

3. 烹制过程

（1）锅烧热用油滑锅，加油烧至四成热，将鱼丝倒入划至断生时倒入青椒丝，倒出沥油。

（2）锅内倒尽余油，放高汤加黄酒、盐、味精，烧开勾芡，倒入鱼丝、青椒丝，翻匀出锅装盘。

4. 质量标准

色，鱼丝洁白，青椒翠绿；质，滑嫩鲜爽；味，咸鲜可口。

5. 要点分析

（1）鱼最好预先冰冻一定时间。

（2）鱼丝不必切得太细，否则容易碎。

（3）油温不宜过高，防鱼丝结团发黄。

十九、清炒素蟹粉

1. 选料

（1）主料。熟土豆200 g、熟胡萝卜100 g。

（2）副料。熟冬笋30 g、水发香菇50 g。

（3）调料。盐5 g、味精1.5 g、白砂糖2 g、黄酒6 g、香醋7.5 g、姜米1 g、精制油140 g。

2. 刀工处理

（1）将熟土豆及熟胡萝卜分别剁成泥。

（2）将水发香菇及冬笋分别切成火柴棒丝。

（3）土豆泥、胡萝卜泥放在一起加入香菇和冬笋丝，再加入姜米拌和。

3. 烹制过程

锅烧热，加油烧至四成热时放入拌和的原料，同时加入盐、白砂糖、味精，煸炒1 min左右，待出黄油时，淋上黄酒、香醋，拌和，翻匀出锅。

4. 质量标准

色，黄；质，软滑；味，咸鲜略酸带姜味，似炒蟹粉的滋味。

5. 要点分析

(1) 土豆和胡萝卜最好蒸熟，这样水分少。

(2) 不能把原料炒过头至返砂，否则影响口感。

(3) 黄酒和香醋一定要在将好的时候加入。

二十、青豆泥

1. 选料

(1) 主料。新鲜青豆1 kg。

(2) 调料。熟猪油250 g、白砂糖150 g、精盐少许、食碱少许。

2. 初步处理

将新鲜青豆清水洗净，入锅煮酥取出（煮时要加少许食碱），用冷水浸透后，沥干水分，再用钢丝网筛过滤，除去豆壳，制成青豆泥。

3. 操作过程

炒锅烧热，下猪油100 g，烧至六七成热，下青豆泥炒和，用温火反复颠炒，使青豆泥水分不断减少，其间，再加热猪油75 g，继续将青豆泥中的水分炒干，待其不粘锅时，再放白砂糖150 g，共炒，并再下熟猪油75 g和精盐少许，慢慢炒至白砂糖完全熔化，青豆泥干爽起沙时，出锅装盘。

4. 质量标准

色，碧绿；质，糯而不腻；味，甜而清香。

5. 要点分析

(1) 选老青豆。

(2) 擦豆泥的钢丝网筛网眼要细，以确保豆泥细腻。

(3) 煸炒豆泥火不宜大，防炒焦。

第4节 炸、熘类菜肴烹制实例

一、百粒虾球

1. 选料

（1）主料。虾仁300 g。

（2）副料。肥膘100 g、咸方面包粒（可将面包冰冻后切成粒）200 g、鸡蛋清30 g。

（3）调料。黄酒10 g、精盐2.5 g、味精2 g、葱姜汁水10 g、干生粉4 g、浓汤冻100 g（浓度很高的白汤调味后冷却结冻，改刀成丁）。

2. 刀工处理

虾仁同肥膘洗净后，沥干水分，用粉碎机或排斩成蓉泥状，盛入碗内，加入黄酒、葱姜水汁、精盐、味精、鸡蛋清、生粉拌匀上劲，然后再左手抓虾蓉，右手拿一浓汤冻粒塞在虾泥内，左手包起，滚上面包屑粒，放入平盆内，用此法制毕24只百粒虾球生胚。

3. 操作过程

烧热锅，放入精制油，待油温达三四成热时，推入百粒虾球，用中小火焐熟，铁勺在虾球上少动与轻动，以免百粒（面包屑粒）滚落下来。然后开大火炸一下，上色后，迅速捞起装盘。

4. 质量标准

色，淡黄色；质，外脆里嫩；味，咸鲜。

5. 要点分析

（1）动作要轻快，防止面包屑粒落下来。

（2）虾蓉要斩细，搅拌要上劲。

（3）面包屑粒不宜过小。

二、脆皮鲜奶

1. 选料

（1）主料。鲜牛奶250 g。

（2）副料。鸡肉50 g、虾仁50 g、蟹肉50 g、脆浆糊225 g、干生粉20 g、鸡蛋清180 g。

（3）调料。精盐 5 g、味精 5 g。

2. 刀工处理

（1）将鸡肉切成米粒状，用少量鸡蛋清、生粉调和。

（2）鲜牛奶 50 g 与干生粉调匀。

（3）鸡蛋清加入精盐、味精搅匀。

3. 操作过程

（1）烧热锅，放入精制油 500 g，烧至四成热时，放入鸡粒、虾仁，稍待片刻，加入蟹肉，捞出沥干油。

（2）烧热锅，下鲜牛奶 200 g，烧沸盛起，把已经用干生粉调匀的牛奶和加调料的鸡蛋清倒入，拌匀后，再倒回热锅中微火加热，推成糊状，加入虾仁、鸡肉粒、蟹肉推匀即离火，用汤匙做坯，分做 20 份，用盘盛放，晾透后凝结成“卵石状”。

（3）锅中放精制油烧至六成热时，端离火位，将已凝结的牛奶从汤匙中取出，逐一粘上脆浆后，放入油锅，然后把锅端回炉上，炸至皮脆呈淡黄色，倒入笊篱沥去油，装盘便成。

4. 质量标准

色，金黄；质，外酥内嫩；味，咸鲜，奶香浓郁。

5. 要点分析

（1）鲜坯炒制要掌握火候，防粘底。

（2）用料比例要正确，否则成品不光滑。

三、香蕉多士卷

1. 选料

（1）主料。三明治面包 1/3 个。

（2）副料。香蕉 2 个、虾蓉（有调味）150 g。

（3）调料。盐、味精、胡椒粉。

2. 刀工处理

（1）三明治面包放入－10℃的冰箱速冻室 24 h，将面包冰硬。

（2）将面包四面边皮切去，然后将面包切成 0.3 cm 厚的薄片 12 片。

（3）虾蓉加盐、味精、胡椒粉拌上劲。

3. 操作过程

（1）将面包上笼蒸 2 min，使其松软，取出，将拌好的虾蓉均匀铺在面包片上。

（2）香蕉去皮，切成约 6 cm 长、0.5 cm 见方的条共 12 条，分别放在 12 片面包上，然后将面包卷起来。

（3）烧热油锅，放入精制油，待油温热至五成时，将面包卷下锅炸熟，装盘即可。

4. 质量标准

色，色泽金黄；质，外脆里滑嫩；味，咸鲜香。

5. 要点分析

（1）面包只能用淡或咸的，不能用甜的，否则容易炸焦。

（2）面包切片要薄厚均匀。

（3）面包包卷时要紧。

（4）调味宜清淡。

四、糟熘鲈鱼片

1. 选料

（1）主料。鲈鱼肉 200 g。

（2）副料。水发黑木耳 50 g。

（3）调料。鸡蛋清 30 g、香糟酒 25 g、白砂糖 20 g、精盐 3 g、味精少许、生粉 50 g。

2. 刀工处理

鲈鱼肉批成8片斜刀片（带皮），用水漂浸后捞出，挤干水分，放入碗内，用鸡蛋清、精盐、水、生粉上浆。黑木耳摘去根蒂，洗去泥沙，焯水后待用。

3. 烹制过程

（1）锅置火上，放入精制油，烧热油锅至四成热时，逐片投入鱼片至鱼片略卷起，倒入漏勺，沥去油。黑木耳用开水烫后捞出，沥干水分，装入烩盆中。

（2）用原热锅加入水、精盐、白砂糖、味精，投入鱼片，烧滚后撇去浮沫，用文火煨烧入味，加入香糟酒，烧开后用水生粉勾成熘芡，淋上油，端锅将鱼片翻身使鱼肉朝上，淋上油倒在黑木耳上。

4. 质量标准

色，鹅黄色；质，鲜嫩；味，咸中带甜，浓郁糟香。

5. 要点分析

（1）鱼片必须清水浸漂后上浆。

（2）香糟酒不能过早放入，否则容易产生酸味。

五、菊花青鱼

1. 选料

（1）主料。青鱼中段300 g。

（2）调料。葱适量、姜适量、黄酒适量、盐4 g、糖20 g、白醋15 g、番茄酱20 g。

2. 刀工处理

（1）青鱼中段去龙骨、肚后，剞菊花花刀，改刀成正方形或正三角形。

（2）葱姜拍松加黄酒、水、盐、少许蛋清，将鱼浸入汁中约5 min取出沥干水分。

3. 烹制过程

（1）锅内加油烧至五成热时，将鱼块上逐根鱼丝拍上干淀粉，放入油中炸至浅黄色捞出沥油。

（2）将油温升至七成热时放入鱼块复炸成金黄色，捞出装盘。

（3）锅内放水加番茄酱、盐、糖、白醋，烧开后勾芡淋油打匀浇在鱼块上。

4. 质量标准

色，茄红光亮；质，外脆里嫩；味，酸甜适口。

5. 要点分析

（1）青鱼加工前需略冰冻半天。

（2）拍粉要现拍现炸不能早。

（3）番茄酱不能炒过头，否则容易影响色泽。

六、糖醋鲈鱼

1. 选料

（1）主料。鲈鱼1条500 g左右。

（2）副料。洋葱丁、青豆、香菇丁、胡萝卜丁。

（3）调料。葱适量、姜适量、黄酒适量、盐4 g、白胡椒粉1 g，糖20 g、白醋15 g、番茄酱20 g。

2. 刀工处理

（1）鲈鱼去鳞、鳃、内脏洗净。

（2）鱼腹部处用刀平批一刀，使鱼能竖立起，在鱼身二侧剞牡丹花刀。

（3）葱姜拍松，用水浸出汁，加黄酒、盐、白湖椒粉，将鱼放入浸渍10 min。

（4）副料焯水后，切成丁。

3. 烹制过程

（1）锅内放油烧至六成热，将鱼沥干水分，拍上干淀粉，入油炸至浅黄色捞出沥油。再将油温升至七成复炸成金黄色捞出装盘（竖起）。

（2）锅内放水、番茄酱、盐、糖、白醋及所有副料，烧开后勾芡，淋油后浇在鱼身上即可。

4. 质量标准

色，茄红光亮；质，外脆里嫩；味，甜酸可口。

5. 要点分析

（1）拍粉一定要现拍现炸。

（2）掌握油温，应炸得稍过一点，突出香脆感。

七、糟熘鲈鱼卷

1. 选料

（1）主料。鲈鱼带皮肉 250 g。

（2）副料。虾仁 100 g、猪肥膘 25 g。

（3）调料。鸡蛋清 50 g、精盐 4 g、味精 3 g、白胡椒粉 1 g、香糟酒 25 g、白砂糖 20 g、生粉 70 g。

2. 刀工处理

将鱼肉用水漂浸挤去水分，再批成蝴蝶片（每两片有皮连接）14 片。虾仁、猪肥膘加工成蓉，加精盐、味精、鸡蛋清拌上劲。

3. 烹制过程

（1）将蝴蝶片皮朝上，分别酿上虾蓉，卷成鱼卷。碗内加鸡蛋清、水生粉，调成蛋清浆，将鱼卷蘸上粉浆，即入四成热的精制油油锅内滑油成形捞出，倒去油。

（2）原热锅内放入水，加精盐、白砂糖、味精，放入鱼卷，再加香糟酒，烧滚后用生粉勾熘芡，淋上精制油翻锅，再淋上熟油，装盘，即成。

4. 质量标准

色，鹅黄；质，鲜嫩；味，咸中带甜，糟香浓郁。

5. 要点分析

（1）活鱼加工后要入冰箱冷冻，便于鱼卷定形。

（2）香糟酒不能过早放入，否则加热时间长会有酸味。

八、珍珠鸡脯

1. 选料

（1）主料。鸡里脊肉 100 g。

（2）副料。鲜豌豆 100 g、熟火腿末 15 g、鸡蛋清 50 g。

（3）调料。黄酒 5 g，精盐 3 g，味精 2 g，葱、姜末 3 g，高汤 1 kg，精制油 50 g，鸡油 25 g，生粉 50 g。

2. 刀工处理

将鸡里脊肉除去筋膜，剁成鸡蓉，放入碗内，加一枚鸡蛋的蛋清，用冷高汤调稠，加精盐、味精、黄酒、生粉调成厚糊；鲜豌豆用沸水氽熟。

3. 操作过程

用净锅放精制油、烧热，投入葱、姜末炝锅，加高汤、黄酒、精盐、味精、豌豆，用大火烧沸后，淋上水生粉勾玻璃芡，转用小火，将鸡糊倒入漏勺，由漏勺入芡汁内，即成白色如豌豆大的圆子，淋上鸡油，倒入盛器内，撒上火腿末即成。

4. 质量标准

色，红、绿、白相映；质，滑嫩；味，咸鲜。

5. 要点分析

制作鸡蓉要细腻，厚糊调制要适当。

九、西柠软鸡

1. 选料

（1）主料。瓶装猴头菇 200 g。

（2）调料。精盐 2 g、味精 1.5 g、姜末 1 g、干生粉 75 g、柠檬 50 g、白糖 30 g。

2. 刀工处理

（1）将猴头菇切成薄片，放入清水中洗 2 min。除掉酸涩味，再挤水分，放入碗内。加精盐、味精、姜末拌和，拍上干生粉。

（2）柠檬挤出汁水。

3. 操作过程

（1）锅内放油，烧至六成热时逐片投入“软鸡”（猴头菇片），炸至金黄色捞出，整齐排列盘中。

（2）锅内留余油，下柠檬汁、白糖、少许盐，烧开后用水淀粉勾芡，淋油，将卤汁均匀地浇在“软鸡”上即成。

4. 质量标准

色，柠黄色；质，外脆里嫩；味，酸甜适口。

5. 要点分析

（1）猴头菇切片后酸涩味一定要除去。

（2）甜酸味要调准。

第5节　烩、汆、煮、蒸类菜肴烹制实例

一、春白海参

1. 选料

（1）主料。水发海参150 g。

（2）副料。小菜心6棵、火腿片15 g、鸡蛋2枚、水发香菇50 g。

（3）调料。精盐4 g，美极鸡粉3 g，胡椒粉1 g、糖1 g、水生粉适量，美极浓缩鸡汁500 g，精制油25 g。

2. 刀工处理

（1）海参批成片，待用。

（2）鸡蛋煮熟，剥去壳，切成4片，将鸡蛋白批成薄片，浸入水中待用。

（3）香菇洗净切片待用。

3. 烹制过程

（1）炒锅置火上，加入清水，烧至沸时，倒入海参，焯水后出锅沥干水，再把香菇、火腿、菜心分别焯水。

（2）原锅加鸡汤500 g，倒入海参片、火腿片、香菇片，加入精盐、美极鸡粉、糖、胡椒粉调味，烧沸后放入蛋白片和菜心，勾成流芡，出锅装于烩盘内，再在盘的四周淋上些鸡油即成。

4. 质量标准

色，多彩；质，滑软；味，咸鲜。

5. 要点分析

（1）海参要去尽内膜，套汤。

（2）需用高汤烩制，勾芡时防止结团。

二、银丝干贝

1. 选料

(1) 主料。豆腐 250 g。

(2) 副料。干贝 50 g。

(3) 调料。精盐 10 g、味精或美极鸡粉 3 g、胡椒粉 1 g、黄酒 10 g、美极浓缩鸡汁 50 g、湿生粉 20 g。

2. 刀工处理

(1) 将豆腐加工成 0.5mm 粗、4 cm 长的丝，漂于清水中去豆腥味，沥去清水浸入鸡汤内。

(2) 将干贝洗净后，放碗中加葱姜汁、黄酒，上笼在旺火上约蒸 20 min 取出，去汁水，压打成丝。

3. 烹制过程

(1) 锅内放清水，将豆腐丝、干贝丝先焯水。

(2) 炒锅放到中火上，锅内倒入鸡汤及豆腐丝、干贝丝、酒、精盐、美极鸡粉、胡椒粉，调准味后，待汤将沸时，撇去浮沫，转大火淋上湿生粉，勾成米汤芡，出锅前再淋上鸡油，慢慢推匀即可。

4. 质量标准

色，洁白光亮；质，滑软；味，咸鲜。

5. 要点分析

(1) 选用质地细腻的嫩豆腐。

(2) 切丝时刀要薄要快，丝要粗细均匀。

(3) 烹调时手勺不能多搅。

三、鸡蓉烩蹄筋

1. 选料

(1) 主料。油发蹄筋（湿）200 g。

(2) 副料。鸡里脊肉 50 g、鸡蛋清 50 g。

(3) 调料。精盐 7 g、美极鸡粉 5 g、白胡椒粉 1 g、生粉 6 g、葱 5 g、姜 5 g、精制油 150 g、美极浓缩鸡汁 50 g、湿生粉少许。

2. 刀工处理

(1) 先用碱水洗净湿蹄筋，再用清水除去碱味，然后放入沸水中煮泡一次，除去腥味，取出，切成6 cm长的手指条形。

（2）将鸡里脊肉用刀背剁成蓉，除去细筋，盛在碗里，加入少许冷水，和匀，再加入少许冷高汤、精盐、味精、鸡蛋清、生粉拌和成鸡蓉。

3. 烹制过程

（1）锅内放入清水，放入蹄筋，焯水后倒出洒水。

（2）锅内放入蹄筋鸡汤、精盐、鸡粉、白胡椒粉，烧至入味后，用湿生粉勾芡，淋上熟油，将鸡蓉调稀徐徐倒入蹄筋中，用手勺推匀，淋油出锅。

4. 质量标准

色，洁白光亮；质，软、糯；味，咸鲜。

5. 要点分析

（1）最好选用猪后蹄筋。

（2）必须用碱水除去油腻，再漂清碱味。

（3）要勾好薄芡后才淋入鸡蓉。

四、酸辣参蛤

1. 选料

（1）主料。水发海参150 g、蛤蜊肉150 g。

（2）调料。葱丝、香菜段25 g，姜末10 g，芝麻油5 g，黄酒5 g，精盐3 g，胡椒粉3 g，米醋20 g，美极鲜味汁50 g，味精少许。

2. 刀工处理

（1）将海参批成薄片，入开水锅焯水，除去腥味。

（2）用净锅加入精制油烧热，下葱、姜末炝锅，加入高汤、黄酒、精盐、味精、海参片煨软入味，待用。

（3）蛤蜊洗净入开水锅烫至开口，捞出，剥出蛤仁，在澄清的原汁留用。

3. 烹制过程

（1）用净锅加入清水，倒入海参，烧沸后倒出沥水。

（2）锅内放油，煸葱姜，加汤、盐、味精，去掉葱姜，放入海参略煨，取出倒入盛器内，再放上蛤蜊肉、香菜、葱丝，撒上白胡椒粉。

（3）原锅放入蛤蜊、汤，加盐、味精、醋，出锅淋麻油，倒入盛器内即可。

4. 质量标准

色，淡红色；质，软糯爽滑；味，咸鲜酸辣。

5. 要点分析

（1）青蛤烫后剥出蛤蜊肉，要用原汤清洗泥沙数次。

（2）海参一定用高汤煨制。

五、酸辣烩鱿鱼

1. 选料

（1）主料。水发鱿鱼 200 g。

（2）副料。蘑菇 50 g、笋 50 g、小菜心 6 棵。

（3）调料。黄酒、盐、味精适量，胡椒粉 3 g，米醋 10 g。

2. 刀工处理

（1）鱿鱼洗净去衣切成长 60 mm、宽 40 mm、厚 1.5 mm 的片。

（2）蘑菇、笋焯水后切片，菜心头削尖，焯水。

3. 烹制过程

（1）锅内放清水，投入鱿鱼片，待汤沸后撇净浮沫。

（2）锅内加汤、黄酒、盐、味精、胡椒粉、米醋，投入所有原料，烧开勾芡淋油出锅。

4. 质量标准

色，淡红；质，滑爽；味，酸辣适中。

5. 要点分析

（1）鱿鱼不能发过头。

（2）鱿鱼批片不可太厚，否则影响口感。

（3）要调好咸味后，才能放胡椒粉与醋。

（4）勾芡不能太厚。

六、香茜烩白玉

1. 选料

（1）主料。嫩豆腐 150 g。

（2）副料。虾仁、人造蟹肉各 50 g。

（3）调料。香菜 10 g，鸡蛋清 25 g，黄酒、盐、味精、美极浓缩鸡汁、胡椒粉适量。

2. 刀工处理

（1）嫩豆腐批切成 5 mm 见方的丁，热水锅加盐焯水。

（2）人造蟹肉改刀成 5 mm 见方的丁。

（3）虾仁洗净后上蛋清浆。

3. 烹制过程

（1）锅内放高汤，放入虾仁氽至断生，捞出撇净浮沫。

（2）锅内高汤、黄酒、盐、味精、少许胡椒粉放豆腐丁、蟹肉丁、虾仁，烧开撇沫后，再烧开勾流芡。

（3）转小火将鸡蛋清打匀，徐徐倒入菜肴中，用手勺轻轻推匀，淋上油出锅装盘，撒上香菜末。

4. 质量标准

色，白绿相映；质，滑嫩；味，咸鲜。

5. 要点分析

（1）豆腐切丁必须刀薄，要整齐划一。

（2）如虾仁大可以改刀，保持大小一致。

（3）漂蛋一定要勾芡后进行，蛋液要像一条线徐徐地倒入，用手勺推匀。

七、漂浮鱼片汤

1. 选料

（1）主料。鳜鱼肉150 g。

（2）副料。水发川竹荪10根、豌豆苗10 g、鸡汤1.25 kg。

（3）调料。黄酒10 g、精盐5 g、味精3 g、胡椒粉1 g、鸡蛋清100 g、生粉适量。

2. 刀工处理

（1）鳜鱼肉批成5 cm长、1.7 cm宽、0.3 cm厚的片放入碗内，加入黄酒、精盐、味精、胡椒粉拌匀，略腌渍一下。

（2）将川竹荪切去两头，改成3 cm长的段，一剖两，用清水洗清沙质，下锅焯二次水，捞起挤干水分和鸡汤同时下锅，加入精盐、味精、胡椒粉，待烧开后投入豌豆苗，倒入汤锅内。

3. 操作过程

鸡蛋清打起泡（以直竖筷子不倒为准），放入生粉和匀，将鳜鱼片逐块蘸上蛋白泡，逐一放入开水锅内烫熟后，捞出投入汤锅内即可。

4. 质量标准

色，雪白；质，鲜嫩；味，咸鲜。

5. 要点分析

（1）烫鳜鱼片时，注意不要让鱼片粘连在一起。

（2）蛋泡糊要现做现打，时间长会澥掉。

八、鸡火煮干丝

1. 选料

（1）主料。白豆腐干 4 块。

（2）副料。熟鸡脯肉 50 g、豆苗 10g 或小菜心 6 棵、熟火腿丝 25 g。

（3）调料。美极浓缩鸡汁 30 g、精盐 5 g、美极鸡粉 5 g、猪油 25 g。

2. 刀工处理

（1）白豆腐干先批成 12 片薄片，后切成细丝，下开水锅烫 1 次（除去豆腥味），捞起沥干水分。

（2）熟鸡脯肉撕成细丝，与熟火腿丝分别盛入碗。

3. 烹制过程

锅内放入浓汤，加猪油、干丝烩透后，放入鸡丝、火腿丝、豆苗或小菜心、精盐、美极鸡粉，用大火煮浓汤汁，取出装入汤盆内，上面放上鸡丝、熟火腿丝即成。

4. 质量标准

色，白净；质，软糯；味，咸鲜。

5. 要点分析

（1）刀工要精细。

（2）干丝在烹饪前，应用沸水浸泡，去掉豆腥味。

九、醋椒鱼

1. 选料

（1）主料。鲈鱼 1 条（500 g）。

（2）副料。京葱丝 15 g、香菜段 25 g。

（3）调料。胡椒粉 25 g、米醋 20 g、黄酒 10 g、精盐 3 g、味精 2 g、奶汤 1.25 kg、芝麻油 5 g、葱结少许、姜块 25 g。

2. 刀工处理

将鱼刮鳞去鳃，从嘴内挖出内脏，洗净后放入沸水锅内略烫，用刀轻轻刮去鱼皮上的黑衣，正面剞翻花刀，反面剞斜直刀。

3. 烹制过程

（1）锅置火上，放入精制油，烧热油锅至六成热时，放入鲈鱼略炸，倒入漏勺，沥去油。

（2）用原热锅放入油、葱结、姜块煸出香味，烹入黄酒，加奶汤、鲈鱼，用大火煮沸后，转用中火炖10 min，鱼熟捞出，放入盛器内，撒上京葱丝、香菜段，淋上芝麻油。

（3）锅内汤汁再加盐、味精、胡椒粉、米醋，用网筛滤去杂质，倒在鱼上即成。

4. 质量标准

色，汤汁乳白；质，鱼肉鲜嫩；味，咸鲜酸辣，汤味醇厚。

5. 要点分析

（1）先用鱼骨制成奶汤以增味。

（2）鱼以断生为宜。

十、莲蓬豆腐汤

1. 选料

（1）主料。嫩豆腐300 g。

（2）副料。鸡蛋清180 g、牛奶125 g、青豆18粒、火腿25 g。

（3）调料。生粉35 g、味精3 g、鸡汤1.25 kg、精制油50 g、精盐5 g。

2. 刀工处理

（1）嫩豆腐去皮后隔筛过细，盛在汤斗内，放入牛奶、味精、生粉，再加入打泡（能立起筷子）的鸡蛋清拌匀后，加入精制油再拌匀待用。

（2）青豆去皮，分成两个半片，火腿切成直径约3 mm的圆片（共7片）待用。

3. 操作过程

（1）取酒盅7只，盅内先抹上精制油，后将拌匀的豆腐分装在7只酒盅内，豆腐面上均匀地放5个半片青豆，中间放一小片火腿片，即上笼用小火蒸8 min取出。

（2）将鸡汤倒入锅内，加入精盐、味精，待烧滚后，倒入大汤盆内，然后将蒸好的莲蓬豆腐一只只（青豆的一面朝上）推入汤内，上席即成。

4. 质量标准

色，白；质，鲜嫩；味，咸鲜。

5. 要点分析

（1）嫩豆腐一定要拌匀，上笼蒸时要掌握时间与火候。

（2）制作精细，形象要逼真。

十一、小笼粉蒸牛肉

1. 选料

（1）主料。黄牛肉500 g。

（2）副料。炒米粉（大米粉）75 g。

（3）调料。酱油 50 g、姜末 15 g、郫县豆瓣酱 20 g、酒酿汁 100 g、辣椒粉 10 g、花椒粉 15 g、香菜叶 50 g、葱花 25 g、精制油 25 g、甜酱 10 g、蚝油 5 g。

2. 刀工处理

将黄牛肉去筋，横着肉纹切成 5 cm 长、3 cm 宽、0.3 cm 厚的片，盛入盘内。

3. 操作过程

（1）盘中肉内放入郫县豆瓣酱（剁细）、酱油、精制油、酒酿汁、姜末、葱花、甜酱、蚝油、炒米粉拌匀，分为 10 份装盘平铺装入小竹笼内，用旺火蒸熟（肉质较嫩的约蒸 5～8 min），将笼端离锅口，放入葱花，淋上沸油即成。

（2）上席时带上 4 碟，分装辣椒粉、花椒粉、葱花、香菜叶。

4. 质量标准

色，红润；质，嫩；味，麻辣鲜香。

5. 要点分析

（1）牛肉选质地嫩的，不能有筋络。

（2）几种调料都有咸味，要控制用量。

中式烹调师（四级）理论知识试卷

注 意 事 项

1. 考试时间：90 min。
2. 请首先按要求在试卷的标封处填写您的姓名、准考证号和所在单位的名称。
3. 请仔细阅读各种题目的回答要求，在规定的位置填写您的答案。
4. 不要在试卷上乱写乱画，不要在标封区填写无关的内容。

	一	二	总分
得分			

得分	
评分人	

一、判断题（第1题～第60题。将判断结果填入括号中。正确的填“√”，错误的填“×”。每题0.5分，满分30分）

1. 山东菜由苏南和胶东两地菜组成。山东菜有“北方代表菜”之称。（ ）
2. 铁做的刀和铲更薄、更锋利、更耐高温，大大方便了原料的切割加工。（ ）
3. 香港菜以广东菜为根底，兼有上海、江苏、北京、山东等地菜肴，还有不少西菜。（ ）
4. 官府菜的特点是追求数量，选料精细且烹调复杂。（ ）
5. 烹调起源于煤和盐的发现及利用。（ ）
6. 民间菜来自城镇、排档和家庭的日常烹饪。（ ）
7. 烹饪原料变质与温度、湿度、空气、微生物有密切关系。（ ）
8. 由微生物引起食物变质的现象有腐败、霉变、发酵等方面的影响。（ ）
9. 高温保藏法就是利用高温，杀灭原料中所有纤维素和破坏酶的保藏方法。（ ）
10. 刚死的鲜鱼变质很快，应立即开肚洗净并冷藏保管。（ ）
11. 蟹容易死亡，保管应放在篮筐中，一个一个排紧，限制活动，防止消瘦。（ ）
12. 家禽的结缔组织较少、肌肉较粗、脂肪不易消化且含水量低。（ ）
13. 活禽的检验，主要看头部和尾等部位有无异物或变色。（ ）

14. 所谓调味，简言之，就是调和滋味。（　）

15. 提倡用脱色、脱臭后纯净的精制油作为炸油。（　）

16. 甲鱼初加工时，必须把甲鱼的背壳刮干净，内脏和指甲去净，洗涤干净，留膜去腥。（　）

17. 龙虾初加工时，要放尽尿水，挑去沙线。大龙虾滋味鲜美，不可生食。（　）

18. 五香粉是以八角、桂皮、山奈、花椒、草果等原料制作而成。（　）

19. 咖喱原产于印度，用姜黄、郁金根、麻绞叶、番红花等多种原料加工而成。（　）

20. 特色川菜味型有：鱼香味型、荔枝味型、家常味型、麻辣味型、红油味型等。（　）

21. 酱包味型的主要调料有：黄酱、白糖、植物油和姜汁，有些菜还要加甜面酱。（　）

22. 蓉胶制作要求是色白粒粗、适度搅拌。（　）

23. “味”可分化学味、物理味、生理味三种。（　）

24. 食盐称“百味之王”，食盐不仅起调味作用，还有防潮、防腐等作用。（　）

25. 黑椒汁的特点是味辛辣、微酸，适合制作烧烤类和煲仔类菜肴。（　）

26. 白灼、清蒸水鲜蘸料的特点是色浅红，不稠厚，味道鲜香带辣。（　）

27. 香糟可制成糟料、糟酒和冷制品种的糟卤，是具有一种特别芳香的调味原料。（　）

28. 制作 XO 酱的主要原料有瑶柱、干贝、虾米、葱末、蒜泥等。（　）

29. 制汤用的原料要含有丰富蛋白质、脂肪，并且必须用无腥味的动物性原料。（　）

30. 熬汤的原料，一般均应热水一次下锅，中途不宜加水。（　）

31. 制作白汤（也称奶汤），一般均用中小火制沸，并保持小火，使汤处于近似沸腾状态。（　）

32. 涨发哈士蟆时，将其先用碱水泡软，剖开肚皮取出油；将油用沸水泡开，坤成若干条状，摆在盘中备用。（　）

33. 制作酥熟原料的清炸菜时油量要小，且油温要低，可在五六成热时下料。（　）

34. 大多数脆炸菜肴直接以高油温一次炸成。（　）

35. 爆的应用，主要体现在选用调味料及组成味型上。传统的爆法有芫爆、葱爆和油爆三种。（　）

36. 炒是将小型原料用中、旺火在较短时间内加热成熟的一种烹调方法。（　）

37. 清炸的要点是用旺火热油使原料达到外脆里嫩的要求。（ ）

38. “爆”是将脆性原料在旺火、热油、短时间内灼烫成熟，兑汁调味一气呵成的烹调方法。（ ）

39. 浇的第三个过程为收稠卤汁、勾芡阶段。（ ）

40. “扒”有鲁菜特色，强调入锅整齐，烧制不乱，勾芡翻锅仍保持切配的形态。（ ）

41. 冷菜拼摆时要做到物尽其用，并要注意营养、讲究卫生。（ ）

42. 食物中所含的人体生长发育和维持健康所需要的化学成分称为营养素或营养成分。（ ）

43. 广东菜由汕头、梅州等地方菜组成，不用海鲜，口味清淡。（ ）

44. 涮是氽的应用，是自助式的氽，即自取生料自己烫食。（ ）

45. 原料以水作为导热体，大火烧开后用中小火长时间加热，成菜汤宽汁浓醇，这种烹调方法叫煮。（ ）

46. 拌是把生菜或腌菜加工成丝、条、片等小料，再加入各种调味料拌均匀的做法。（ ）

47. 拌菜与炝菜要保持质地脆酥、色泽鲜艳、口味浓郁等特点。（ ）

48. 拔丝的方法基本上就是油拔一种。（ ）

49. 炸类甜菜所挂的糊主要有水粉糊和全蛋黄糊，前者追求脆松香的质感，后者取其脆硬的口感。（ ）

50. 制作凉菜时，“覆”是将切好的原料先排在碗中再扣入盆，原料装碗时应把边料、碎料摆在碗底。（ ）

51. 碳水化合物能供给热能，维持体温，辅助脂肪的氧化，帮助肝脏解毒，促进胃肠蠕动和消化。

52. “熏”会使食物中的维生素及脂肪损失，但会使食物别有风味。（ ）

53. 直接用明火“烤”，会产生致癌物质。（ ）

54. 合理配菜，能使各种原料的营养成分互为补充，提高菜肴的营养价值。（ ）

55. “炸”的温度很高，许多营养素都有不同程度的损失，尤其是蛋白质严重变性，脂肪失去功用。（ ）

56. 凉菜的炸氽一般可分为水氽和油氽。（ ）

57. 矿物质能构造骨骼和牙齿，构成血管、肌肉等组织，调节生理机能并维持体内酸碱平衡。（ ）

58. 在咀嚼过程中，糖受到α—淀粉酶的作用。（ ）

59. 干炸菜肴外壳脆硬、干香味浓，代表菜有干炸里脊、干炸鸡翅等。（　）

60. 在进行原料加工处理前，利用净料率可直接根据毛料主料重量计算出净料重量，根据计算出的净料重量，可预测净料单位成本。（　）

得分	
评分人	

二、单项选择题（第1题～第70题。选择一个正确的答案，将相应的字母填入题内的括号中。每题1分，满分70分）

1. 寺院菜常以（　）、时鲜蔬菜和豆制品为主要原料。
A. 三菇六耳　B. 冬虫夏草　C. 蛋制品　D. 以上选项都不对

2. 福建菜包括（　）、泉州、厦门等地方菜，擅长烹制海鲜，口味清淡。
A. 福州　B. 广州　C. 徐州　D. 德州

3. 川菜历史悠久，（　），以“百菜百味”著称。
A. 风味一般　B. 风味独特　C. 发展史短　D. 百菜一味

4. 市肆菜的特点是（　）、品种繁多、应变力强、适应面广。
A. 品种单一　B. 应变力差　C. 适应面窄　D. 技法多样

5. 清真菜忌外荤（猪肉），忌血生，（　）和带壳的软体动物。
A. 忌外素　B. 忌糖食　C. 忌青鱼　D. 忌无鳞无鳃的鱼

6. 维吾尔族信奉伊斯兰教，饮食特点以（　）小吃为主，炒菜忌用酱油。
A. 大米和鱼　B. 道教
C. 面食和纯肉类　D. 天主教

7. 广东菜由广州、潮州、（　）等地方菜组成，常用海鲜，口味清淡。
A. 东莞　B. 梅州　C. 东江　D. 汕头

8. 在上海菜里，香糟不但可用来制作有特色的系列凉菜，还能被加工成（　）和糟油。
A. 糟卤　B. 糟汁　C. 糟方　D. 糟货

9. 河南菜用料以黄河鲤鱼及（　）等出名，口味偏向咸鲜。
A. 山珍　B. 野味　C. 猴头　D. 河鲜

10. 满族菜的传统风味有（　）、腌酸菜、酸子汤等，满族人忌食狗肉。
A. 酸辣汤　B. 辣子汤　C. 酸子汤　D. 酸菜汤

11. 宫廷菜御膳房内设（　）、素局、点心局、饭局等。
A. 饮局　B. 荤局　C. 糖局　D. 盐局

12. 高山族主要居住在台湾省，以（ ）为主食，爱喝茶，不习惯吃羊肉、马肉。

A. 杂粮　B. 面粉　C. 大米　D. 土豆

13.（ ）是朝鲜族人的主食，一日三餐离不开汤和泡菜。口味喜辣、喜有香辣、蒜味的菜。

A. 米饭　B. 面条　C. 甜食　D. 猪肉和鱼

14. 秦统一六国后，烹调技术有了进一步的发展，最明显的标志是铁制炊具和（ ）应用于烹调。

A. 炭　B. 盐　C. 植物油　D. 动物油脂

15. 家畜肉从形态结构上分为（ ）、肌肉组织、脂肪组织、骨筋组织。

A. 神经组织　B. 血管组织　C. 肌腱组织　D. 结缔组织

16. 保存食物时，－18℃属于（ ）保管。

A. 冷藏　B. 冷冻　C. 常温　D. 高温

17. 活鱼的保管水温在（ ）为宜，且应勤换水。

A. 0～4℃　B. 4～6℃　C. 15～20℃　D. 8～15℃

18. 烹饪原料（ ）可以有效地抑制微生物和酶的活性，延缓原料变质。

A. 高压保藏　B. 常温保藏　C. 高温保藏　D. 低温保藏

19. 甲鱼初加工时，必须把甲鱼的（ ）刮干净，内脏和油脂去净，洗涤干净，以免有腥味。

A. 指甲　B. 膜　C. 背壳　D. 头尾

20. 鲜活龙虾可作（ ）的饲养，但配制海水时要注意水质清澈无杂质，并保持一定的温度。

A. 长时间　B. 短时间　C. 较长时间　D. 很长时间

21. 猪的上脑在（ ）后脊侧上部，红白间色，质嫩，宜熘、炒。

A. 三叉　B. 哈力巴　C. 脖肉　D. 短脑

22. 家禽肉的（ ）含量一般为20%左右，并含有大量无机盐。

A. 蛋白质　B. 蛋白粉　C. 糖类　D. 维生素

23. 在腌肉时加一些（ ），能使肉组织柔软多汁。

A. 盐　B. 糖　C. 油　D. 醋

24. 龙虾初加工时，要放尽尿水，（ ）。

A. 挑去血线　B. 挑去水线　C. 挑去尿线　D. 挑去沙线

25. 食用菌生长发育所需的养料都是由（ ）从周围环境中吸取的。

A. 菌丝体　B. 子实体　C. 真根　D. 光合作用

26. 新鲜肝呈褐色或（　　），有光泽，有弹性。

A. 黄色　　B. 鲜红色　　C. 黑里透红　　D. 紫红色

27. 刚死的鲜鱼，（　　）很快，应立即开肚洗净并冷藏保管。

A. 变色　　B. 变质　　C. 变味　　D. 脱水

28. 原料去骨时，要熟悉原料（　　）关节构造，做到骨不带肉，肉不带骨。

A. 骨髓　　B. 结缔　　C. 肌肉　　D. 脂肪

29. 茎的主要功能是运输水分、无机盐类和（　　）到植物体的各部分去。

A. 有机盐类　　B. 葡萄糖类　　C. 维生素类　　D. 有机营养物质

30. 花冠位于（　）的里面，由若干花瓣组成。

A. 花柄　　B. 花托　　C. 花萼　　D. 花蕊

31. 同样一种干料，因产地和（　　）不同，性能会相差很大。

A. 加工地点　　B. 封装规格　　C. 运输方式　　D. 干制方法

32. 干货制品存放库房中，要保持凉爽、干燥、（　　）、低湿。

A. 常温　　B. 低温　　C. 高温　　D. 恒温

33. 适用蒸发的原料有（　　），鱼唇、鱼翅、鱼骨等。

A. 肉皮　　B. 干贝、海米　　C. 蹄筋　　D. 鱼肚

34. 干制品便于储藏，（　　）并形成特殊风味，丰富了菜肴的口感。

A. 便于食用　　B. 便于烹调　　C. 便于运输　　D. 便于涨法

35. 干货涨发是一项复杂的工作，涨发（　　）应有计划，涨发过程中应注意每个环节。

A. 前　　B. 后　　C. 中　　D. 以上选项都不对

36. 干贝涨发，是将干贝洗涤、去筋，放入碗中加（　　）后上屉蒸透，取出揉成丝状即可。

A. 副食品　　B. 酒　　C. 味精　　D. 调味品

37. 烹饪原料变质与温度、（　　）、空气、微生物有密切关系。

A. 广度　　B. 湿度　　C. 深度　　D. 力度

38. 江苏菜总体上注意火候，（　　），淡而不薄，酥烂脱骨，强调原汁原味。

A. 擅长翻锅　　B. 口味清爽　　C. 讲究粗加工　　D. 讲究刀工

39. 干货原料越整齐、（　　）、越完整，质量就越好。

A. 个越大　　B. 越均匀　　C. 越鲜香　　D. 越鲜艳

40. 烹调菜肴时必须按照地方菜的不同要求进行调味，以保持菜肴一定的（　　）。

A. 色泽　　B. 价格　　C. 档次　　D. 风味特色

41. 剞的要求是：注意深浅一致，（ ），整齐均匀，尤其是边要剞到。

A. 深浅均可 B. 越浅越好 C. 刀距要大 D. 刀距相等

42. 剞制后的形态有麦穗花、（ ）、松子花和菊花等。

A. 大头花 B. 荔枝花 C. 拉刀花 D. 推刀花

43. 剞能使原料便于入味，便于食用，（ ），增进美观。

A. 延长保存时间 B. 缩短成熟时间

C. 增加成熟时间 D. 减少营养流失

44. 采购进的鲜肉一般先应（ ），然后进行分档取料，按不同用途分别放置。

A. 洗涤 B. 切配 C. 配料 D. 不洗涤

45. 咖喱产于（ ），盛行于南亚、东南亚。

A. 泰国 B. 印度 C. 马来西亚 D. 土耳其

46. 一般白汤又称二汤，（ ）和鲜味均较浓白汤为差。

A. 广度 B. 厚度 C. 浓度 D. 深度

47. 油浸是把原料用大量热油（ ）之后，另外调味。

A. 浸湿 B. 浸透 C. 浸泡 D. 浸熟

48. 鱿鱼的涨发，先用清水浸泡至初步回软，放入（ ）溶液涨发至透，然后用清水漂净碱质，最后放入清水中待用。

A. 醋酸 B. 食碱 C. 食盐 D. 烧碱

49. 盐腌、糖渍、（ ）能使原料中水分析出，停止微生物活动，从而长期保藏原料。

A. 矾腌 B. 碱腌 C. 烟熏 D. 酸腌

50. 汤按色泽分，可分为白汤、（ ）。

A. 清汤 B. 荤汤 C. 素汤 D. 牛肉汤

51. 活禽的检验，看头部、鼻部、（ ）、冠等部位有无异物或变色。

A. 尾部 B. 爪部 C. 口腔 D. 腹部

52. 制汤用的原料要含有丰富的（ ）、脂肪，并且是无腥味、新鲜的原料。

A. 蛋白质 B. 蛋白素 C. 纤维素 D. 维生素

53. 汤大多是集中加工，一次（ ）制作，然后分次使用。

A. 微量 B. 少量 C. 足量 D. 以上选项都不对

54. 味精在弱酸、中性溶液中离解度最大，在强酸中不离解，遇（ ）会产生异味。

A. 咸 B. 碱 C. 辣 D. 苦

55. 蛋的储藏方法有冷藏法、石灰水浸泡法、（ ）及涂布法等。

A. 碱水浸泡法 B. 酸水浸泡法 C. 盐水浸泡法 D. 水玻璃浸泡法

56. 浓白汤又称奶汤，汤色（　　）、质浓味鲜，常取用猪骨、猪蹄等原料。

A. 乳黄　　B. 无色　　C. 淡黄　　D. 乳白

57. 苏打有软化纤维的作用，可使原料（　　），但同时也增加苦涩味，破坏营养。

A. 脆嫩爽口　　B. 滑嫩爽口　　C. 脆老爽口　　D. 酥脆滑口

58. 蓉胶是用动物原料加工成极细的（　　），具有黏性，且可塑性强。

A. 粒状　　B. 丝状　　C. 蓉状　　D. 丁状

59. 蓉胶制作要求是色白细腻，投料准确，（　　），原料要保鲜。

A. 左右同时搅拌　　B. 前后搅拌　　C. 随意搅拌　　D. 搅拌方法正确

60. （　　），善于吸收新事物，不断改良创新是上海菜的最大特点。

A. 保持传统　　B. 不拘泥于传统　　C. 保守　　D. 无标准烹调

61. 制作XO酱的主要原料有（　　）、火腿、虾米、红椒、蒜茸泥等。

A. 干贝　　B. 肉松　　C. 虾仁　　D. 瑶柱

62. 香糟可制成糟油、糟汁和冷制品种的（　　），是具有一种特别芳香的调味原料。

A. 糟水　　B. 糟货　　C. 糟酒　　D. 糟卤

63. 特色川菜味型有：鱼香味型、荔枝味型、（　　）味型、麻辣味型、红油味型等。

A. 咸鲜　　B. 耗油　　C. 家常　　D. 糖醋

64. 柠檬汁的主要原料有：柠檬、盐、糖、（　　），柠檬汁适用于软煎鸡脯类菜肴。

A. 米醋　　B. 香醋　　C. 红醋　　D. 白醋

65. （　　）的口味特点是：滋润肥厚、浓稠，略辣带酸。

A. 沙司汁　　B. 柠檬汁　　C. 沙律汁　　D. 豆豉汁

66. 芥末糊的特点：（　　）冲鼻、香味浓郁、提味抑腥。

A. 麻辣　　B. 干辣　　C. 胡辣　　D. 辛辣

67. 五香粉以八角、桂皮、（　　）、花椒、草果等原料制作而成。

A. 山柰　　B. 豆蔻粉　　C. 陈皮　　D. 干姜

68. 干辣椒主要品种有（　　）、线形椒、羊角椒等。

A. 灯笼椒　　B. 翻天红椒　　C. 大红椒　　D. 朝天椒

69. 酸辣味型的（　　）只起到辅助调味作用，不能太重。

A. 辣味　　B. 酸味　　C. 鲜味　　D. 咸味

70. 特色复合味的调制要特别注意味道的准确性，严格按配方投料，（　　）操作。

A. 定环境　　B. 定时间　　C. 定炉　　D. 定人

71. OK酱的特点是味（　　），味浓厚，回味悠长。

A. 咸香略甜　　B. 咸鲜酸辣　　C. 酸鲜带甜　　D. 酸甜微辣

72. 下列不属于蓉胶用途的是（　）。

A. 可制作清汤鱼圆　　B. 可以制作百粒虾球

C. 可以制作拔丝菜　　D. 可以黏合原料

73. 咖喱的辣味成分是姜黄酮和（　）。

A. 辣椒素　　B. 山姜素　　C. 姜辛素　　D. 辣椒碱

74. 葱香味型中，葱扒与葱烧的用葱量为主料的（　）。

A. 10%　　B. 15%　　C. 20%　　D. 25%

75. 怪味的特点是：酸、甜、辣、咸、鲜、麻、香皆有，尤其是咸、甜、（　）的比例要和谐。

A. 酸　　B. 辣　　C. 麻　　D. 香

76. 常见的一般凉盘拼摆形式有单拼、双拼、三拼、四拼、（　）等几种形式。

A. 什锦拼　　B. 动物造型拼　　C. 风景造型拼　　D. 植物造型拼

77. 凉菜制作时，“排”可以排成锯齿形、（　），整齐的方架形，总之排成美观的外形为宜。

A. 圆柱形　　B. 圆周形　　C. 腰圆形　　D. 圆弧形

78. 凉菜制作时，“覆”是将切好的原料先排在碗中再扣入盆，原料装碗时应把（　）摆在碗底。

A. 好料整料　　B. 小料碎料　　C. 毛料粗料　　D. 边料辅料

79. “堆”就是把凉菜成形原料堆放在盆内，可堆出宝塔形、假山形、（　）等。

A. 风景形　　B. 风车形　　C. 风水形　　D. 山水形

80. 凉菜拼摆时要做到（　），并要注意营养、讲究卫生。

A. 选质差用　　B. 质好坏全用　　C. 物尽其用　　D. 选质好用

81. 四川菜擅长干烧，原料烹制完成后，（　），菜肴装盆后见油不见汁。

A. 卤汁紧包　　B. 卤汁较干　　C. 溢出卤汁　　D. 卤汁外流

82. （　）时要注意硬和软面的结合，手法要富于变化，否则会单调呆板。

A. 凉菜拼摆　　B. 热菜装盆　　C. 汤菜盛装　　D. 点心包馅

83. 红烧和白烧是烧的两种基本形式，代表菜有（　）和白烧鮰鱼。

A. 酱烧四宝　　B. 红烧鳜鱼　　C. 红烧明虾　　D. 红烧四季豆

84. 腌风是原料以花椒盐擦抹后，置于通风处吹干（　），随后蒸或煮制成菜的方法。

A. 油分　　B. 水分　　C. 盐分　　D. 酸分

85. “焖”是原料以（　）为主要导热体，经大火到小火的长时间加热，成菜酥烂软糯、汁浓味厚。

A. 水　B. 油　C. 汽　D. 火

86. 清炸菜的（　　）不及挂糊炸的菜肴。

A. 新鲜度　B. 脆嫩度　C. 口感　D. 色彩

87. 氽是原料直接放汤汁中，烧开（　　）投调料、撇沫成菜，汤汁清澈见底。

A. 后　B. 前　C. 中　D. 以上选项都不对

88. 比烩菜勾芡厚一点即为羹，羹是（　　）的应用。羹的原料形态更细小。

A. 煨　B. 烩　C. 熘　D. 焖

89. 蒸可分清蒸、粉蒸、（　　）、糟蒸及上浆蒸等。

A. 炒蒸　B. 炸蒸　C. 包蒸　D. 爆蒸

90. 酿菜特点是口感丰富、（　　）、菜品丰富、创新余地大。

A. 造型复杂　B. 调料美观　C. 造型美观　D. 造型单调

91. （　　）制作要做到主料与酿料紧密配合，这是保持成菜形态完整的先决条件。

A. 炒菜　B. 爆菜　C. 酿菜　D. 生菜

92. 原料以水或（　　）为导热体，以糖作为主要调料，成菜软糯带甜的烹制方法叫蜜汁。

A. 油　B. 蒸汽　C. 盐　D. 火

93. 甜菜以其全甜的口味区别于所有带（　　）的菜。

A. 辣味　B. 酸味　C. 咸味　D. 苦味

94. 芙蓉菜的特色是：成品质地柔软，蛋与原料（　　），洁白美观。

A. 分散　B. 混合　C. 单独　D. 单一

95. 凉菜的季节性特点可以“春腊、（　　）、秋糟、冬冻”为典型代表。

A. 夏糟　B. 春拌　C. 冬腊　D. 夏拌

96. 以干热空气和（　　）热能为导热体，直接将原料加热成熟的方法称为烤。

A. 传导　B. 电波　C. 辐射　D. 微波

97. “酿”菜的烹调方法主要有 4 种，即蒸、烧、（　　）、煎。

A. 爆　B. 氽　C. 炸　D. 盹

98. 烟熏的食品，外部失掉了部分（　　），较干燥，熏烟中所含有的酚、醋酸等物质渗入食品，抑制微生物的繁殖。

A. 水分　B. 糖分　C. 油分　D. 碱分

99. 冻制菜所用琼胶取之于（　　）及其制品。

A. 结缔组织　B. 肉皮　C. 蹄筋　D. 石花菜

100. 生料或熟料拌上、撒上盐，静置一段时间直接食用的方法叫（　　）。

A. 盐腌　　B. 腌风　　C. 腌拌　　D. 泡腌

101. 清炸的调料一般较简单，以（　　）为主。

A. 香辣味　　B. 麻辣味　　C. 咸鲜味　　D. 椒盐味

102. 烟熏方法可分为生熏法和（　　），一般用锯末、茶叶、糠、竹叶等作为熏料。

A. 碳熏法　　B. 油熏法　　C. 熟熏法　　D. 汽熏法

103. 凉菜拼摆时要做到物尽其用，并要注意营养，讲究（　　）。

A. 卫生　　B. 生活　　C. 光线　　D. 环境

104. 原料挂上糖浆后待其冷却成玻璃体，表面形成一层琉璃状薄壳，透明光亮，（　　）香甜，这种方法叫琉璃。

A. 交脆　　B. 烂脆　　C. 硬脆　　D. 酥脆

105. 皮冻熬制最好选用背脊和（　　）部位的猪皮。

A. 颈项　　B. 腰肋　　C. 脊臀　　D. 腿胯

106. 软氽要注意以下几点：软氽菜以软为特点，软氽菜加（　　）锅大油多。

A. 适量淀粉　　B. 适量面粉　　C. 面包粉　　D. 苏打粉

107. “炖”可使水溶性维生素和（　　）溶于汤内。

A. 无机物　　B. 矿物质　　C. 纤维素　　D. 味之素

108. 挂水粉糊脆炸也叫（　　）。干炸菜肴外壳脆硬，干香味浓，代表菜有：干炸里脊、干炸鸡翅。

A. 软炸　　B. 干炸　　C. 酥炸　　D. 香炸

109. 炸由于温度高，一切营养素有不同程度的损失，蛋白质严重（　　），脂肪失去功用。

A. 变数　　B. 变性　　C. 变质　　D. 变量

110. “瓢”又叫作（　　），是在一种原料中夹进、塞进、涂上或包进另一种或几种其他原料、加热成菜方法。

A. 酱　　B. 酿　　C. 卤　　D. 腌

111. 蒸的特点是：热量稳定，能保持（　　）、原味和原形态。

A. 汁变多　　B. 汁减少　　C. 原汁　　D. 汁增多

112. 腌拌是原料先经盐腌，再调入其他（　　）一起拌和腌制。

A. 糖　　B. 装饰料　　C. 矿石料　　D. 调料

113. “煮”的火候直接关系到菜肴的质量，要求汤清就不能用（　　），要求汤浓就不应用小火。

A. 微火　B. 苗火　C. 大火　D. 慢火

114. “呛”就是将加工成丝、条、片、块的生料用沸水稍烫或用油稍滑一下，然后加入以（　）为主的调味品拌匀。

A. 色拉油　B. 蒜油　C. 麻油　D. 花椒油

115. 焖烧菜原料的表层处理与煎、煸、炸方法最大的区别是只有加热过程而没有（　）阶段。

A. 腌渍　B. 调味　C. 刀工处理　D. 初熟

116. 酿菜的酿料是用动植物原料，去（　）的净鱼肉、鸡肉、猪肉、虾肉等加工成蓉，手感绵软，浮力强。

A. 脂肪　B. 皮、刺、筋　C. 肉　D. 神经

117. 鲜嫩小型原料以（　）作为导热体，经大火短时间加热，制成半菜半汤勾薄薄芡，是“烩”的烹调方法。

A. 水　B. 油　C. 汽　D. 火

118. 爆是（　）原料以油为主要导热体，在旺火、热油、短时间内灼烫成熟，兑汁调味，一气呵成。

A. 韧性　B. 脆性　C. 硬性　D. 软性

119. 焖的时间长短同营养素损失大小成正比，时间越（　）损失越大。但有助于消化。

A. 低　B. 少　C. 短　D. 长

120. “酥”是以醋为主要调味料，经（　）长时间加热，令原料骨肉酥软、鲜香入味的一种方法。

A. 微火　B. 小火　C. 中火山　D. 太太

121. 依特殊盛器和用料定菜名的有铁锅蛋、（　）和砂锅大鱼头。

A. 全家福　B. 扣三丝　C. 菊花鸡　D. 锅仔铲鱼

122. 烹调时忌用碱，碱能（　）蛋白质和维生素等多种营养素。

A. 保存　B. 保护　C. 破坏　D. 保藏

123. 人体所需要的营养素有蛋白质、（　）脂肪、无机盐、维生素和水 6 种。

A. 酸类　B. 粉类　C. 糖类　D. 盐类

124. 煎的原料只有一种单一扁平主料，预先调味，（　），讲究质感。

A. 拍粉　B. 上浆　C. 挂糊　D. 不挂糊

125. 维生素是身体健康所必需的一类低分子（　）。

A. 无机化合物　B. 有机化合物　C. 活性有机物　D. 活性无机物

126. 只有单糖才能被（　　）吸收。

A. 肺　　B. 胃　　C. 食道　　D. 肠黏膜

127. 蛋白质有构造机体、修补组织、调节（　　）功能和供给热能等作用。

A. 物质　　B. 物理　　C. 生理　　D. 心理

128. 炒是选用小型原料，用（　　）火在较短时间内加热成熟的一种烹调方法。

A. 中、小　　B. 中、旺　　C. 小火　　D. 苗火

129. 脂肪水解生成的（　　）甘油很容易经血液吸收。

A. 碱溶性　　B. 酸液性　　C. 油溶性　　D. 水溶性

130. 在主料名称前加上烹调方法命名的有干烧明虾、（　　）、清蒸鲥鱼等。

A. 盐水鸭　　B. 咕咾肉　　C. 生煸草头　　D. 怪味鸡

131. 挂糊炸的脆可分为硬脆和酥脆，嫩也有软嫩和（　　），其区别由所挂糊种不同和原料本身质地差异决定。

A. 细嫩　　B. 鲜嫩　　C. 酥嫩　　D. 脆嫩

132. 以下菜肴中，（　　）属于将主辅料及调理方法的名称全部排出来的菜肴命名方法。

A. 鱼香腰花　　B. 豆豉扣肉　　C. 清蒸狮子头　　D. 西湖醋鱼

133. 根据烹调方法加上原料色香味形命名的菜肴有炒三鲜和（　　）等。

A. 雪花鸡　　B. 铁锅蛋　　C. 清蒸狮子头　　D. 青椒干丝

134. 消化道的（　　）中含有许多消化酶。

A. 腺体　　B. 液体　　C. 固体　　D. 肌体

135.（　　）和煨是煮的应用，因为两者都具备煮的所有特点。

A. 烧　　B. 炖　　C. 熘　　D. 烩

136. 食物蛋白质一般水解成（　　），这种氨基酸释放后立即被吸收。

A. 醋酸　　B. 脂肪酸　　C. 氨基酸　　D. 食用酸

137. 饮食业菜肴售价＝成本＋（　　）＋税金＋费用。

A. 毛利　　B. 利润　　C. 税前利　　D. 除费后利

138. 净料单位成本＝（　　）－净料重量。

A. 毛料总值　　B. 毛料总量　　C. 废料总值　　D. 净料总值

139. 菜肴成本＝主料成本＋（　　）＋调料成本。

A. 工资成本　　B. 辅料成本　　C. 奖金成本　　D. 生产成本

140.（　　）＝净料重量÷毛料重量×100％。

A. 损耗重量　　B. 肥料重量　　C. 净料率　　D. 下脚料重量

中式烹调师（四级）理论知识试卷答案

一、判断题（第 1 题～第 60 题。将判断结果填入括号中。正确的填“√”，错误的填“×”。每题 0.5 分，满分 30 分）

1. √	2. √	3. √	4. ×	5. ×	6. ×	7. √	8. √	9. ×
10. √	11. √	12. ×	13. ×	14. √	15. √	16. ×	17. ×	18. √
19. √	20. √	21. √	22. ×	23. ×	24. ×	25. ×	26. ×	27. ×
28. ×	29. ×	30. ×	31. ×	32. ×	33. ×	34. ×	35. √	36. √
37. √	38. √	39. √	40. √	41. √	42. √	43. ×	44. √	45. √
46. ×	47. ×	48. ×	49. ×	50. ×	51. √	52. √	53. √	54. √
55. √	56. ×	57. √	58. √	59. √	60. √			

二、单项选择题（第 1 题～第 140 题。选择一个正确的答案，将相应的字母填入题内的括号中。每题 0.5 分，满分 70 分）

1. A	2. A	3. B	4. D	5. D	6. C	7. C	8. A	9. C
10. D	11. B	12. C	13. A	14. C	15. D	16. B	17. B	18. D
19. B	20. B	21. D	22. A	23. B	24. D	25. A	26. D	27. B
28. A	29. D	30. C	31. D	32. B	33. B	34. C	35. A	36. D
37. B	38. D	39. B	40. D	41. D	42. B	43. B	44. A	45. B
46. C	47. D	48. B	49. C	50. A	51. C	52. A	53. C	54. B
55. D	56. D	57. B	58. C	59. D	60. B	61. D	62. D	63. C
64. D	65. C	66. D	67. A	68. D	69. A	70. D	71. C	72. C
73. C	74. C	75. A	76. A	77. C	78. A	79. A	80. C	81. B
82. A	83. B	84. B	85. A	86. B	87. A	88. B	89. C	90. C
91. C	92. B	93. C	94. B	95. D	96. C	97. C	98. A	99. D
100. A	101. C	102. C	103. A	104. D	105. B	106. A	107. B	108. B
109. B	110. B	111. C	112. D	113. C	114. D	115. B	116. B	117. A
118. B	119. D	120. B	121. D	122. C	123. C	124. D	125. B	126. D
127. C	128. B	129. D	130. C	131. C	132. B	133. C	134. A	135. B
136. C	137. B	138. A	139. B	140. C				